中国地质调查成果 CGS 2024-033

"西安城市群周边健康地质调查试点"项目资助

健康地质探索与实践
——以西安城市群为例

JIANKANG DIZHI TANSUO YU SHIJIAN ——YI XI'AN CHENGSHI QUN WEI LI

徐多勋　杨生飞　张　沛　等著

图书在版编目(CIP)数据

健康地质探索与实践:以西安城市群为例/徐多勋等著.—武汉:中国地质大学出版社,2024.11.—ISBN 978-7-5625-6038-8

Ⅰ.P5-05

中国国家版本馆CIP数据核字第20246U4U39号

健康地质探索与实践——以西安城市群为例	徐多勋　杨生飞　张　沛　等著
责任编辑:李应争　　　选题策划:江广长　毕克成　段　勇　李应争	责任校对:张咏梅
出版发行:中国地质大学出版社(武汉市洪山区鲁磨路388号)	邮编:430074
电　　话:(027)67883511　　　传　　真:(027)67883580	E-mail:cbb@cug.edu.cn
经　　销:全国新华书店	http://cugp.cug.edu.cn
开本:787mm×1092mm　1/16	字数:268千字　　印张:10.75
版次:2024年12月第1版	印次:2024年12月第1次印刷
印刷:武汉邮科印务有限公司	
ISBN 978-7-5625-6038-8	定价:78.00元

如有印装质量问题请与印刷厂联系调换

《健康地质探索与实践
——以西安城市群为例》

编委会

编委：徐多勋　杨生飞　张　沛　张彦平　陈　鑫　薛东旭
　　　延雨宸　王林原　许安民　郭　发　刘　望　孙建伟
　　　宁　静　张　扬　张建杰　党海亮　李　琪　张秋月
　　　李卫民　刘石磊　尚凯凯　高　奇　贾　隆　王　宝
　　　朱赵西　钱建利　常　亮　白　栋　孙　彪　金孝文
　　　朝银银　刘家豪

序

作为地质工作者,立足新时代,推动地质工作服务"健康中国"建设和地质事业转型升级意义重大。

健康地质方面的相关研究其实早有萌芽。在2000多年前,中国、埃及等文明古国就有利用岩石、矿物治疗疾病的文字记载;《易经》《老子》《孟子》等典籍中都对"天地统一"的观念进行了论述;现代人文地理学家和自然地理学家胡焕庸从人地关系的角度研究我国人口问题和农业问题,在1935年提出划分我国人口密度的对比线——胡焕庸线;"一方水土养一方人"等耳熟能详的古语也都道出了人与自然和谐的价值观。

新时期,在满足广大民众对健康生活、绿色人居环境的向往实践中,地质工作者被赋予了新的使命,健康地质调查是立足地质本业、服务人居健康的一项崇高而有意义的工作,是一项值得长期研究的科学问题。通过调查研究,掌握地质因素对人体健康的影响机制,进一步搭建起地质学与卫生学、健康学的桥梁,对支撑服务"健康中国"和"乡村振兴"等意义重大。

以健康为根本,以人民为中心,不断提升人民的获得感、幸福感、安全感,是民心所向。国家把人民群众生命安全和身体健康放在第一位,给新时代地质工作的转型发展提出了新要求,也提供了新契机。研究人类生活地质环境及其对人体健康的影响,推进人与自然和谐共生,是关系民生的重大课题,在这种大背景下,健康地质应运而生。

健康地质是研究地质作用过程造成地球表生系统(土壤、大气、水体)的化学组成、物理属性与理化性质差异对人体身心健康影响的一门新兴学科,是研究地质环境影响人群健康的过程、规律、效应的科学,是地球科学的一个新领域,涉及地质学、地球化学、环境科学、流行病学、环境卫生学等多学科的交叉应用。

当前,地球化学界、地质学界、地理学界、医学界等不同领域的科技工作者立足各自研究领域做了一系列研究工作,为剖析人类健康与自然环境关系提供了理念引导,但相关研究方法多见于各类文献和具体的案例研究中,多半还停留在运用基础地质、水文地质、环境地质、地球化学、卫生学、地理学及信息化等理论和技术方法来探索地质环境与人体健康的阶段,健康地质尚未形成独立的学科,没有一套公认的健康地质理论和技术方法体系,尤其是与健康地质密切相关的医学地质重点针对"地质致病"角度开展的研究和实践,缺乏从区域和局域角度去系统思考影响人体健康的有益、有害地质条件。

虽然不同专家对健康地质概念有不同理解,但大家都认同的是,开展地质条件影响人体健康的调查、评价、区划与服务研究工作,针对问题提出解决方案,对促进人类健康和人与自然和谐发展的意义重大。

秦岭盘踞于中国中部,绵延1000余千米,是中国南北的地理分界线,更是中国古人类和古文化的重要发祥地之一，是中华文明诞生的摇篮。秦岭北麓陕西段终南山下是黄河支流渭河盆地的核心地带，是黄土高原的重要组成部分，依附其下的西安城市群在远古时代气候温和湿润，自古以来就有人民生息、繁衍在这块广袤的土地上，创造了灿烂的远古文化和辉煌的古代文明；在秦岭北麓蓝田县发现的蓝田人，不仅是陕西境内迄今发现的最早的原始人类，而且是整个北半球最早的直立人。区内优越的自然环境和资源禀赋为其成为区域政治、经济和文化中心奠定了基础，在后来的西部大开发、黄河流域生态保护和高质量发展等国家战略中占据重要位置。

从2021年以来，中国地质调查局西安矿产资源调查中心根据中国地质调查局关于深入探索实践新时代地质工作支撑服务生态文明建设和高质量发展新模式、新路径的相关部署，坚持问题导向原则，着力服务国家重大战略和地方经济社会发展需求，在西安城市群西段开展健康地质调查，积极服务解决制约当地经济高质量发展的重大资源、环境和健康问题，率先开启了西部地区地质调查支撑服务健康中国建设的新征程。

开展健康地质调查是一项探索性极强的工作，如何厘定调查思路、提出评价指标体系、建立适宜的健康风险识别方法、明晰成果服务领域等成为亟待解决的问题。项目研究团队依托地质调查项目，做了一系列有益探索：创新性提出城市群健康地质技术方法和综合评价体系，完成西安城市群健康宜居评价；开展名特优农产品地质基因解析，圈定富硒耕地面积，研究确定了关中平原Cu、Zn等7种有益元素开发阈值，提供了特色土地资源和农产品开发种植区划；通过积极转化研究成果，编制了《眉县"一县一策"猕猴桃产业发展规划》《眉县槐芽镇稻渔种养生态健康养殖适宜性评价》等多份调查研究报告；对眉县汤峪镇及周边地区特色地质资源、自然条件及社会人文资源等情况进行综合调查评价，深入挖掘眉县汤峪镇地质资源，定制了"地质＋生态康养"的开发模式，支撑眉县汤峪镇获批中国地质学会第三批地质文化镇。试点效果明显，示范效应显著，有效支撑了健康地质工作的推进。

《健康地质探索与实践——以西安城市群为例》的出版，不仅是课题组调查研究心血的凝结，更是地质人职责使命的体现，是西部地区健康地质调查实践的力作，是地质人发挥专业特长服务大众健康的桥梁，意义重大。希望以此为起点，持续加强相关研究，为服务"健康中国"建设贡献更大的力量。

杨忠芳

2024年10月

前 言

近年来,我国高度重视人民健康福祉,致力于提升民众健康水平。2015 年 10 月,党的十八届五中全会首次提出"推进健康中国建设"的目标;在 2016 年 8 月召开的全国卫生与健康大会上提出了"要把人民健康放在优先发展的战略地位";2016 年 10 月,国务院出台《"健康中国 2030"规划纲要》,明确提出"以人民健康为中心";党的十九大报告把"健康中国"战略正式上升为国家战略;党的二十大报告将"建成健康中国"作为我国到 2035 年发展的总体目标之一,并指出,人民健康是民族昌盛和国家强盛的重要标志,要把保障人民健康放在优先发展的战略位置,完善人民健康促进政策。

开展地质与健康的关系研究,不仅仅是科学问题,更是民生问题。现阶段,我国社会主要矛盾已经转化为人民日益增长的美好生活需要和不平衡不充分的发展之间的矛盾。健康不仅是人民群众美好生活需要的重要组成部分,也为国家治理提出了更高要求。《国务院关于实施健康中国行动的意见》把"早期干预、完善服务"作为"健康中国"行动的基本原则,强调对主要健康问题及影响因素尽早采取有效干预措施,完善防治策略,把到 2030 年居民主要健康影响因素得到有效控制作为总体目标之一,把全方位干预健康影响因素作为主要任务之一,明确提出推进大气、水、土壤污染防治,推进健康城市、健康村镇建设,建立环境与健康的调查、监测和风险评估制度,提出强化饮水型燃煤型氟砷中毒、大骨节病、氟骨病等地方病防治要求;自然资源部作为《健康中国行动(2019—2030 年)》的重要支撑部门之一,加强地质环境与人体健康关系的研究,提出预防、减缓不利地质因素对人类健康的影响的对策,开展有益健康地质条件调查研究,推动宜居乡村(城市)、特色健康地质小镇建设,为健康中国战略推进及目标实现提供基础服务与技术支撑,意义重大。

在漫长的地球演化过程中,地质体与地质构造单元控制了地球表生系统的地貌特征、水系特征和生物特征,造就了地球各地迥异的气候特征,形成了人类生存发展的地质环境条件。在人类社会出现之前,地球的地质环境作为人类赖以生存和发展的物质基础就经历了不同时空尺度的演变,地质环境为人类提供了繁衍与发展所需的营养物质和生活、生产场所。生命依赖于地球,人类源于自然、归于自然,人类不是一个超自然或独特的实体,而是大自然长期演化的有机组成部分,人类的生命健康与地质环境息息相关,人与自然是生命共同体,绿水青山不仅是金山银山,也是人民群众健康的重要保障。

岩石的类型与性质、污染物元素的分布与地球化学行为、地形地貌以及气候条件与气候变化趋势等地质环境要素,共同对人类健康产生直接或间接影响。同时,人类活动对自然环境产生影响和改变,反过来影响到人类自身的健康和发展,人类的生存与地球地质环境物质的持续代谢交换密切相关,地质环境中既有诸多人类生存所必需的有利因素,也存在对人类健康不利的因素。地球环境中物理、化学和生物等因素的影响不容忽视,如严寒酷暑等恶劣的气候条件、土壤和生活饮用水中某些微量元素含量异常等。综合来看,地质与健康的问题,宏观方面主要与地貌、岩石、土壤和水等地质环境因素有关,微观方面主要与元素及其化合物有关。

世界卫生组织(WHO)权威机构研究表明:影响健康的要素是多重的,包括个人生活方式、环境因素、基因及医疗条件等;健康的维持与疾病的发生是外在环境因素与人体内在因素相互作用的结果,比如地质环境中有害因素增多、个人膳食结构改变等因素,促使人体健康变差或者某些疾病的发生;地质环境的性质、剂量和强度、持续时间联合作用于人体健康。但是,环境与基因相比,地质环境的作用力往往更大,比如某些环境因素引起的肿瘤,环境因素的作用往往大于遗传因素的作用,WHO认为,至少1/3的癌症病例可以预防。更重要的是人类在预防疾病的斗争中,控制地质环境的可行性或有效性大于控制遗传因素。因此,在满足人类发展需求的同时维持资源与环境的可持续性和生态系统的健康活力已成为全球关注的重大科学问题。

近年来,众多的学者围绕地质与健康、地球宜居、与人体健康相关的地球物质组成分布、健康元素在各种暴露途径的赋存与转化、健康元素进入人体的途径等进行了不同层面和不同角度的探索研究,有效推动了地质与健康的研究从过去的医学地质、环境化学、生态与健康等单一学科向从事人体健康与地质环境综合性研究工作聚焦。但是这些研究成果距真正解决人体健康与地质环境重要科学问题还有差距,例如:对人类和动物有害或有益的地球物质循环规律及其健康风险规避、健康地质资源挖掘、水-土-气-地-生-人相互作用机理及其健康效应等。

上述情况表明,地质环境与公共卫生问题的衔接性研究还是不够紧密,地质环境与健康学的学科体系尚未真正建立,这在很大程度上阻碍了地质环境与健康管理研究体系的融合,严重制约社会经济的可持续发展,危害民众健康。

基于此,2021年,中国地质调查局启动健康地质调查工作试点,由中国地质调查局西安矿产资源调查中心实施"西安城市群周边健康地质调查试点"项目。该项目以地球系统科学为指导,以西安城市群为例,将地质环境与人体健康的关系作为工作目标,围绕地质环境的健康宜居性,从识别影响人体健康的地质因素、名优特产品的地质密码、健康地质资源服务康养小镇建设、技术方法与评价体系建设等方面开展了系列调查研究。项目系统总结了气象条件、地质背景、地形地貌、水土环境等诸多影响人群健康的地质要素,初步确定了健康地质工作的调查、评价、研究对象;探索和实践了健康地质调查的方法技术与评价体系,提出了健康地质"五维"模块化调查方法技术,确定了健康地质调查评价指标体系并进行了分区评价,有效服务了西安城市群宜居规划和产业布局;初步查明了西安城市群西部一带水质情况,对生活用水的健康风险进行了量化评估,系统查明西安市西部区县和咸阳市地表水、地下水、饮用水水源地的水质情况并评价了健康风险,评价了温泉等康养地质资源的安全性;开展了区内优质/劣质土地调查,圈定了项目区富硒、富铜、富锌等特色土地资源,发现了富硒耕地和富硒小麦、大蒜等优质健康地质资源,构建了小麦有益元素含量预测模型,查清了农田土壤中硒等重点元素主要输入、输出途径。在水与健康、岩石与健康、土壤与健康、大气与健康、生物与健康（优质农产品与健康）、膳食与健康等方面做了一系列探索。

  本书由多位作者共同完成，全书撰写具体分工如下：前言由徐多勋编写；第一章绪论由徐多勋、郭发、张彦平编写；第二章健康地质评价工作方法由杨生飞、徐多勋编写；第三章水环境与健康由陈鑫、宁静编写；第四章土壤环境与健康由杨生飞、延雨宸、张沛编写；第五章大气环境与健康由张沛、杨生飞编写；第六章天然放射性与人体健康由薛东旭、郭发编写；第七章健康地质资源：优质农产品由徐多勋、王林原、张彦平编写；第八章土壤和农作物健康阈值由延雨宸、许安民编写；第九章西安城市群健康地质分区由杨生飞、张沛编写；第十章健康地质调查评价成果应用由徐多勋、张彦平、张沛编写；第十一章展望由徐多勋编写。在书稿研编过程中，中国地质调查局西安矿产资源调查中心李国照、高永宝、门敏康、杨直、张江华、魏立勇、张登峰等领导给予了极大的支持和精心指导；在项目实施过程中，中国地质大学（北京）杨忠芳教授、长安大学李培月教授、西北农林科技大学刘占德教授、西北农林科技大学刘艳飞副研究员、中国地质调查局西安地质调查中心朱立峰正高级工程师等专家给予了悉心指导，提出了宝贵意见和建议。在此，笔者谨致谢忱。本书查阅了大量的国内外文献，这些资料为本书撰写提供了宝贵的理论方法，在此对所有作者表示真挚的感谢。

  任何一门科学的最终归宿都是造福于社会，服务于人类。开展健康地质调查与了解工作可以很直接地服务于人类，尤其是服务人类的健康，因此是一件非常有意义的事情。但是健康地质调查与评价是一项新的工作，评价体系的构建与局部生态风险的识别需要不断探索，很多内容属于探索性质，因此，书中难免存在疏漏和不足，恳请读者予以指正。

2024 年 3 月

目 录

第一章 绪 论 ……………………………………………………………………………… (1)
　第一节 地质与健康的联系 …………………………………………………………… (1)
　第二节 健康地质调查思路与技术路线 ……………………………………………… (4)
　第三节 健康地质研究动态与发展趋势 ……………………………………………… (5)
第二章 健康地质评价工作方法 …………………………………………………………… (9)
　第一节 调查技术方法 ………………………………………………………………… (9)
　第二节 评价指标体系 ………………………………………………………………… (15)
　第三节 健康风险评价方法 …………………………………………………………… (19)
第三章 水环境与健康 ……………………………………………………………………… (23)
　第一节 水环境与健康的关系 ………………………………………………………… (23)
　第二节 西安城市群西段水环境与健康 ……………………………………………… (28)
　第三节 西安城市群周边水体健康风险评价 ………………………………………… (46)
　第四节 Cr^{6+}迁移转化研究：降雨淋溶与灌溉入渗的影响 ……………………… (50)
　第五节 西安城市群周边以浅层地下水为主的健康地质分区 ……………………… (56)
第四章 土壤环境与健康 …………………………………………………………………… (58)
　第一节 土壤微量元素与健康 ………………………………………………………… (59)
　第二节 西安城市群土壤微量元素含量分布 ………………………………………… (69)
　第三节 西安城市群周边典型地区土壤健康风险评价 ……………………………… (71)
　第四节 西安城市群周边土壤微量元素输送通量 …………………………………… (76)
第五章 大气环境与健康 …………………………………………………………………… (81)
　第一节 大气环境与健康的关系 ……………………………………………………… (81)
　第二节 国内外大气污染研究现状 …………………………………………………… (84)
　第三节 西安市不同功能区地表灰尘健康风险评价 ………………………………… (86)
第六章 天然放射性与人体健康 …………………………………………………………… (91)
　第一节 国内外天然放射性研究现状 ………………………………………………… (91)
　第二节 西安城市群周边典型区域环境氡浓度监测 ………………………………… (93)
　第三节 西安城市群周边典型区域伽马辐射监测 …………………………………… (95)
第七章 健康地质资源：优质农产品 ……………………………………………………… (97)

  第一节 优质农产品与健康地质融合 ……………………………………………… (97)
  第二节 地质环境与优质农产品的关系 ……………………………………………… (98)
  第三节 秦岭北麓优质农产品猕猴桃的地质密码 …………………………………… (100)
  第四节 优质农产品玉米的地质密码 ………………………………………………… (110)
第八章 土壤和农作物健康阈值 ………………………………………………………… (117)
  第一节 研究区居民的膳食结构调查 ………………………………………………… (117)
  第二节 小麦/玉米 Zn、Cu 等有益元素阈值确定 …………………………………… (120)
  第三节 土壤 Zn、Cu 等有益元素阈值确定 ………………………………………… (122)
第九章 西安城市群健康地质分区 ……………………………………………………… (130)
  第一节 西安城市群健康地质分区 …………………………………………………… (130)
  第二节 健康地质分区结果验证与西安城市群发展规划建议 ……………………… (135)
第十章 健康地质调查评价成果应用 …………………………………………………… (136)
  第一节 支撑陕西槐芽稻渔综合性种养 ……………………………………………… (136)
  第二节 取得成果 ………………………………………………………………………… (139)
  第三节 支撑陕西汤峪地质文化镇建设 ……………………………………………… (147)
  第四节 取得成果 ………………………………………………………………………… (150)
第十一章 展 望 ……………………………………………………………………… (154)
主要参考文献 ………………………………………………………………………………… (156)

第一章　绪　论

第一节　地质与健康的联系

从空间序列来看，在浩瀚的宇宙里，地球是太阳系的八大行星之一，也是目前已知唯一具有生命的星球，地球所在太阳系的位置特殊，使得太阳提供的光和热为地球上生命的产生和延续提供了极佳的条件。另外从时间序列来看，46亿年前，原始的地球开始形成，表现为一颗炙热的大火球，随后逐渐冷却，经历分异和变化，形成了地壳、地幔和地核，在冷却分异过程中喷发出大量包括水蒸气的气体，包围在地球外围，形成了大气层并开始了降雨，随后形成了原始的海洋，可以说地球早期的形成和演化为后期生命的形成提供了必要的条件。

英国地球化学家哈密尔顿（Hamilton）于1979年发表了《人体组织中金属元素和环境因素的关系》一文，他把人体各组织中的元素含量与地壳的元素克拉克值（地壳中元素的平均含量）进行对比，发现除人体原生质的主要成分元素碳、氢、氧、氮以及地壳中的主要成分元素硅以外，其他元素在人体血液中的平均含量与地壳元素含量惊人相似，这个关系被称为丰度效应，首次揭示了包括人类在内的生物进化发育对自然环境的依赖关系。可以说生命的诞生，无论是化学进化说、宇宙胚种说、还是地球生成说（火山爆发起源说、深海烟囱起源说），其本质上是自然界化学元素合成的有机物。在生命起源与演化过程中，虽然生命在选择性地吸收化学元素，但始终都与自然界（地壳）的化学组成保持着惊人的一致。

生命的起源和演化是一个深层次的问题，生命由低级到高级，由简单到复杂，与地球的演化密不可分，不同的地球环境都有与之相适应的生命群体，随着地质环境的演变，无论是寒武纪生命大爆发，还是后期多次的生命大爆发和大灭绝，都是在变化的过程中推动了生命的演化和繁荣。

迄今为止，在人体中所发现的60余种元素中，99.95%是由氧、碳、氢、氮、钙、磷、钾、硫、钠、氯和镁等常量元素组成的，余下不到0.05%是由氟、锌、碘、铜、钒、锰、镍、钴、硒、铬和钼等微量元素（含量<0.01%）组成的。微量元素含量虽少，但在生物化学过程中起着关键性作用，它们作为酶、激素、维生素、核酸的成分，维持着生命的代谢过程。

人体与环境之间最本质的联系是能量的传递和物质交换，人与地壳物质保持的平衡是通过人体的新陈代谢与周围环境进行物质交换实现的。在正常的地球化学环境中，物质与人体之间保持着动态平衡，使人类得以正常生长、发育，从事生产劳动，并能够使人类在劳动之后，迅速解除疲劳，激发人们的智慧和创造力。

人类是在地球的发展演化过程中,生物进化达到高等阶段的产物,也是地球生命在漫长演化过程中晚期出现具有高智慧的生命形式。人类的起源可以追溯到几百万年前,目前居于生命演化的顶端,但相对于地球年龄和生命演化过程来说只是短暂的一刻。人类出现后,阳光、大气、岩石、土壤、水、生物等构成了人类生存和发展的自然环境。随着社会生产力的发展,地球的文明进入了一个高级阶段,因为人类具有思维意识,除了自然因素危害地质环境,影响生态平衡,人类活动对地球的影响越来越大。人为因素对地质环境的影响逐步增加,地质环境对人类的制约作用也越来越明显,如何合理有效地利用地球资源、维护人类生存的环境,成为当今世界所共同关注的问题。

生命的进化是生命体内生命元素演变的最主要动力。但是,生命进化本身又受到环境及其变化的强烈制约,即地球环境的差异与变化、人类生产生活对环境的改造也是生命元素演变的最主要推动力,是环境在控制和影响着生物体内元素分布、生理过程及其形态构造。就像人的出现有赖于适宜的地质环境,包括地质、水文、气候、生物等因素。当人类的活动符合自然界的客观规律时,便可以得到持续发展,如凿井得水、开山取矿;相反则会蒙受损失,如过量灌溉导致土壤盐碱化。另外,自然界的突发事件或缓慢积累导致的重大变化,也可能给人类带来无法逃避的灾害。如果地质环境任何一种因素发生重大变化,都将破坏这个平衡,而且有可能使环境不再有利于人类。比如世界多数科学家认为,全球气候变暖一半以上是由人类活动造成的,由气候变化引起的气温升高、海平面上升、极端气候事件的概率上升均见端倪;随着工业化、城市化、信息化、全球化的进程不断加快,尤其是在20世纪中期后,人口剧增、资源耗竭、生态破坏、环境污染、土地退化、荒漠化等问题日益突出。

由于自然界的不断变化,人类总是从内部不断地调节自己的适应性,以保持人体与地球化学环境的动态平衡,维持生命活动的正常运行。如果由于某种自然的或人为的原因,使环境中新出现或增加了或减少了某种化学物质,超过了人体生理功能所能承受的适应极限,人和地球化学环境的平衡关系就会遭到破坏,人体健康就要受到影响,甚至引发疾病或死亡。人体各系统和器官之间是密切联系着的整体,人体各种生理功能在某种程度上对环境的变化是适应的,如解毒和代谢功能往往使人体与环境达到平衡。但是,这些功能有一定的限度。具体到地质环境,比如气候可以直接影响地球表层作用过程,引起元素的迁移和富集,形成特殊的地质环境,如干旱区氟、硫酸盐、碳酸盐等容易富集,湿润区铁、铝、硅容易富集。地质构造作为深部物质输出地表的通道,往往会排放一些有害的气体来影响人体的健康。另外构造作用可以加速使岩石破碎而使其便于风化,造成一些元素的流失和富集,如我国东部的硒贫乏带;地貌也可以通过影响元素的迁移从而间接影响人体健康,比如地貌可以影响地表水和地下水的运动状况,如平原区是碘和氟富集的地貌,而山区或分水岭地区是碘流失的地貌。不论是有毒物质通过呼吸、饮水、食物等直接或间接地进入人体,还是有些元素的流失,都可能影响人类健康甚至危及生命。

农业文明时期,生产力和科学技术水平落后,人类疾病类型以生物性传染病(以病毒、细菌、寄生虫等为动因所引起的疾病,如各种肠传染病、结核病等)、营养不良性疾病、原生性地方病等为主。来到21世纪,随着工业的迅猛发展,人类疾病模式发生了巨大的变化。世界卫生组织根据现代医学、生物学和进化论的理论,把现代人的疾病分为四大类,即遗传性疾病、先天性疾病、匮乏性疾病和现代病。疾病作为人类社会中客观存在的现象，它和生态地理、地球化学环境之间有着不可分割的联系。任何疾病都是在一定环境条件下发生的，环境影响致病因素和人体的功能状态，或者影响致病因素与人体的接触机会，从而影响疾病的发生、类型和发展。许多疾病往往具有强烈的区域性特征，不同时期、不同区域都具有一定的疾病类型。当今，癌症、心脑血管疾病、糖尿病和慢性呼吸系统疾病是现代人死亡的主要原因，研究发现，除生物病原对人群健康产生威胁外，高强度的农业生产、工业化和城市化对地球表生系统的影响日益显著，人类活动作为强大的地质营力，排放的大量污染物质通过扰动地球表层系统地质过程影响地球物质与能量循环，导致系统功能失调与全球变化加剧，频发的传染性疾病引发的公共卫生事件层出不穷，严重危及人类生命健康。

人类环境的任何异常变化，都会不同程度地影响到人体的正常生理功能，但是人类具有调节自己的生理功能来适应不断变化的环境的能力。这种适应环境变化的正常生理调节功能，是人类长期发展过程中形成的，如果环境的异常变化不超过一定限度，人体是可以适应的，如人体可以通过体温调节来适应环境中气象条件的变化；通过红细胞数和血红蛋白含量的增加，在一定程度上适应高山缺氧环境等。如果环境的异常变化超出人类正常生理调节的限度，则可能引起人体某些功能和结构发生异常，甚至造成病理性的变化。这种能使人体发生病理变化的环境因素，称为环境致病因素。人类的疾病多数是由生物、物理、化学的致病因素所引起。造成环境污染的物质，如有毒气体、重金属、农药、化肥以及其他有机及无机的化合物，这些都是化学性因素；还有的是生物性因素，如细菌、病菌、虫卵等；也有的是物理性因素，如噪声和振动、放射性物质的辐射作用、冷却水造成的热污染等。这些因素和反应达到一定程度，都可以成为致病因素。在环境致病因素中环境污染又占最重要的位置。疾病是机体在致病因素作用下，功能、代谢及形态上发生病理变化的一个过程，这些变化达到一定程度才表现出疾病的临床症状和体征。人体对致病因素引起的功能损害有一定的代谢能力，在疾病发展过程中，有些变化是属于代偿性的，有些变化则属于损伤性的，两者同时存在。当代偿过程相对较强时，机体还可能保持着相对的稳定，暂不出现疾病的临床症状，这时如果致病因素停止作用，机体便向恢复健康的方向发展。但代偿能力是有一定限度的，如果致病因素继续作用，代偿功能逐渐发生障碍，机体则以病理变化的形式反应，从而表现出各种疾病所特有的临床症状和体征。

从长远来看，健康是人类生存之本、幸福之源。人类作为一个具有高度智慧的物种，足迹已遍及全球，但面对地球空间和资源的有限性，人类不能为所欲为，需保持其行为的适度性。不论是史前时期，还是历史时期，人类都经历了许多自然灾害、饥饿、战争和瘟疫，如鼠疫、流感、天花、霍乱等的浩劫，直到高度文明发展的现代，仍难免给人类带来健康损害和灾难。曾几何时，由于抗生素的发现和应用，人类取得了对传染性疾病的控制，但新的病原微生物如尼帕病毒、汉坦病毒，以及21世纪以来发生的严重急性呼吸综合征（SARS）、新型冠状病毒感染疫情等，给人类社会带来很大的冲击。当今的慢性疾病，如心脑血管病、肥胖、糖尿病、癌症等是危害当前人类健康的另一类疾病，它们都在一定程度上与地球的自然环境和人文环境相关联。可以说，老的疾病（瘟疫）没有消失，新的传染病层出不穷，地球的演化进入一个带有人类明显烙印的新阶段。所以说，维持地球环境、社会经济发展及人类行为的协调和平衡是保护人类健康生存的必然。地球环境对人类健康影响增添新的因素，促使我们需要从更高层次的地球环境来全面思考和认识人类健康问题与疾病的起源、预测以及防控规律和策略。

此时应运而生的"健康地质"，成了新时代地质工作的一个方向，是研究地质环境影响人群健康的过程、规律和效应的科学，是地球科学与环境科学、生命科学、预防医学等相关学科的交叉融合。它在地球系统整体行为研究基础上，综合考虑影响人群健康的有益、有害地质环境条件，研究地质条件与人体健康的关系，揭示影响人体健康的地球物质组成及其迁移转化过程，评估地质条件对人体健康的影响，最终服务人类健康研究。

第二节 健康地质调查思路与技术路线

健康地质是研究地质条件跟人类健康关系的一门学科，其目的是保障和促进人类健康。地质条件不但包括地球的地壳和地幔的上部，也涉及岩石圈、大气圈、水圈和生物圈，具体也可分为地质环境、大气环境、土壤环境、水环境等，是具有一定空间概念的客观实体。人体健康学是一个很宽泛的概念，并不单纯指身体的健康，可以说是除治病（临床医学）以外，对于能够增加身体活力、减少疾病发生、提高健康水平的各种原理、理论、方法、手段、措施等进行研究、说明、解释、创新、实施的科学。健康是指一个人在身体、精神和社会等方面都处于良好的状态，主要包括两个方面的内容：一方面主要是指无疾病，身体形态发育良好，体形均匀，人体各系统具有良好的生理功能，有较强的身体活动能力和劳动能力，为健康最基本的要求；另一方面是指对疾病的抵抗能力较强，能够适应环境变化、各种生理刺激以及致病因素对身体的作用。

一、健康地质需求

在国家层面，《"健康中国 2030"规划纲要》提出要建设安全环境，发展健康产业，建设健康信息化服务体系；《健康中国行动（2019—2030）》提出围绕疾病预防和促进"两个核心"，开展十五个重大转型行动，包括全方位干预健康影响因素，健康知识科普行动，实施合理膳食行动，实施环境促进健康行动，防控重大疾病。问题需求层面，地方病与地质（水、土）关系研究、元素不平衡引发的健康问题的机理、环境污染引发的重大疾病问题亟需解决；地学数据与医学数据套合预防疾病等对人类有益和有害的地球物质循环及其健康风险评价，尤其是地质作用的主控要素不明确，新型污染物和病原体的分布、迁移及其健康风险对策需要不断探索，健康地学大数据应用等问题亟待加强研究。

二、目标任务

聚焦人体健康问题，发挥地质学学科优势，突出岩、水、土、气、生等系统综合体，以有益或有害健康的地球物质为研究对象，对其来源、时空分布、赋存状态和迁移转化规律进行探索，评估其暴露途径、健康风险和作用规律，开展地质环境的健康宜居评价与区划，探索元素在地质环境中的迁移转化过程，集中在地质与人类健康的结合点，对有明确地质认识的对象开展调查；加强多学科融合，识别风险源，进行暴露途径分析和健康风险评价，比如聚焦水，可以立足地下水、地表水、灌溉水及饮用水开展评价,开展"水环境质量状况评价—健康风险评价—健康影响因子分析—异常成因来源—对策建议提供"的系统调查分析评价。开展名特优农产品和道地中药材的地质基因调查评价,总结代表性名特优产品和道地中药材品质与产地地质环境的关系;开展地方病调查,为地方病的防控提供地质依据;开展典型地热、温泉调查,为区域规划和乡村振兴提供地学支撑。

三、研究内容

关注水体与土壤中重要元素来源、迁移途径及其控制因素,估算自然源与人为源的贡献率;开展元素生物有效性的土壤矿物、土壤化学组成与理化性质控制因素识别,对重金属污染地区和地方病发病区,进行饮水、粮食及人体健康风险评价;利用 RNI(最佳摄入量)、UL(人体最高可耐受量),评价人体 Se、I、Cu、Zn、Fe、Mo 等有益元素的不足、过量和适宜程度;调查影响优质农产品、道地中药材品质和产量的地质背景控制因素,提出立地地质地球化学模型;对比研究长寿区人居生活环境、有害与有益元素摄入途径与摄入量,以及地质体、构造带、微气候环境差异,解密人体长寿的地质基因;开展富钾花岗岩,富含铀、钍的磷矿、煤矿、铀矿、黑色岩系等放射性调查,对辐射强度和居民健康进行评价。总体来讲,调查内容要具有针对性、靶向性以及边界性。

四、研究方法

加强工作区数据收集,尤其是区域地质调查数据、卫生健康数据以及相关线索数据,通过数据分类,分析健康问题类型,涉及元素种类以及介质类型,确定健康地质调查单元,结合实际,可以分为地理单元、行政单元、水文单元、流域单元以及对比区。在健康风险评估时,要进行风险源识别,进行物理环境评价,分析潜在暴露群体,综合考虑污染物的浓度、时间和分布等剂量,对暴露途径、污染物来源以及受体的暴露浓度和摄入量进行研究,建立相关模型,进行预警分析。

五、服务领域

重点关注长寿区地质背景条件解析,服务康养宜居规划;健康地质资源产品基因解析,服务健康产业区划;提出优质水资源和富 Se、富 Cu、富 Zn 等特色土地资源开发建议;提升土地资源经济潜力;提出农作物安全种植区划和国土空间规划;提出名特优农产品与道地中药材种植建议;提出地方性氟中毒与地方性甲状腺肿大等疾病防控建议;提出健康生活、提升生活品质、延长人体寿命的建议;依据放射性评价结果,对国土空间和城市不同功能区划提出建议。

第三节 健康地质研究动态与发展趋势

健康地质是在谋求人与自然和谐共生的大背景下,探索地质环境与人体健康的关系。迄今为止,国际上尚没有形成成熟、公认的学科,但一些国家的实践研究及案例、国内一些先前的实践探索,为开展健康地质工作奠定了基础、提供了借鉴。

一、国际研究方面

早在 2500 年前,希腊医学家希波克拉底在《空气、水和地方》一书中提及"含有铁、铜、银、金、硫、明矾或者硝石的地热水不适合任何用途",并提出不仅要治疗疾病,还要注意研究气候、空气、土壤、水质及居住条件等环境因素对健康的影响。16 世纪,德国医生阿格里科拉在治疗矿区居民肺病的过程中逐渐深入矿物学研究,并因其著名的《矿冶全书》而被后世称为"矿物学之父",可谓将地质与医学结合的第一人。美国于 1965 年率先提出"医学地质学(Medical Geology)"一词,意为地球科学与医学交叉的新兴学科。自此,美国地质调查局开展了大量环境健康专题研究,提出了包括人在内的生态体系理念,并作为主要任务开展研究,诸如针对美国西南部地区每年 10 多万人及牲畜患病情况,开展了球孢子菌或山谷热作为致病因素的跟踪调查,形成了空间数据及分布图表,查明了致病因素与致病环境。

从 20 世纪 60 年代开始,以欧美一些发达国家为首的世界各国学者重视地球表层系统过程和地球生命演化与健康的关系,通过对地方性疾病与水土环境中微量元素地球化学特征的关系研究,证实了自然地质环境中微量元素的局域分异是引起人体健康与疾病的重要因素。1967 年,美国密苏里大学组织了第一次微量物质与环境健康年会,这个年会连续举办了 25 年;1968 年,美国科学促进会(AAAS)在达拉斯举行了"环境地球化学与人类健康疾病"学术讨论会,来自地学、医学和生物学的科学家们就人体健康和疾病与环境中化学元素的关系进行了交流和讨论;1969 年,美国国家科学院地学部成立"地球化学环境与健康和疾病"委员会;1972 年,在德国海德堡召开环境地球化学与健康会议之后,美国、加拿大和英国相继建立了环境地球化学与健康学会,开始开展地球化学与健康关系的研究。自此开始,墨西哥、英国、法国、德国、智利、日本、马来西亚、摩洛哥等多个国家组织开设了医学地质学短期课程,开始重视地质与人类健康的调查研究工作。英国地质调查局以环境地球化学中心为依托开展医学地质工作;法国、德国等国建立了专门的医学地质协会进行相关领域研究;墨西哥地质调查局也很重视医疗地质工作,并取得丰富成果和经验。在这一发展阶段,许多学者也就地质学与医学的相关概念和内容展开了研究和探索,尽管相关的术语称谓、概念尚不完全统一,但各国学者在研究中都是将岩石、土壤、生物、水和人类活动甚至气候系统等要素作为相互作用与扰动的生命支持系统,为生态学、地质学和医学等学科的可持续发展构筑了强有力的科学基础。

20 世纪 90 年代,地质因素对健康的重要性以及人们对地质与健康关系的研究,也引起了国际科学界的高度重视,国际地质科学与环境计划委员会在 1996 年建立了医学地质工作组,在世界范围内推动健康地质方面的科学研究。挪威地质调查局在 20 世纪 90 年代末开展"地质医学地球化学填图"项目,探索地球化学调查图与地质医学的因果关系,建立地质参数和地球化学参数与流行病分布的相关联系。2002 年 2 月,联合国教育、科学及文化组织和国际地球科学联合会授权设立了国际地质对比计划项目——"医学地质",由瑞典地质调查所的资深地球化学专家 Olle Selinus 教授担任项目和医学地质工作组的负责人。项目组织全球特别是发展中国家的学者、专家,共同探讨与人类和生物健康有关的地质科学问题,现在已有 57 个国家和国际组织参与了此项工作。2003 年,国际医学地质学会组织编写的 *Essentials of Medical Geology* 一书首次出版发行,从地质背景、地质过程对动物及人类健康影响的角度,探索了自然地理因素、基础地质环境与人类健康和疾病产生的关系。2004 年野生动物保护协会在纽约召开会议,集结 12 条建议,提出"One World-One Health"曼哈顿原则。2009 年由 20 多个国家的 60 多位学者共同撰写并出版的《医学地质学——自然环境对公共健康的影响》,是国际医学地质方面的重要论著,意味着医学地质学的发展已获得地学界和医学界更加广泛的支持和参与。2017 年,美国地球物理学会(AGU)围绕地球健康理念创办了 *GeoHealth* 期刊。可以看到,通过地质学、医学、化学、生物学等多学科协同融合,结合本底调查、数据采集以及已有数据的挖掘等方式,分析研究地表环境对人体健康、生态健康的影响已成为当前世界各国的研究热点。

二、国内研究方面

关于地质环境与人类健康方面的问题,我国古代早有论述,在 2000 多年前的《黄帝内经》中就明确提出了人和自然界是一个统一体的思想,认为人类的生存、健康和疾病与环境有着密切的关系。《神农本草经》《本草纲目》等著作对气候、水土因素与人类健康的关系,医学矿物学、水土环境与健康等方面作了系列阐述;《左传·成公六年》中曾记有"土厚水深,居之不疾;土薄水浅,其恶易觏",直接阐述了土壤、水质及居住环境对健康的影响;嵇康在他的《养生论》中有"颈处险而瘿、齿居晋而黄"的描述,说明山区居民易患地方性甲状腺肿,山西人多患氟斑牙。甲骨文中的"瘿"就是今天的地方性甲状腺肿,隋唐时期医学家孙思邈、金代医学家张子和在他们的著作中记载了很多治疗"瘿"的方法。

国内科学家早在 20 世纪 60 年代末、70 年代初,就开展了火山喷发与健康、空气和水中的氡、地下水与环境中的砷的研究,并在碘缺乏病、砷中毒、铊中毒的研究方面取得了令国际学术界瞩目的成就。20 世纪 70 年代末,国内进行了覆盖全国 600 多万平方千米的"区域化探全国扫面计划",获得海量数据,以此为基础,从 90 年代开始,中国地质调查局开展生态环境地球化学研究,从砷中毒效应入手,开启了元素与人体健康的研究工作,在人与地质环境的作用机理方面进行了大量开拓性工作。2000 年以来,中国地质调查局通过国家科技攻关计划、"973"计划、国土资源大调查、公益性行业科研专项、国土资源部(现自然资源部)科技创新发展规划等多项重大科研项目,取得了大量理论研究成果;此外,还积累了区域水文地质调查规范、多目标区域地球化学调查规范、土地质量地球化学评价规范、城市地质调查规范、矿山地质环境调查评价规范等一批标准规范成果,为开展健康地质调查提供了重要的保障。

2017 年,中国地质调查局首次提出开展健康地质工作,将面向传统地质调查工作转向面向人民健康的新领域,指出健康地质工作要切实服务国家战略,落实党中央决策部署,搞清"所以然",治"未"病。2019 年 6 月,中国地质学会成立医学地质专业委员会,通过地质学、医学、化学、生物学等多学科协同融合,结合本地调查、数据采集及已有数据挖掘等方式,分析自然环境对人体健康、生态健康的影响关系;识别人类健康与疾病的地理分布特征及成因,研究地质背景、地质过程对人类和动物健康的影响因素。前人研究重点主要是围绕土壤、地表水、地下水和大气等近地表环境开展的,对深部地球物质(如火山灰、氡气、高温地热流体等)进入表层系统后如何迁移转化并影响环境健康未开展系统研究。大数据分析、机器学习等技术在地球科学领域的应用使健康地质研究突破传统的空间分析与预测应用,通过数据分析挖掘未知的知识、发现潜在的规律。2019年8月,国际医学地质协会与中国科学院地球化学研究所在中国贵阳联合主办了第八届国际医学地质会议。来自美国、英国、德国、葡萄牙、日本、加纳、尼日利亚等23个国家、80所高校及科研院所的300位专家学者,围绕"医学地质与生态文明建设"的主题,从环境地球化学与人类健康、水与人类健康、土壤污染与修复等7个方面进行深入交流,进一步推动了地球化学、环境科学、生物学、生态学、水文地质学、流行病学、毒理学等众多学科的交叉融合和医学地质学的蓬勃发展,也彰显了我国在该领域的国际影响力。

武汉市在新型冠状病毒感染疫情后积极开展了健康(医学)地质调查,中国地质大学(武汉)也制订了"宜居地球"建设计划,探索生命系统与环境系统之间的协同演化,解决人类生存环境宜居性问题。经过不断的科学研究和实践,健康地质学越来越多地为人类的生存环境、健康状况提供更加合理、更加科学的理论依据,在全面提高人类的健康水平方面作出了重要贡献。

第二章　健康地质评价工作方法

健康地质调查评价的主要目的是健康风险的识别及评价,通过1:25万(或更大比例尺)区域健康地质调查、土地质量地球化学调查、水地球化学调查等工作手段,查明影响人群健康的有害和有益元素在岩-土-水-气-生各介质中的分布、迁移转化规律及赋存形态,评价健康风险,进行局域健康地质分区,提出基于地质学的局域发展规划建议。

第一节　调查技术方法

一、调查内容

1. 区域健康地质调查

通过资料收集、路线调查等方法,调查岩石(水系沉积物)、水(地表水、地下水)、土(耕地、林地、草地)、主要农作物中的有益元素指标分布、特征,以及区域地磁场放射性强度等环境特征。

2. 局域健康地质调查

局域健康地质调查在全面收集区域地质、水文地质、土地地球化学质量调查成果的基础上,主要从长寿村、地方病、土地质量等方面开展调查工作。

1)长寿村

(1)区域地质、水文地质、土地地球化学质量概况等,以资料收集为主,调查长寿村的地理分布情况。

(2)健康问卷调查,包括人口年龄结构、平均寿命、疾病情况及膳食结构等。

(3)地产食物及饮用水有益有害元素含量、地磁强度、氡气浓度及负氧离子含量。

2)地方病

(1)地方病的种类,地方病的治理措施及效果,如改水情况等,应重点关注含氟、砷、碘、硒等元素的地质体,以资料收集为主,补充调查为辅。

(2)健康问卷调查,包括历史发病人数、分布范围及膳食结构,以及煤炭等主要生活能源的使用方式等。

(3)地产食物、水体中有益有害元素含量。

3）土地质量

(1)重点收集作物面积、耕地坡度等资料。

(2)调查土壤垂向剖面、农作物-根系土、土壤氡气浓度、水体中有益有害元素分布,查明元素的赋存形态、来源及迁移规律。

(3)健康问卷调查,包括人口分布密度、年龄结构、疾病情况、膳食结构与粮食调运情况等。

4）优质/劣质地下水

(1)重点收集饮用水源地、矿泉水、地热温泉的分布、水质等资料,以及开发利用情况。

(2)调查饮用水源、灌溉水源、矿泉水、温泉等水体以及流域内主要农作物中有益有害要素的分布与来源。

(3)健康问卷调查,包括人口分布密度、年龄结构、典型疾病、饮用水来源、饮水量等。

5）特色农产品、道地中药材等

(1)重点收集特色农产品和道地中药材的分布面积、产量和价值等资料。

(2)调查产地土壤、灌溉水中元素含量,产品中元素含量分布及元素组合特征,主要标志性有机指标。

(3)健康问卷调查,包括人口分布密度、年龄结构、疾病情况、膳食结构等。

二、调查方法

健康地质调查主要查明一定区域内与人类健康有关的地质要素的现状;健康地质评价是对区域内人居健康地质要素进行健康风险等级评价,并提出相关的建议。健康地质是地质学新的拓展领域,分区域和局域两个尺度开展调查评价工作。局域健康地质调查评价的主要目的是健康风险的识别及评价。

现阶段还没有健康地质调查的技术要求及行业规范,通过探索,初步形成了健康地质"六维"调查方法模块(图2-1),辅助开展健康风险评价与宜居评价。以生态地质调查、水文地质调查、土地质量地球化学调查为主,加大实验测试分析力度,其他方法加持,在分析研究1∶5万土地质量、1∶20万基岩区地球化学调查数据的基础上,挖掘有益有害元素的高低背景区,进而开展1∶5万土地质量地球化学调查和植物样、大气干湿沉降物、灌溉水调查研究,开展水质调查评价、环境氡调查和地磁场监测。综合多因素调查结果,开展健康地质调查分区,服务宜居规划和产业布局。

(一)资料收集

系统收集西安城市群以往的各类基础地质、水文地质、环境地质、工程地质、水资源、地热资源等研究成果报告及图件;特色农业、地方病、放射性相关研究成果;多年气象、水文资料开发利用历史、现状,人口的分布、密度、饮食文化、膳食结构,地区经济发展等有关社会资料;陕西省和5个主要城市的总体规划发展目标。通过对这些资料的综合分析,为重点工作区的选定和工作部署提供依据。需收集资料的具体内容如下。

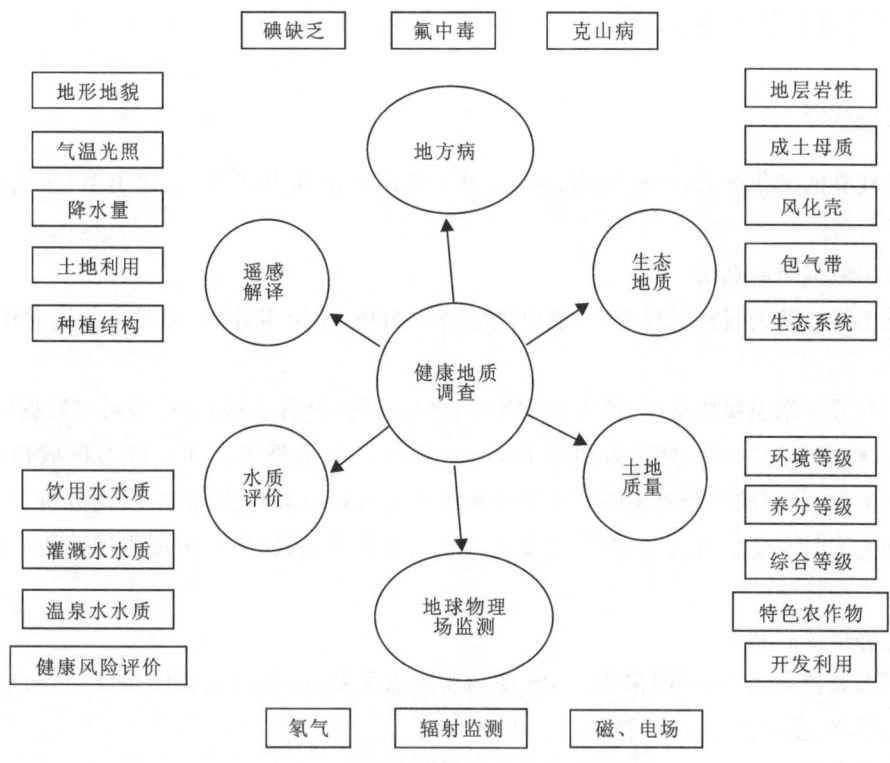

图 2-1 健康地质调查"模块化"示意图

(1)地质资料:区域地质、物化遥(地球物理、地球化学、遥感)、生态地质、环境地质、城市地质等基础地质和专项调查研究的原始资料与成果资料。

(2)地形地貌资料:地形图、数字高程模型、地貌图等研究资料。

(3)土壤、植被资料:土壤、植被的调查研究资料;典型生态系统定位观测与研究数据资料,包括生物数据、土壤数据、水分数据等。

(4)气象资料:主要收集降水量、蒸发度、相对湿度、气温等资料,并对其动态变化特征作统计分析。

(5)水文资料:主要是流域内所有水文观测站历年逐月平均量、水质等水文资料,并对其动态变化特征作统计分析。

(6)地热资料:开展的地热相关的研究报告、图件,主要包含地热资源的成因、开发利用,温泉的类型和分布,以及地热资源的地球化学特征等。

(7)特优农产品和道地中药材资料:农产品和药材的种类、分布及相关的研究现状。

(8)地方病资料:收集地方病的主要类型、分布地区和发病的人群数量,针对地方病开展的地质调查工作和医学研究资料,对收集的数据进行统计并制图制表。

(9)经济社会发展资料:社会经济(GDP、人口)环境、国土空间规划、土地利用现状以及重大工程情况。

(二)主要调查方法

1. 遥感解译

通过建立的影像标志,进行判读、解释,用以解译土地利用现状、土地类型、植被覆盖度、农作物长势等。

1)遥感数据源的选用

遥感工作以航天遥感资料为主,航空遥感资料为辅,使用多分辨、多时相的遥感资料进行对比分析。

选用高分辨率卫星数据(包括 WordView、高分一号、高分二号)和中分辨率数据(Landsat TM/OIL)相结合的方式。具体为利用 Landsat TM/OIL 数据解译 1:25 万区域植被指数、土地利用类型、河流湖泊等要素的历史变化信息并进行提取和研究,同时对比分析多年植被、土地类型生态时空变化与气温、降水等要素的空间相关性,利用高分辨率影像监测抽穗期、灌浆期的农作物长势等。

2)遥感影像的制作

采用国家控制点、地形图采集、GPS 现场实测点等数据,消除遥感图像畸变,与地理坐标配准,对卫星遥感影像进行几何校正。

3)解译内容

解译内容包括地形、地貌、水系、泉点、湖泊(含干枯湖泊)、地表植被等。划分不同地貌单元,确定成因类型和主要形态及水系特征;解译区内的植被、草原生态和土地利用状况等;解译土地利用现状、土地质量等地质资料的开发利用现状、地质环境问题;解译人类工程经济活动引起的地质环境变化。利用热红外遥感技术解译关中平原地区近地表地温异常,对区内可能存在的近地表地热异常区进行圈定,划分地热资源开采优选区。在农作物生长中的重要阶段对长势及营养状态进行定性监测。

2. 路线、剖面调查

地面调查主要包括健康生态路线调查、剖面调查、土地质量地球化学面积性调查等。基本要求:根据调查区地质环境条件和人类工程经济活动特点,确定重点调查地区和需要重点调查的与人体健康有关的地质环境问题。

(1)调查区为简单区,环境地质条件简单,现代地质作用强烈。调查区属于盆地平原区,主要调查岩石、成土母岩、水、土壤、植被、地方病、特优农产品、道地中药材、地热温泉和放射性气体(氡气)等。

(2)充分搜集和利用已有资料,根据已有工作程度的不同,确定不同地区工作程度要求,采取补充调查、编测结合的方法进行工作。

(3)野外调查前,应在工作区或邻区选择地貌、地层、地质构造和环境问题有代表性的一个或几个地段,实测地质剖面,建立典型标志,确定填图单位,统一工作方法。

(4)野外调查中应充分利用已有资料和遥感解译成果,通过野外调查和遥感图像解译成果的野外检验,加强地面调查工作,针对性提高调查质量。

(5)观测路线的布置:以穿越法为主,对环境地质问题则采用穿越法与追索法相结合的调查方法。观测路线在考虑交通方便的情况下,一般应沿地质环境条件变化最大的方向布置。

(6)观测点的布置,观察描述和定位:观测点的布置要突出重点,兼顾一般,不能平均设置,点位要有代表性,并应统一编号;观测点用专门卡片记录,记录既要全面,又要突出重点,同时还要注意观测点之间的沿途观察记录,用剖面图反映其间的变化情况;对典型和重要的地质现象,应实测剖面或绘制素描图,并进行拍照或录像,同时按数据库建设要求,直接在野外录入;观测点应采用GPS定位或半仪器法定位。

野外调查手图上,环境地质问题分布范围凡能表示出其面积和形状者应实地勾绘在图上或根据遥感解译检验结果在野外核定在图上,不能表示实际面积、形状的,用规定的符号表示。各种观测点、线标定的误差范围,在1∶5万手图上不得大于50m。

观测点密度取决于地区类别和工作区地质地貌条件的复杂程度,以能控制工作区与人体健康相关的环境地质条件和环境地质问题为原则。

3. 水地球化学测量

1)样品布置

(1)布设原则:选择典型河流、泉点、民井、地热井采集测试样品。

(2)样品编号:地表水样和浅层地下水样编号按照确定的采样大格,自左向右再自上而下顺序统一编号。50个号码为一批,每批次留出1个号码作为平行分析样号。

(3)采样准备:准备pH计、水温计、1.5L聚乙烯塑料瓶或玻璃瓶、装瓶框、软隔板(纸质或泡沫塑料)、量杯、蜡及HNO_3溶液、NaOH溶液等化学试剂,并与分析测试实验室进行沟通。化学试剂应做空白实验,合格后方可使用。盛装水样的聚乙烯塑料瓶或玻璃瓶在盛装水样前,须先用质量分数10% HNO_3或10% HCl浸泡24h以上,再用自来水和蒸馏水冲洗干净。

2)采样方法

(1)地表水:河流分布区采样点布设在主河道开阔处或支流汇入主流的下方;水网湖泊分布区采样点布设在湖区中间部位,在水文稳定时期进行采样。采样时尽量轻扰动水体。取样前先用待取水洗涤装样品容器和塞子3~5次,然后尽量把取样瓶沉入水中30cm深处取样。

(2)浅层地下水:人工挖掘的取水坑采样,应在地下水位平衡、澄清后采集水样。采集井水样时,采样井应选择井径大、水位高的水井。泉水可直接在涌泉口采集。地下水采样采用瞬时采样法,采样时尽量轻扰动水体。取样前先用待取水洗涤装样品容器和塞子3~5次,然后尽量把取样瓶沉入水中30cm深处取样。

(3)采样时使用水地球化学采样记录卡,按要求填写。每天野外结束后将GPS测定的采样点地理坐标、工作航迹输入计算机,并以直径2mm小圆圈标定采样点,写上样品号,投到相同比例尺地形图。

4. 农作物调查评价

1)样品布设

农作物样品布置主要结合土地质量地球化学调查和适宜性评价研究工作进行,主要布置在土壤污染、名优特产地、富 Se 土地、富 K 土地等区域。

2)样品采集

采样时应戴上塑料手套,用不锈钢剪或刀分割样品。样品采集后,立即将植株样品按不同部位(根、茎、叶、籽粒)分开,以免养分转移。剪碎的样品太多时,可在混匀后,用四分法缩分至所需的量(要保证干样约 100g)。籽粒的样品要在脱粒后,混匀铺平,用方格法和四分法缩分,取得约 250g 样品。颗粒大的籽实可取 500g 左右。在采样记录卡上对采样点附近的地质、水文特征和地球化学环境进行详细描述。用 GPS 定点,并尽可能详细记录有关田间管理、施肥与农药使用等情况。

5. 大气干湿沉降物调查评价

1)样品布设

相对于土壤和灌溉水来说,大气环境质量变化相对较小,大气干湿沉降物样品的采样量相对较少。1∶5 万尺度的土地质量地球化学评价,要求大气干湿沉降物样品布设密度为 50～200 个点/万 km^2;每个区布置 1～3 个空白点;在污染较重的地区可加密,结合农用地的分布特征及特色农产品的产地分布。

2)样品采集

(1)采样点四周(25m×25m)无遮挡雨、雪、风的高大树木或建筑物,并考虑风向(顺风、背风)、地形等因素,避开烟囱、交通道路等点、线污染。

(2)为避免放置平台扬尘的影响,制作高约 1.5m 的集尘缸金属支架。将集尘缸支架放置于距地面 5～10m 处,并将其固定,再在上面放置口径约 25cm、高约 40cm 的圆筒形集尘缸 1 个。也可寻找满足前述条件的高度合适的建筑物顶,将采集器放在建筑物顶部。

(3)采样器具使用前,用质量分数 10% HCl 浸泡 24h 后,再用蒸馏水洗净。洗干净的集尘缸用盖盖好,携至采样点后,取下盖,根据当地的月降水量和蒸发量,加适量水。加水量视当地的气候情况而定,在整个采样期间应保持缸内有水。

(4)记录放缸地点、缸号和时间。

3)样品预处理

(1)将沉降缸放置 2～3d,使上部溶液澄清。用虹吸法吸取上清液至另一容器中,测定上清液的总体积或质量。将剩余的沉淀物和悬浊液转移至合适的容器中,测定其总体积和质量。

(2)将上清液搅拌均匀。取上清液 2500mL 至塑料容器中,用于检测溶液中固形物和其他须检测项目。其中取上清液 500mL 于塑料容器中,加入质量分数 50% 硝酸(保护剂)溶液 10mL,用于检测溶液中多项金属元素。取上清液 500mL 于塑料容器中,加入质量分数 5% 重铬酸钾(保护剂)溶液 5mL,用于检测溶液中 Hg。余下的 1500mL 上清液,移至塑料容器中,作为清水样或副样。并将准备好的样品密封送至实验室。

(3)将剩余的沉淀物和悬浊液转移至合适容器中,密封送实验室。

(4)若样品无法澄清,则全部用 0.45μm 的聚酯纤维滤膜过滤,并测定清液的总体积或质量,取样送实验室;滤网上部物质处理同悬浮物处理方法。

6. 放射性调查监测

1)伽马辐射剂量率监测

首先对被监测区域的气象条件进行全面监测,气象条件主要包括风向、风速、温湿度、大气压等,并做好相关记录,选择合适的气象条件下进行监测,环境地表 γ 辐射剂量率水平与地下水位、土壤水分、降雨、冰雪的覆盖等环境因素有关,测试时确保仪器的稳定性;其次对监测仪器(γ 辐射剂量率仪)进行检查、标定,确定仪器正常运行;最后进行现场的监测工作,在开机仪器正常运行的情况下,在被监测对象表面 1m 处测量 γ 辐射剂量率水平,同一点连续测量 10 次,取监测读数的平均值,并做好数据记录。

对各地热井点附近土壤表面 1m 处的 γ 剂量率进行监测,若 1m 处的 γ 空气吸收剂量率超出"当地本底水平+150nGy/h",则在 γ 空气吸收剂量率最高的点位进行取样,并及时送交实验室分析铀(镭)钍核素活度浓度,同时根据地热井周边实际情况,选择可能会受到影响的区域进行采样。

2)土壤氡测量

对土壤氡测量的具体步骤如下。

(1)选择正常的土壤进行氡的测量,获取土壤氡气的背景值。

(2)用直径 2.0cm、长 80cm 的钢钎,在土壤中打深约 70cm 的孔。将钢钎拔出后迅速将取样器(使用前要检查取样器下端壁上的孔不能被泥土堵塞)插入孔中,并将取样器顶端地表部分用土密封压实,以防止抽气时外部空气进入孔中。在测量土壤干燥塔的前端加棉纱或纤维,以防止微尘抽入仪器内。用软橡胶皮管将仪器与取样器连接时:一端接取样器的气体出口处,另一端接入附件干燥塔及仪器的进气孔。

(3)按"土壤氡"键进行测量,测量过程为本底测量—充气—测量—排气。当仪器充气结束后进入测量过程时及时拔掉进气孔胶皮管,使仪器在空气中完成排气过程。

(4)要对某些高浓度点(一般高于区域平均值 3 倍以上的点称为高浓度点或异常点)进行重点复测,停止测量后在空气中反复排气后再等待 4h 以上,待氡室中氡子体衰变完成后再进行测量。

第二节 评价指标体系

"人均期望寿命"是联合国人类发展指数三大核心指标之一,也是各地区居民幸福指数的重要参考依据,能够反映一个国家或城市的整体健康水平。大量研究表明,地理环境、地质条件、生活习惯、膳食结构、遗传基因、经济状况、医疗条件等因素从多方面多时序地影响着人群健康,这些因素也是健康地质调查评价的对象。现阶段并没有对应的调查评价方法,因此笔者提出"工具箱式模块化"的健康地质调查评价方法,分区域、局域两个调查评价尺度,将各类地质调查评价方法手段集成为"方法工具箱"。针对调查对象及存在的地质环境问题选取工作手段组成"方法模块",例如要调查评价地热温泉水对人体健康的影响,属于局域尺度的调查评价,可以选取氡气测量、水地球化学测量、土地质量地球化学调查等工作手段组成方法模块,从水体、土壤、空气等多介质评价地热温泉水对人体健康的影响。

区域、局域健康地质调查评价的内容不同,区域健康地质调查评价以资料收集为主,补充区域健康(生态)地质调查、遥感解译等工作,获取气候、地理、人膳食结构等基础背景数据,查明由区域地质背景、表生地球化学作用、人为引起的影响人群健康的地质要素的分布情况,划定健康地质分区,提出城市群区域发展规划地学建议。局域健康地质调查评价主要是健康风险的识别及评价,通过区域健康地质调查评价,在划分的健康地质高风险区内部署1∶5万(或更大比例尺)生态地质调查、土地质量地球化学调查、水地球化学调查等工作手段,识别健康风险,查明影响人群健康的有害或有益元素和指标,及其在岩石、土壤、水体、空气、农作物等介质中的分布、迁移转化规律,进行健康风险评价,划分局域健康地质分区,提出局域基于地质学的发展规划地学建议。

一、城市群健康地质分区评价指标

为了有效划定健康地质分区,根据影响人类健康各类要素对人类健康的影响程度,建立了城市群健康地质分区评价指标体系,分为地质因素(核心指标)和社会因素(辅助指标)两大类。地质因素设置地理条件、气象条件、土壤条件、水质条件4个一级指标,每个一级指标设置2~4个二级评价指标;社会因素下设卫生条件、经济水平、农作物安全性等特色健康地质资源指标(表2-1)。

地质因素、社会因素各二级评价指标原始数据通过以下方式获取:地貌类型、卫生条件和经济水平通过收集资料获取,海拔高度由DEM数据提取,温度、降雨量通过WorldClimate遥感数据解译得出,空气质量、相对湿度由地面气象监测站监测数据获取;土壤污染风险、土壤有益元素含量、供水量、地表水水质、地下水水质、农作物安全性、特色农作物指标通过实地调查评价获取。

二、城市群健康地质分区评价指标分级、得分与权重

评价指标的分级原则上优先执行现行的各类标准,没有标准的参照前人关于健康有利条件的研究成果。笔者根据评价指标对人体健康的影响程度、作用类型拟定了西安城市群健康地质评价指标体系并确定了分区评价指标等级得分(C)与权重(K),见表2-1。

地质因素的二级评价指标分为5级(一级、二级、三级、四级和五级),对应得分分别为10分、9分、8分、7分和6分;仅土壤污染风险根据标准分为3级(一级、二级和三级),对应得分分别为10分、8分和6分;一级指标和二级指标的权重之和均设置为1。一级评价指标分值由其下设的二级评价指标的得分及权重计算得出(以地理条件为例,$CD=CDH \cdot KDH + CDM \cdot KDM$),分为5级,即一级(>9.25分)、二级(8.5~9.25分)、三级(7.5~8.5分)、四级(6.5~7.5分)、五级(6~6.5分)。核心评价指标得分由一级指标按评价等级重新赋分(10分、9分、8分、7分、6分)后与权重值计算得出,$CH=CQ \cdot KQ + CD \cdot KD + CS \cdot KS + CT \cdot KT$,分为5级,即非常适宜、较适宜、一般适宜、不适宜和极不适宜,分级标准与一级指标相同。辅助评价指标现阶段仅作为正向校正指标,分为5级(一级、二级、三级、四级和五级),对应得分分别为10分、9分、8分、7分和6分。

表 2-1 西安城市群健康地质调查分区评价指标等级得分(C)与权重(K)

一级指标权重(K_i)	二级指标权重($K_{i,j}$)	评价内容	一级	得分	二级	得分	三级	得分	四级	得分	五级	得分
地理条件(D)/0.15	海拔高度(DH)/0.5	海拔/m	<500	10	500~1000	9	1000~2000	8	2000~3000	7	>3000	6
	地貌类型(DM)/0.5	地形部位、起伏程度	洪积、冲积、冲洪积平原	10	小起伏低山、黄土台塬	9	中起伏山地、黄土台塬、梁、峁	8	大起伏山地	7	极大起伏山地	6
气象条件(Q)/0.3	温度(QW)/0.25	℃	20~25	10	15~20/25~30	9	10~15	8	5~10	7	<5	6
	大气质量(QD)/0.3	空气污染指数>150的天数/d	0~30	10	30~60	9	60~120	8	120~180	7	>180	6
	相对湿度(QS)/0.25	%	50~60	10	40~50/60~70	9	30~40/70~80	8	20~30/80~90	7	<20/>90	6
	降雨量(QJ)/0.2	mm	1000~1200	10	800~1000/1200~1400	9	600~800/1400~1600	8	400~600/1600~1800	7	<400/>1800	6
土壤条件(T)/0.25	土壤污染风险(TW)/0.3	As,Cr,Cd,Pb,Hg与有机污染物等*	无风险	10			风险可控	6			风险较高	8
	土壤有益元素含量(TY)/0.7	Se,I,Cu,Zn,Mo等	丰富	10	较丰富	9	适中	8	较缺乏	7	缺乏	6

地质因素(核心指标)(H)

续表 2-1

一级指标权重(K_i)	二级指标权重($K_{i,j}$)	评价内容	分级标准范围(C)									
			一级		二级		三级		四级		五级	
				得分		得分		得分		得分		得分
地质因素（核心指标）(H)	水质条件(S)/0.3	供水量(SG)/0.1	极丰富	10	丰富	9	中等	8	贫乏	7	极贫乏	6
		地表水水质(SB)/0.6 As、Cd、Cr^{6+}、Hg、Se、Al、Fe、Mn、Cu、Zn、无机盐类与有机物等	Ⅰ类	10	Ⅱ类	9	Ⅲ类	8	Ⅳ类	7	Ⅴ—劣Ⅴ类	6
		地下水水质(SX)/0.3 As、Cd、Cr^{6+}、Hg、无机盐类与有机物等	Ⅰ类	10	Ⅱ类	9	Ⅲ类	8	Ⅳ类	7	Ⅴ—劣Ⅴ类	6
社会因素（辅助指标）(F)	卫生条件(FW)	国民健康生活指数/千人床位数	>80	10	80~70	9	60~70	8	60~50	7	<50	6
	经济水平(FJ)	人均GDP/万元	>10	10	8~10	9	6~8	8	4~6	7	<4	6
	农作物安全性(FN)	参照GB 2762—2017进行超标率与超标程度评价	根据Cd、As、Cr、Hg、Pb等农作物超标程度与超标元素多少，将评价单元的等级进行下调									
	富Se、富Cu、富Zn等特色农作物(FT)	参照相应的标准进行评价	根据富Se、富Cu、富Zn等特色农作物种类多少与富集程度，将评价单元的等级进行上调									
健康地质分区			非常适宜	9.25~10.0	较适宜	8.5~9.25	一般适宜	7.5~8.5	不适宜	6.5~7.5	极不适宜	6.0~6.5

注：* 农用地评价标准为GB 15618—2018。城市用地评价标准为GB 36600—2018，分第一类用地和第二类用地。

三、城市群健康地质分区方法

1. 城市群健康地质分区评价单元的确定

结合我国现有的 19 个城市群中市、区（县）、乡镇（街道）等各级行政区划的土地面积及各级行政区划面积的平均值，为了健康地质分区的有效性和准确性，将区域健康地质分区的评价单元设置为乡、镇、街道，局域健康地质分区的评价单元设置为行政村、社区。西安城市群有 5 个市、54 个区（县）、603 个乡镇（街道），11 902 个行政村（社区），本次分区评价将行政村作为最小评价单元，即有 11 902 个评价单元，每个评价单元代表的面积平均值为 4.65km^2。根据西安城市群健康地质分区评价指标体系（表 2-1），对各评价单元进行赋值、分区。

2. 城市群健康地质分区评价单元的赋值、分级方法

城市群健康地质分区评价选用 ArcGIS、MapGIS、一体化等软件，按照图 2-2 的流程进行评价单元的赋值和分级。选用 1∶20 万区域地球化学调查及 1∶25 万多目标区域地球化学调查的组合点位作为评价点位图层，第二次或第三次全国土地调查数据作为行政区划图层。根据评价指标体系，用评价点位读取二级评价指标原始数据后投影至评价单元，通过取平均值或差值确定各评价单元二级评价指标的原始值，进行分级、赋值、权重计算得出一级评价指标的原始值，再进行分级、赋值、权重计算得出核心评价指标的原始值并分级；用评价点位读取辅助评价指标原始数据后投影至评价单元，进行分级；在核心评价结果的基础上，通过辅助指标正向校正，得出区域健康地质分区。

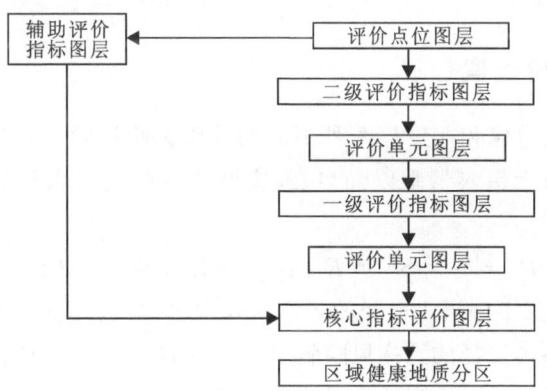

图 2-2　城市群区域健康地质分区流程图

第三节　健康风险评价方法

一、健康风险的判别方法

局部健康风险的识别方法参考《局部生态地球化学评价规范》（DZ/T 0354—2020），根据

《地表水环境质量标准》(GB 3838—2002)、《地下水质量标准》(GB/T 14848—2017)、《土壤环境质量　农用地土壤污染风险管控标准(试行)》(GB 15618—2018)、《食品安全国家标准　食品中污染物限量》(GB 2762—2017)等现行的标准,对局域地质要素是否有健康风险进行判别,没有相关标准的可参照前人的研究成果。

二、摄入量的计算

健康风险源主要有受污染的水体、土壤、空气、农作物等,迁移到达和暴露于人体主要包括饮水、饮食、皮肤接触土壤、呼吸等途径,本次研究仅讨论饮水、皮肤接触土壤、饮食等方式的健康风险,按照下式进行摄入量的计算:

$$I_{饮水} = \frac{CW \times IR \times EF \times ED}{BW \times AT} \tag{2-1}$$

式中:$I_{饮水}$为单位体重日均通过饮水摄入元素含量;CW为地下水、地表水中元素质量浓度;IR为摄入量饮水量;EF为暴露频率;ED为暴露年限;BW为体重;AT为平均作用时间。

$$I_{皮肤接触土壤} = \frac{CS \times SA \times AF \times ABS \times EF \times ED}{BW \times AT} \times 10^{-6} \tag{2-2}$$

式中:$I_{皮肤接触土壤}$为单位体重日均通过皮肤接触土壤摄入元素含量;CS为土壤中元素浓度;SA为暴露皮肤表面积;AF为皮肤对土壤的黏滞系数;ABS为皮肤对土壤中化学物的吸附比;EF、ED、BW、AT含义同式(2-1)。

$$I_{饮食} = \frac{CF \times IR \times EF \times ED}{BW \times AT} \times 10^{-3} \tag{2-3}$$

式中:$I_{饮食}$为单位体重日均通过饮食摄入元素含量;CF为农作物中元素浓度;IR、EF、ED、BW、AT含义同式(2-1)。

三、健康风险评价模型

风险分析一般包括致癌和非致癌两种不同的健康影响风险。致癌风险水平是通过平均到整个生命期的平均每天摄入量乘以经口、经皮肤或呼吸道吸入致癌风险斜率系数计算得出,即

$$R_i = I_i \times SF \text{ 或 } R_{i土壤接触} = I_i \times SF \times ABS_{GI} \tag{2-4}$$

式中:R_i为不同元素通过不同摄入途径的致癌风险水平;I_i为不同元素平均每天不同途径的污染物摄入量;SF为各类途径的致癌风险斜率系数;ABS_{GI}为肠胃吸收系数。

非致癌风险水平可通过平均到整个暴露作用期的每天不同途径的污染物摄入量除以各类途径的慢性"毒性"参考剂量来计算,即

$$HQ_i = \frac{I_i}{RfD} \tag{2-5}$$

式中:HQ_i为不同元素通过不同摄入途径的非致癌危害熵;RfD为各类途径的慢性"毒性"参考剂量。

非致癌健康风险值HI满足

$$HI = \sum_1^i HQ \tag{2-6}$$

根据《中国统计年鉴》(2017)、《中国卫生统计年鉴》(2012)、美国能源部(2011)、美国国家环境保护局(1989),以及前人研究成果,健康风险评价模型的露参数,以及参考剂量、斜率系数按照表2-2和表2-3设置。

表2-2　健康风险暴露参数

符号	单位	成人参考值	儿童参考值
CW	mg/(L·d)	—	—
CS	mg/(kg·d)	—	—
CF	mg/(kg·d)	—	—
AF	mg/(cm²·d)	0.07	0.2
SA	cm²	5 373.99	2 848.01
ABS	无量纲	As 0.03、Cd 0.001、Cr 0.001、Cu 0.06	
ABS_{GI}	无量纲	Cd 0.025、Cr 0.013	
$IR_{饮水}$	L/d	2.2	1
$IR_{饮食}$	g/d	315.28	105.09
$EF_{饮水}$		365	365
$EF_{皮肤接触}$	d	365	365
$EF_{饮食}$		350	350
$ED_{饮水}$		30	6
$ED_{皮肤接触}$	a	20	6
$ED_{饮食}$		30	6
BW	kg	61.75	15
$AT_{非致癌}$		$ED×365$	$ED×365$
$AT_{致癌}$		$74.68×365$	$10×365$

注:表2-2中的 IR 应根据研究区实际膳食结构调查结果给出,或陕西西安及周边饮食习惯一样地区的调查结果给出。

表2-3　通过摄取和皮肤接触途径摄入微量元素的参考剂量(RfD')和斜率系数(SF)

元素	$RfD'/[\text{mg}·(\text{kg}·\text{d})^{-1}]$		$SF/[\text{mg}·(\text{kg}·\text{d})^{-1}]$	
	经口摄入	皮肤接触	经口摄入	皮肤接触
As	0.000 3	0.000 123	1.5	1.5
Cr^{6+}	0.003	0.003	0.5	20
Cd	0.001	0.000 025	6.1	

续表 2-3

元素	$RfD'/[\text{mg} \cdot (\text{kg} \cdot \text{d})^{-1}]$		$SF/[\text{mg} \cdot (\text{kg} \cdot \text{d})^{-1}]$	
	经口摄入	皮肤接触	经口摄入	皮肤接触
Cr	1.5	0.019 5	0.5	
Cu	0.04	0.04		
Hg	0.000 3	0.000 021		
Ni	0.02	0.000 8		
Pb	0.003 5	0.003 5	0.008 5	
Zn	0.3	0.3		
F^-	0.04			

第三章 水环境与健康

第一节 水环境与健康的关系

人类文明的发展与水息息相关,早期人类文明基本都是沿着河流分布的,四大文明古国分别诞生于尼罗河流域、两河流域、印度河流域、黄河流域,这些流域丰富的水资源为农业提供了灌溉条件,为人类聚集和社区的形成提供了可能。水是山水林田湖草沙生命共同体中最活跃的因素,自然界中的水循环以及人类和其他生物体内的水循环在不断地维持和分配着地球上的水资源,虽然地球上水的来源存在多种假说,但水在生命形成与演化中的重要作用得到了一致的认可。水是维系人类生命与健康的基本要素,也是生命维持系统中最基本的要素,是生命的摇篮,是机体的重要组成成分,也是生命过程必需的基本物质,人体的一切生理活动和代谢反应都需要在水的参与下才能完成。人体内水含量因年龄、性别、体型、职业不同而不同。一般来说,成人体内水分的含量占体重的66%左右,儿童可达80%左右。

水在地球上分布广泛,水域面积约占地球总面积的70%,总储量很大,但可利用的淡水,即河流、湖泊和浅层地下水,不足总储水量的0.5%,而且分布不均匀。据估计目前全世界有半数以上的国家和地区缺乏安全的饮用水,迄今已有10亿多人无法使用安全的饮用水。

水对健康的作用是十分明显的,天然水必须达到一定的标准才能作为饮用水源。由于海水、过咸水中盐分离子浓度显著高于人体细胞液,人饮用这种水后会产生严重的生理脱水反应,甚至导致死亡。作为地球上各种物质运移最重要的载体,水把其中溶解的各种物质带到地球环境中各个角落,改变着地球环境的面貌,对人类健康产生了越来越重要的作用。化石燃料燃烧排放的废气与大气中的水蒸气结合可形成酸雨,酸雨导致农作物品质下降,影响人体健康;水中的污染物通过水的运移、转化,很大一部分进入土壤,被土壤吸附,之后又被土壤上的农作物吸收,进而影响人类健康;污染物随水流进入河流、湖泊,被水体中的悬浮物、水下的沉积物吸附,通过底栖生物、浮游生物、鱼类等一系列食物链富集放大,对健康的危害更加隐蔽,作用更大。

对于我国来讲,水资源南多北少,水资源短缺和不合理利用引起的生态环境和健康问题非常明显。比如西部地区主要表现为内流干旱区,水资源匮乏,地表水和地下水共同维护中游绿洲和下游天然生态,中游和下游争水引发一系列生态环境问题。东北地区作为粮食产区,灌溉用水增加引发生态退化。青藏高原冻土也在发生变化,引发地下水和表生生态都发生系列变化,进而影响人体健康。这种影响可以是直接影响,也可以是通过大气、土壤、沉积物、生物等各种环境的间接影响。比如,在西部干旱、半干旱地区,降水量小但是蒸发量大,导致水资源输出大于输入,从而河川径流量也小,水资源变得比较匮乏;但是,地下潜水位高,蒸发作用强,土壤中的盐分离子在水中富集,形成咸水,使水质严重下降,一定程度上影响了农业灌溉、工业生产和生活质量。由于人的群居性,城镇居民每天排放的生活污水中含有大量的氮、磷、病原菌以及重金属等,天然水被生活污水污染后必须经过不同程度的卫生处理,否则易导致各种痢疾、霍乱、沙眼等恶性传染性疾病。

水资源的合理利用和保护对于维持生态平衡同样至关重要,尤其是随着人口增长和工业化的发展,水资源的管理和保护变得更加重要。现代医学发现,人的疾病80%与水有关,尤其是垃圾、污水、农药、石油类等废弃物中的有毒物质,很容易通过地下水或地表水进入食物链系统,当被污染的动植物食品和饮水进入人体后,就可能使人体罹患癌症或其他疾病;同时饮用水卫生质量的好坏,直接影响着人类生活环境质量的提高和人体的健康发育。随着经济发展和人口急剧增加,水资源短缺和水环境污染已成为一个世界性的问题。当前,我国部分地区水质差、水生态受损等问题十分突出,严重地影响和损害了生态环境和人体健康,合理地利用环境资源、控制和减少环境污染已成为我国经济发展和提升全民健康过程中必须要解决的重要问题。

一、水的种类及健康学特征

地球上的天然水源分为降水、地表水和地下水三大类。

1. 降水

降水(fall water)是指雨雪雹水。降水的特点是水质较好,矿物质含量较低,但在收集与保存过程中易被污染,且水量没有保证。

2. 地表水

地表水(surface water)是降水的地表径流和汇集后形成的水体,包括江河水、湖泊水、塘水、水库水等。地表水以降水为主要补充来源,与地下水也有互补关系。因主要来自降水,地表水水质一般较软,含盐量较少。江河水在涨水期或暴雨后,水中常含有大量泥沙及其他杂质,使水浑浊或带色,细菌含量增高,但盐类含量较低。湖水由于流动较慢,湖岸冲刷较少,水中杂质沉淀较完全,因此水质一般较清,但往往有大量浮游生物生长、繁殖,使水着色并带有臭味。塘水容量较小,自净能力差,受地表生活性污物污染的机会多,因而是地表水中水质较差的水源。

3. 地下水

地下水(underground water)是由降水和地表水经土壤地层渗透到地面以下而形成的。地层是由透水性不同的黏土、砂石、岩石等构成。透水层是由颗粒较大的砂、砾石组成,能渗透与存水，不透水层则由颗粒致密的黏土层和岩石层构成。根据它和地壳不透水层的关系及流动情况，地下水可分为浅层地下水、深层地下水和泉水3种。

(1) 浅层地下水：指潜藏在地表下第一个不透水层上的地下水，浅井即取自浅层地下水，是我国广大农村最常用的水源。经地层的渗滤，大部分悬浮物和微生物已被阻留，致使浅层地下水的水质物理感官性状较好，细菌含量较少，但可溶解土壤中各种矿物盐类使水质硬度增加，水中溶解氧因被土壤中生物化学过程消耗而减少。

(2) 深层地下水：指在第一个不透水层以下的地下水，往往潜藏在两个不透水层之间。因距地表较深，覆盖的地层厚，不易受到地面的污染，水质及水量都比较稳定，其水质透明无色，水温恒定，细菌数很少，但盐类含量高，硬度大。深层地下水常作为城镇集中式供水的水源之一。

(3) 泉水：通过地表缝隙自行涌出的地下水。因地质构造不同，泉水分为靠重力流出的和靠压力流出的两种。前者多来自浅层地下水，故水质与浅层地下水相似，较易受污染，水量不稳定；后者来自深层地下水，水质与深层地下水相似。泉水在农村常用作分散式给水的水源。

二、水资源条件与人体健康

(一) 水资源条件对人类健康的正面影响

1. 微量元素对人体健康的影响

人体内的化学元素达60多种，这些化学元素来自空气、食物和饮水。成人每人每天约摄入2L水，其中饮水约占60%，即使水中无机元素浓度很低，从饮水中摄入的总量也是很可观的。一般正常自来水摄入可满足一个人对锂、氟、钙、镁、铜、铁、锌需求的10%，这在食物中矿物质丰富的情况下并不重要，但是在一些人群中已出现某种矿物质不足的情况下，摄入量只要稍有增加，便能使人的健康状态有明显改善。

(1) 锂。锂具有维持人体心理稳定的作用，一般用于治疗行为霍乱症。饮水中锂含量高的地区人群中，心血管病死亡率较低，自杀、他杀频率较低，精神病人较少，冠心病、胃及十二指肠溃疡发病率较低。在古罗马时代有用含锂量高的水治疗精神病及其他疾病的例子。

(2) 铬。铬作为与胰岛素一起维持正常葡萄糖耐量的辅助因素，是人体必不可少的元素。有研究发现饮水中缺铬与少年遗尿症频率增加之间有关系。试验还发现铬有预防动脉粥样化的作用。

(3) 氟。饮水中适量的氟对预防龋齿有作用，但氟并不是预防龋齿的唯一元素，其他元素如钒、钼、镁也共同起作用。就心脏病而言，主动脉钙化在水中含氟丰富的地区发病率较低。国外研究发现水中含氟及镁量较高的地区冠心病死亡率比较低。

(4) 钙。国内外许多研究表明使用硬水（主要是钙、镁离子含量高）的地区比使用软水（钙、镁离子含量低）的地区心血管死亡率低。已知钙、镁离子对维持心肌的离子平衡、保证心肌酶系统正常功能有重要作用。从生物学上讲，钙能防止有毒离子从肠道吸收转移到血液，使机体免遭其危害。

（5）碘。在一些地区地质因素导致土壤、水、食物中碘含量很低，人体摄入碘不足而发生碘缺乏症。碘是合成甲状腺激素的重要成分，碘缺乏会引起甲状腺肿大，并且还会影响人体的生长发育，特别是智力发育。此外，缺碘与甲状腺癌、心血病都有一定关系。

（6）硅。饮水中含硅量与冠心病有关。国外研究发现在使用硬水（硅含量高）的地区冠心病死亡率低，使用软水（硅含量低）的地区冠心病死亡率较高。

（7）镁。镁和钾、钠、钙在心肌兴奋传导和心室收缩中起重要作用，在硬水与心血管病发病率低的有益关系中，镁比钙更重要。饮水中缺镁除了与冠心病发病率高有关系外，还发现缺镁与婴儿由于不明原因意外死亡有关。一些研究发现成人无预兆的心力衰竭而突然死亡的例子也在使用软水、缺镁的地区比较多。

2. 地热水对人体健康的影响

地下热水温度高于20℃，最高可达到几百摄氏度。这类水中往往含有多种矿物元素，对人类具有很好的疗养作用。当地下热水上部的岩层出现裂缝时，地下热水便可涌出地面，形成温泉。温泉的温度较高（通常高于30℃），微量元素如Ca、Mg、Na、Fe等丰富，对人类具有极佳的养生保健效果。温泉水的温度介于38～40℃之间，被称为低温泉。低温泉具有镇静的疗效，人们可以通过泡低温泉缓解失眠、风湿疼痛等症状。温泉水的温度高于43℃时，被称为高温泉。通过泡高温泉，人们可以增强抵抗力，刺激血液循环。温泉对人类健康很有益，泡温泉可以加快新陈代谢，促进胰岛β细胞分泌胰岛素，并促进身体排出尿液和氮气，从而辅助治疗糖尿病、痛风等疾病。泡温泉也可以加快血液循环，并刺激神经组织，改善早期高血压、神经炎等症状。

陕西一直都有"温泉之乡"的美誉，利用历史可谓最为久远。华清池享有"天下第一温泉"之美称，就是一个例证。我国现有温泉2700多处，而陕西仅在秦岭北麓就有210多处，其开发价值和发展前景非常高，许多地方目前还是未开发。据普查，陕西省的地热资源主要分布在秦岭北麓山前基岩断裂地热带、盆地中部新生界砂岩地热田和渭北古生界碳酸盐岩地热田。东起潼关的太要，西到宝鸡的益门口，南起秦岭北麓山前一带，北界为乾县—三原—蒲城—韩城一线，整个地热资源分布带长度达450km，面积约为9000km^2，可采储量近5.37亿m^3。

（二）水资源条件对人类健康的负面影响

1. 水文地质环境对人体健康的影响

人类是环境进化的产物。人体的组成与所处地理环境之间存在着某种平衡关系。地方病俗称"水土病"，通常与所处区域地质环境及地下水中所含元素有关。地方病通常是受一定的水文地质环境条件控制的，对人体健康影响主要表现在对元素的分配和再分配。一旦人群所处的地理环境因各种原因出现极端情况（如地球化学异常等）使局部地区元素丰度比发生了变化，则可能导致人体中某种元素含量与标准丰度曲线发生偏离，直接干扰人体的正常活动从而引起疾病。大量的流行病学调查材料还证实不同水文地质环境中的人群在健康与疾病方面存在明显的区域性差异。近几十年，人类在同心脏病、癌症、脑血管病等疾病的斗争中，发现了很多过去病因不明的疾病，它们并不是由细菌、病毒、寄生虫等引起，而是与环境中微量元素的异常有关。现已查明的有我国台湾省沿海地区的乌脚病，华北、西南、西北等地饮水中氟含量过高导致的大面积地方性氟中毒（严重者则患氟骨症），新疆维吾尔自治区奎屯和内蒙古地区饮水中高砷引起的地方性砷中毒，缺碘造成的地方性甲状腺肿，从我国东北、华北直至西南地区贫硒所致的地方性心肌病——克山病等。

2. 水污染对人体健康的影响

世界上大多数疾病主要是由饮水污染引起的，而大多数患者死于饮水污染引起的疾病。相关资料显示：由饮用被污染的水而造成的相关疾病占疾病数量的80%，由饮用被污染水造成的儿童死亡占儿童死亡量的50%。针对水环境污染对人体健康造成的危害需要加以重视，提高人们的环保意识。

水体污染物质的种类不仅多样，而且它导致的疾病也非常多。水的化学成分异常、放射性元素含量高及微生物学性状不良均可引起多种疾病，如病原体引起的介水传染病、水性地方病、化学污染引起的中毒，以及由"三致"（致癌、致突变、致畸）物质和放射性物质造成的远期危害和放射病等。具体来讲水污染对人体健康的影响，主要有以下几方面。

（1）引起急性和慢性中毒。水体受化学有毒物质污染后，通过饮水或食物链便可能造成中毒，如甲基汞中毒、镉中毒、砷中毒、铬中毒、氰化物中毒、农药中毒、多氯联苯中毒等。铅、钡、氟等也可对人体造成危害。这些急性和慢性中毒是水污染对人体健康危害的主要方面。

（2）致癌作用。某些有致癌作用的化学物质，如砷、铬、镍、铍、苯胺、苯并芘和其他的多环芳烃、卤代烃污染水体后，可以在悬浮物、底泥和水生生物体内蓄积。长期饮用含有这类物质的水，或食用体内蓄积有这类物质的生物就可能诱发癌症。

（3）发生以水为媒介的传染病。人畜粪便等生物性污染物污染水体，可能引起细菌性肠道传染病，如伤寒、副伤寒、痢疾、肠炎、霍乱、副霍乱等。肠道内常见病毒如脊髓灰质炎病毒、人肠细胞病变孤病毒、腺病毒、呼肠孤病毒、传染性肝炎病毒等，皆可通过水污染引起相应的传染病。某些寄生虫病，如阿米巴痢疾、血吸虫病、贾第虫病等，以及由钩端螺旋体引起的钩端螺旋体病等，也可通过水传播。

（4）间接影响。水体污染后，常可引起水的感官性状恶化。如某些污染物在一般浓度下，对人的健康虽无直接危害，但可使水发生异臭、异味、异色，呈现泡沫和油膜等，妨碍水体的正常利用。铜、锌、镍等物质在一定浓度下能抑制微生物的生长和繁殖，从而影响水中有机物的分解和生物氧化，使水体的天然自净能力受到抑制，影响水体的卫生状况。

俗话说，"一方水土养一方人"，在自然条件下，不同的地区往往有不同的水土环境，这种差异不仅表现在不同地域的水文地质等特征方面，还在于水土化学组成上的不同。水环境影响人类的健康主要载体是饮用水，水主要是被农业、工业、矿业污染，而农业是最主要的，这就导致了人类的饮水安全。可见，水环境对于人类健康的作用不容忽视。

第二节　西安城市群西段水环境与健康

一、西安城市群西段水文概况

（一）地表水

西安城市群周边调查区以渭河为界，总体可以分为两个地貌单元。

(1)渭河以南的秦岭北麓冲洪积区。该区域地势南高北低，西高东低，南侧是峰峦叠嶂的秦岭中高山，走向近东西，山势陡峻，海拔一般为1000~2320m，岭脊海拔约2000m。区域内河流众多，均发源于秦岭山脉，河流流程较短，向关中盆地流动，最终注入渭河。河流在山区，谷狭坡陡，河网密度大，支流众多，干支流呈向心状分布。峪口以上主要峪道，河流出峪口后河床比降减缓，水量一般逐渐减少或变为季节性河段或中途消失；峪口以下河长一般较短，因地势平坦，河道多呈扇状或辫状分流。峪道水流出峪口后汇成河流汇入渭河。此次由西向东共调查18条河流，依次为渭河、石头河、霸王河、西沙河、见子河、汤峪河、东沙河、泥峪河、沙河、黑河、就峪河、田峪河、赤峪河、大耿峪河、甘峪河、涝峪河、皂峪河以及新河。

(2)渭河以北的黄土台塬区。该区地势北高南低，西高东低，向河谷呈阶梯状倾斜，高差明显，界线清晰，海拔为391~1040m。区内河流水系亦属黄河流域渭河水系，渭河干流从南缘流过。在区域内汇入的主要支流有漆水河、泾河、石川河，这些河流大多源自陇东、陕北黄土高原，流程较长，流量偏小，水流较缓，河水受降水影响较大，其中泾河最大，从西北入境，向东南流出注入渭河，形成了泾河、渭河两大水系。大大小小的河沟，像毛细血管一样，分别注入泾渭两条动脉。区域内河流的补给以雨水为主，河流水情变化与降水关系密切。由于降水具有明显的季风性特点，年内分配不均，年际变化大，因而河流径流量的季节分配也不均匀，各年的水量不稳定，洪、枯流量变化很大。

（二）地下水

1. 秦岭北麓冲洪积区

地下水主要为松散岩类孔隙水，以松散岩类孔隙-裂隙水为主，含水层主要为第四系砂砾孔隙含水层与新近系和古近系基岩裂隙孔隙含水层。其中，第四系含水层厚约800m，主要岩性为黄土及砂、砾石层，主要富水段为砂、砾孔隙含水层，富水性强，新近系和古近系含水层厚约数千米，主要岩性为泥岩及中、细砂岩，砂岩胶结疏松，孔隙、裂隙发育，富水性中等。区域内地下水按含水介质类型可划分为松散岩类孔隙水、松散岩类孔隙-裂隙水和基岩裂隙水。

1)松散岩类孔隙水

松散岩类孔隙水主要发育在渭河平原一、二级阶地和冲洪积扇地区，由于古河道发育，潜水层厚10~40m。含水层多为富水的厚层砂、砂砾石层和薄层砂质黏土层，颗粒直径大，水位埋深2.0~10.0m，大口井、浅井抽降1.23~3.12m，出水量为1142~1810m³/d，单位涌水量为 10~40m³/d。该地区含水层多是含泥的砂、砂卵石与砂质黏土互层。

2) 松散岩类孔隙-裂隙水

松散岩类孔隙-裂隙水分布黄土台塬区，埋深为 40~100m。含水层是第四系中、上更新统粉土、黏土及砂砾石层，根据含水岩组的富水性可以划分为弱富水的粉土、黏土及含泥的砂砾石层含水区和极弱富水的黄土状粉质黏土、古土壤层含水区。此类地下水主要受大气降水和山区汇水补给，向平原地区排泄，单位涌水量为 0.1~1m³/d。

3) 基岩裂隙水

区域内基岩裂隙水分布于秦岭剥蚀地区，单位涌水量小于 20.0m³/d，为重碳酸型矿化度小于 1g/L 的淡水。此类地下水主要接受大气降水补给，下渗径流并以泉的形式排泄于各沟道河流，或下渗径流至沟谷河流下的潜水含水层中。

2. 黄土台塬区

地下水主要为黄土台塬孔隙-裂隙水、冲积平原孔隙水以及山前洪积平原区孔隙水。区内含水层分布广而连续，地下水补给条件较好。渭河漫滩、低阶地等地松散岩类孔隙水含水层厚，颗粒粗，补给条件优越，富水性强，单井涌水量超过 100m³/d；地势相对较高的北山山前洪积扇、黄土台塬及渭河高阶地富水性较弱，单井涌水量每天仅数十立方米至数百立方米。

1) 黄土台塬孔隙-裂隙水

黄土台塬孔隙-裂隙水分布在渭河阶地与山前洪积扇之间的黄土台塬。含水层为中更新统上部风积黄土及古土壤，厚 50~80m，为无压水，深部透水性变差。黄土中不稳定分布的钙质结核层及较致密的黄土层常起相对隔水作用，相反砂黄土透水性较好。在同一条深切沟谷中，不同高度的黄土层中有多层悬挂泉出露，流量从上至下变小，黄土作为弱透水层，具多层结构，且随深度加大，富水性相对变差。

2) 冲积平原孔隙水

冲积平原孔隙潜水的含水层为中更新统至全新统冲积砂、砂砾石与粉质黏土互层，高阶地上部为风积黄土。河漫滩、低阶地含水层厚度 10~80m，高阶地厚度仅 5~25m，含水层空间上呈西薄东厚。冲积平原承压水含水层埋深 60~300m，300m 以下为深层承压水系统。含水层岩相为粗细相间的第四系冲积、湖积砂和砂砾石层。渭河漫滩、低阶地为极强富水区，高阶地富水性较差。

3) 山前洪积平原区孔隙水

山前洪积平原潜水含水层主要为上更新统至全新统洪积漂石、砂砾卵石与粉质黏土互层。山前洪积扇相对高差较小，洪积物以黄土状土为主，含水层为含泥砂砾石层，在东西方向上多呈透镜体断续分布。此处降水量较小（500~650mm/a），水系较少，加之流经渭北岩溶漏水带，补给条件较差，多属弱—极弱富水，仅凤翔一带富水性较好。此外，同一洪积扇的中前缘为地下水汇集排泄区，富水性优于后缘径流区；扇轴部古洪流沟道部位富水性优于扇两翼及扇间部。

二、西安城市群周边水化学特征

(一) 秦岭北麓冲洪积区

1. 地表水

区内(图 3-1)地表水的 pH 在 7.27～8.83 之间。各离子浓度变化范围不大:Na^+ 浓度变化范围为 1.67～74.20mg/L,平均浓度为 17.64mg/L;K^+ 含量最低,浓度变化范围为 0.91～13.90mg/L,平均浓度为 2.84mg/L,是 Na^+ 平均浓度的 16.1%,这主要是由 K^+ 的生物活性所决定的弱迁移性引起的,因为动植物有机质可以从水中吸收 K^+;Ca^{2+}、Mg^{2+} 浓度变化范围分别为 15.50～135.00mg/L 和 2.06～31.40mg/L,平均值分别为 45.99mg/L 和 10.73mg/L。主要的阴离子中浓度变化范围最小的是 Cl^-,最大的是 HCO_3^-,浓度变化范围分别为 0.98～75.60mg/L、31.10～275.00mg/L;SO_4^{2-} 最低浓度为 5.00mg/L,最高浓度为 199.00mg/L,平均浓度为 43.47mg/L。溶解性总固体(TDS)最低浓度为 77mg/L,最高浓度为 744mg/L,符合生活饮用水的质量标准。主要阳离子浓度关系为 $Ca^{2+}>Na^+>Mg^{2+}>K^+$,主要阴离子浓度关系为 $HCO_3^->SO_4^{2-}>Cl^-$ (表 3-1)。

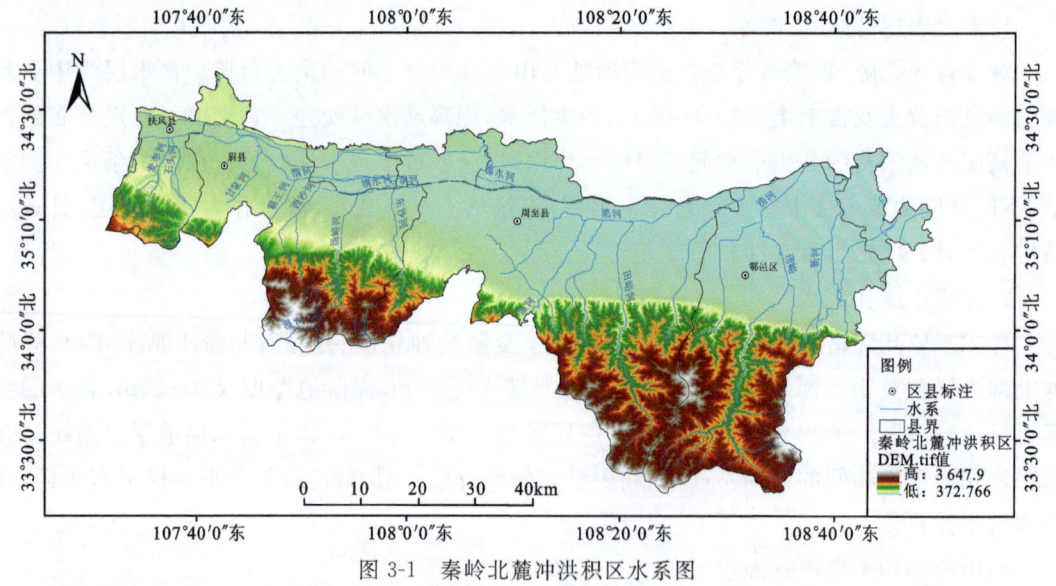

图 3-1 秦岭北麓冲洪积区水系图

表 3-1 秦岭北麓冲洪积区地表水主要离子及化学指标统计　　　　单位:mg/L

水源	项目	Na^+	K^+	Ca^{2+}	Mg^{2+}	Cl^-	HCO_3^-	SO_4^{2-}	TDS	pH
渭河	最大值	61.70	6.33	73.00	25.70	60.90	265.00	114.00	545	8.48
	最小值	28.40	3.44	36.50	13.60	25.10	100.00	53.50	287	7.84
	平均值	44.18	4.48	48.41	17.88	39.47	143.69	74.39	376	8.25

续表 3-1

水源	项目	Na^+	K^+	Ca^{2+}	Mg^{2+}	Cl^-	HCO_3^-	SO_4^{2-}	TDS	pH
石头河	最大值	2.88	1.04	22.50	3.50	2.31	60.00	11.10	121	8.35
	最小值	1.99	0.91	18.20	2.69	1.02	53.90	5.00	104	8.13
	平均值	2.38	0.99	20.80	3.14	1.42	57.88	7.07	113	8.23
霸王河	最大值	3.84	1.41	38.20	5.53	3.09	66.00	21.80	163	8.17
	最小值	1.67	1.00	15.50	2.06	0.98	31.10	8.00	77	7.58
	平均值	2.78	1.24	27.58	3.92	1.97	49.15	15.63	126	7.85
西沙河	最大值	18.60	6.17	68.40	10.90	10.90	110.00	53.60	381	8.57
	最小值	2.61	0.96	23.50	3.10	1.55	33.70	15.40	123	7.28
	平均值	7.14	2.08	40.14	6.01	4.88	59.56	26.42	214	7.87
见子河	最大值	5.13	1.63	56.90	10.00	3.82	114.00	30.30	236	8.00
	最小值	3.74	1.49	41.30	6.24	2.17	64.80	28.40	192	7.94
	平均值	4.44	1.56	49.10	8.12	3.00	89.40	29.35	214	7.97
汤峪河	最大值	6.23	1.70	42.30	7.44	4.50	93.20	22.40	180	8.14
	最小值	2.57	1.17	27.00	3.98	1.53	62.20	13.30	115	7.84
	平均值	4.45	1.51	33.24	5.36	2.76	73.58	17.70	142	7.93
东沙河	最大值	3.83	3.13	64.70	12.40	3.04	126.00	49.40	275	8.21
	最小值	3.27	1.44	37.60	6.13	2.30	80.30	21.50	147	8.06
	平均值	3.55	1.92	46.20	8.07	2.64	94.00	29.85	192	8.13
泥峪河	最大值	3.39	1.82	42.20	7.48	1.87	73.80	32.00	186	8.33
	最小值	3.20	1.57	35.60	6.49	1.72	72.50	26.40	162	8.19
	平均值	3.30	1.70	38.90	6.99	1.80	73.15	29.20	174	8.26
沙河	最大值	8.87	2.75	48.20	9.22	8.44	121.00	31.10	200	8.83
	最小值	3.34	1.50	33.40	6.55	1.95	66.20	21.20	170	7.27
	平均值	4.83	1.91	40.25	7.77	3.81	95.60	27.18	185	7.90
黑河	最大值	5.11	1.86	48.10	7.64	8.72	99.30	24.60	224	7.99
	最小值	2.21	1.43	21.20	2.85	1.06	56.40	11.50	97	7.46
	平均值	3.52	1.67	32.23	4.77	3.41	74.59	19.03	151	7.78

续表 3-1

水源	项目	Na^+	K^+	Ca^{2+}	Mg^{2+}	Cl^-	HCO_3^-	SO_4^{2-}	TDS	pH
就峪河	最大值	7.95	2.40	59.20	8.80	9.68	136.00	45.80	253	8.31
	最小值	2.73	1.09	28.70	4.80	1.50	66.20	19.00	132	7.79
	平均值	4.27	1.56	45.78	7.19	3.71	103.98	30.26	194	8.08
田峪河	最大值	4.99	1.85	49.30	6.84	5.84	206.00	31.30	211	8.20
	最小值	3.12	1.59	36.10	5.25	1.94	103.00	22.50	144	7.89
	平均值	3.96	1.73	40.57	5.78	3.46	146.67	26.17	170	8.03
赤峪河	最大值	3.13	1.66	63.00	10.20	2.55	132.00	50.90	260	8.25
	最小值	2.37	1.08	23.90	3.24	1.59	33.70	15.70	138	7.79
	平均值	2.71	1.31	48.00	7.57	2.05	97.23	34.10	209	8.09
大耿峪河	最大值	8.23	1.61	65.90	13.10	8.28	181.00	48.00	281	8.38
	最小值	2.41	1.03	46.20	9.01	1.74	119.00	28.10	98	8.06
	平均值	4.63	1.38	57.30	11.40	4.33	139.00	40.53	188	8.21
甘峪河	最大值	49.90	13.90	98.20	28.30	50.00	275.00	97.40	593	8.46
	最小值	2.84	1.40	47.20	8.29	2.11	90.70	33.50	192	7.37
	平均值	18.62	5.62	64.50	15.09	18.16	153.83	55.30	328	8.01
涝峪河	最大值	14.80	3.95	73.30	12.80	14.70	106.00	72.10	286	8.10
	最小值	4.62	1.97	36.20	4.61	2.86	59.10	28.20	146	7.41
	平均值	8.30	2.97	52.22	7.91	7.35	90.05	45.05	216	7.77
皂峪河	最大值	5.03	2.75	61.10	8.77	4.48	91.90	58.50	247	8.24
	最小值	4.71	2.64	38.50	5.02	2.82	75.10	30.20	158	7.77
	平均值	4.85	2.68	51.47	6.91	3.56	83.30	46.97	216	7.99
新河	最大值	74.20	11.60	135.00	30.50	75.60	251.00	199.00	744	7.98
	最小值	4.67	1.85	46.00	6.81	2.53	80.30	40.20	205	7.70
	平均值	41.57	6.76	99.38	19.05	42.03	183.83	117.45	503	7.87

渭河 pH 在 7.84～8.48 之间，呈微碱性。主要的阳离子中，Na^+ 浓度变化范围为 28.40～61.70mg/L；K^+ 浓度变化范围为 3.44～6.33mg/L；Ca^{2+}、Mg^{2+} 浓度变化范围分别为 36.50～73.00mg/L 和 13.60～25.70mg/L，平均值为 48.41mg/L 和 17.88mg/L。主要的阴离子中，Cl^- 和 HCO_3^- 浓度范围分别为 25.10～60.90mg/L 和 100.00～265.00mg/L，平均值分别为 39.47mg/L、143.69mg/L；SO_4^{2-} 浓度范围为 53.50～114.00mg/L，平均值为 74.39mg/L。

TDS最大值为545mg/L,最小值为287mg/L。渭河主要阳离子浓度关系为$Ca^{2+}>Na^+>Mg^{2+}>K^+$,主要阴离子浓度关系为$HCO_3^->SO_4^{2-}>Cl^-$。

石头河pH在8.13～8.35之间,呈微碱性。主要的阳离子中,Na^+浓度变化范围为1.99～2.88mg/L;K^+浓度变化范围为0.91～1.04mg/L;Ca^{2+}、Mg^{2+}浓度变化范围分别为18.20～22.50mg/L和2.69～3.50mg/L,平均值为20.80mg/L和3.14mg/L。主要的阴离子中,Cl^-和HCO_3^-浓度范围分别为1.02～2.31mg/L和53.90～60.00mg/L,平均值为1.42mg/L、57.88mg/L;SO_4^{2-}浓度范围为5.00～11.10mg/L,平均值为7.07mg/L。TDS最大值为121mg/L,最小值为104mg/L。石头河主要阳离子浓度关系为$Ca^{2+}>Mg^{2+}>Na^+>K^+$,主要阴离子浓度关系为$HCO_3^->SO_4^{2-}>Cl^-$。

霸王河pH在7.58～8.17之间,呈微碱性。主要的阳离子中,Na^+浓度变化范围为1.67～3.84mg/L;K^+浓度变化范围为1.00～1.41mg/L;Ca^{2+}、Mg^{2+}浓度变化范围分别为15.50～38.20mg/L和2.06～5.53mg/L,平均值为27.58mg/L和3.92mg/L。主要的阴离子中,Cl^-和HCO_3^-浓度范围分别为0.98～3.09mg/L和31.10～66.00mg/L,平均值分别为1.97mg/L、49.15mg/L;SO_4^{2-}浓度范围为8.00～21.80mg/L,平均值为15.63mg/L。TDS最大值为163mg/L,最小值为77mg/L,平均值为126mg/L。霸王河主要阳离子浓度关系为$Ca^{2+}>Mg^{2+}>Na^+>K^+$,主要阴离子浓度关系为$HCO_3^->SO_4^{2-}>Cl^-$。

西沙河pH在7.28～8.57之间,呈微碱性。主要的阳离子中,Na^+浓度变化范围为2.61～18.60mg/L;K^+浓度变化范围为0.96～6.17mg/L;Ca^{2+}、Mg^{2+}浓度变化范围分别为23.50～68.40mg/L和3.10～10.90mg/L,平均值为40.14mg/L和6.01mg/L。主要的阴离子中,Cl^-和HCO_3^-浓度范围分别为1.55～10.90mg/L和33.70～110.00mg/L,平均值为4.88mg/L、59.56mg/L;SO_4^{2-}浓度范围为15.40～53.60mg/L,平均值为26.42mg/L。TDS最大值381mg/L,最小值为123mg/L,平均值为214mg/L。西沙河主要阳离子浓度关系为$Ca^{2+}>Mg^{2+}>Na^+>K^+$,主要阴离子浓度关系为$HCO_3^->SO_4^{2-}>Cl^-$。

见子河pH在7.94～8.00之间,呈微碱性。主要的阳离子中,Na^+浓度变化范围为3.74～5.13mg/L;K^+浓度变化范围为1.49～1.63mg/L;Ca^{2+}、Mg^{2+}浓度变化范围为41.30～56.90mg/L和6.24～10.00mg/L,平均值49.10mg/L和8.12mg/L。主要的阴离子中,Cl^-和HCO_3^-浓度范围分别为2.17～3.82mg/L和64.80～114.00mg/L,平均值分别为3.00mg/L、89.40mg/L;SO_4^{2-}浓度范围为28.40～30.30mg/L,平均值为29.35mg/L。TDS最大值为236mg/L,最小值为192mg/L。见子河主要阳离子浓度关系为$Ca^{2+}>Mg^{2+}>Na^+>K^+$,主要阴离子浓度关系为$HCO_3^->SO_4^{2-}>Cl^-$。

汤峪河pH在7.84～8.14之间,呈微碱性。主要的阳离子中,Na^+浓度变化范围为2.57～6.23mg/L;K^+浓度变化范围为1.17～1.70mg/L;Ca^{2+}、Mg^{2+}的浓度变化范围分别为27.00～42.30mg/L和3.98～7.44mg/L,平均值为33.24mg/L和5.36mg/L。主要的阴离子中,Cl^-和HCO_3^-浓度范围分别为1.53～4.50mg/L和62.20～93.20mg/L,平均值分别为2.76mg/L、73.58mg/L;SO_4^{2-}浓度范围为13.30～22.40mg/L,平均值为17.70mg/L。TDS最大值为180mg/L,最小值为115mg/L,平均值为142mg/L。汤峪河主要阳离子浓度关系为$Ca^{2+}>$

$Mg^{2+}>Na^+>K^+$,主要阴离子的浓度关系为 $HCO_3^->SO_4^{2-}>Cl^-$。

东沙河 pH 在 8.06~8.21 之间,呈微碱性。主要的阳离子中,Na^+ 浓度变化范围为 3.27~3.83mg/L;K^+ 浓度变化范围为 1.44~3.13mg/L;Ca^{2+}、Mg^{2+} 浓度变化范围分别为 37.60~64.70mg/L 和 6.13~12.40mg/L,平均值为 46.20mg/L 和 8.07mg/L。主要的阴离子中,Cl^- 和 HCO_3^- 浓度范围分别为 2.30~3.04mg/L 和 80.30~126.00mg/L,平均值分别为 2.64mg/L、94.00mg/L;SO_4^{2-} 浓度范围为 21.50~49.40mg/L,平均值为 29.85mg/L。TDS 最大值为 275mg/L,最小值为 147mg/L,平均值为 192mg/L。东沙河主要阳离子浓度关系为 $Ca^{2+}>Mg^{2+}>Na^+>K^+$,主要阴离子浓度关系为 $HCO_3^->SO_4^{2-}>Cl^-$。

泥峪河 pH 在 8.19~8.33 之间,呈微碱性。主要的阳离子中,Na^+ 浓度变化范围为 3.20~3.39mg/L;K^+ 浓度变化范围为 1.57~1.82mg/L;Ca^{2+}、Mg^{2+} 浓度变化范围分别为 35.60~42.20mg/L 和 6.49~7.48mg/L,平均值为 38.90mg/L 和 6.99mg/L。主要的阴离子中,Cl^- 和 HCO_3^- 浓度范围分别为 1.72~1.87mg/L 和 72.50~73.80mg/L,平均值分别为 1.80mg/L、73.15mg/L;SO_4^{2-} 浓度范围为 26.40~32.00mg/L,平均值为 29.20mg/L。TDS 最大值为 186mg/L,最小值为 162mg/L,平均值为 174mg/L。泥峪河主要阳离子浓度关系为 $Ca^{2+}>Mg^{2+}>Na^+>K^+$,主要阴离子浓度关系为 $HCO_3^->SO_4^{2-}>Cl^-$。

沙河 pH 在 7.27~8.83 之间,呈微碱性。主要的阳离子中,Na^+ 浓度变化范围为 3.34~8.87mg/L;K^+ 浓度变化范围为 1.50~2.75mg/L;Ca^{2+}、Mg^{2+} 浓度变化范围分别为 33.40~48.20mg/L 和 6.55~9.22mg/L,平均值为 40.25mg/L 和 7.77mg/L。主要的阴离子中,Cl^- 和 HCO_3^- 浓度范围分别为 1.95~8.44mg/L 和 66.20~121.00mg/L,平均值分别为 3.81mg/L、95.60mg/L;SO_4^{2-} 浓度范围为 21.20~31.10mg/L,平均值为 27.18mg/L。TDS 最大值为 200mg/L,最小值为 170mg/L,平均值为 185mg/L。沙河主要阳离子浓度关系为 $Ca^{2+}>Mg^{2+}>Na^+>K^+$,主要阴离子浓度关系为 $HCO_3^->SO_4^{2-}>Cl^-$。

黑河 pH 在 7.46~7.99 之间,呈微碱性。主要的阳离子中,Na^+ 浓度变化范围为 2.21~5.11mg/L;K^+ 浓度变化范围为 1.43~1.86mg/L;Ca^{2+}、Mg^{2+} 浓度变化范围分别为 21.20~48.10mg/L 和 2.85~7.64mg/L,平均值为 32.23mg/L 和 4.77mg/L。主要的阴离子中,Cl^- 和 HCO_3^- 浓度范围为 1.06~8.72mg/L 和 56.40~99.30mg/L,平均值分别为 3.41mg/L、74.59mg/L;SO_4^{2-} 浓度范围为 11.50~24.60mg/L,平均值为 19.03mg/L。TDS 最大值为 224mg/L,最小值为 97mg/L,平均值为 151mg/L。黑河主要阳离子浓度关系为 $Ca^{2+}>Mg^{2+}>Na^+>K^+$,主要阴离子浓度关系为 $HCO_3^->SO_4^{2-}>Cl^-$。

就峪河 pH 在 7.79~8.31 之间,呈微碱性。主要的阳离子中,Na^+ 浓度变化范围为 2.73~7.95mg/L;K^+ 浓度变化范围为 1.09~2.40mg/L;Ca^{2+}、Mg^{2+} 浓度变化范围分别为 28.70~59.20mg/L 和 4.80~8.80mg/L,平均值为 45.78mg/L 和 7.19mg/L。主要的阴离子中,Cl^- 和 HCO_3^- 浓度范围分别为 1.50~9.68mg/L 和 66.20~136.00mg/L,平均值分别为 3.71mg/L、103.98mg/L;SO_4^{2-} 浓度范围为 19.00~45.80mg/L,平均值为 30.26mg/L。TDS 最大值为 253mg/L,最小值为 132mg/L,平均值为 194mg/L。就峪河主要阳离子浓度关系为 $Ca^{2+}>Mg^{2+}>Na^+>K^+$,主要阴离子浓度关系为 $HCO_3^->SO_4^{2-}>Cl^-$。

田峪河 pH 在 7.89～8.20 之间,呈微碱性。主要的阳离子中,Na^+ 浓度变化范围为 3.12～4.99mg/L;K^+ 浓度变化范围为 1.59～1.85mg/L;Ca^{2+}、Mg^{2+} 浓度变化范围分别为 36.10～49.30mg/L 和 5.25～6.84mg/L,平均值为 40.57mg/L 和 5.78mg/L。主要的阴离子中,Cl^- 和 HCO_3^- 浓度范围分别为 1.94～5.84mg/L 和 103.00～206.00mg/L,平均值分别为 3.46mg/L、146.67mg/L;SO_4^{2-} 浓度范围为 22.50～31.30mg/L,平均值为 26.17mg/L。TDS 最大值为 211mg/L,最小值为 144mg/L,平均值为 170mg/L。田峪河主要阳离子浓度关系为 $Ca^{2+}>Mg^{2+}>Na^+>K^+$,主要阴离子浓度关系为 $HCO_3^->SO_4^{2-}>Cl^-$。

赤峪河 pH 在 7.79～8.25 之间,呈微碱性。主要的阳离子中,Na^+ 浓度变化范围为 2.37～3.13mg/L;K^+ 浓度变化范围为 1.08～1.66mg/L;Ca^{2+}、Mg^{2+} 浓度变化范围分别为 23.90～63.00mg/L 和 3.24～10.20mg/L,平均值为 48.00mg/L 和 7.57mg/L。主要的阴离子中,Cl^- 和 HCO_3^- 浓度范围分别为 1.59～2.55mg/L 和 33.70～132.00mg/L,平均值分别为 2.05mg/L、97.23mg/L;SO_4^{2-} 浓度范围为 15.70～50.90mg/L,平均值为 34.10mg/L。TDS 最大值为 206mg/L,最小值为 138mg/L,平均值为 209mg/L。赤峪河主要阳离子浓度关系为 $Ca^{2+}>Mg^{2+}>Na^+>K^+$,主要阴离子浓度关系为 $HCO_3^->SO_4^{2-}>Cl^-$。

大耿峪河 pH 在 8.06～8.38 之间,呈微碱性。主要的阳离子中,Na^+ 浓度变化范围为 2.41～8.23mg/L;K^+ 浓度变化范围为 1.03～1.61mg/L;Ca^{2+}、Mg^{2+} 浓度变化范围分别为 46.20～65.90mg/L 和 9.01～13.10mg/L,平均值为 57.30mg/L 和 11.40mg/L。主要的阴离子中,Cl^- 和 HCO_3^- 浓度范围分别为 1.74～8.28mg/L 和 119.00～181.00mg/L,平均值分别为 4.33mg/L、139.00mg/L;SO_4^{2-} 浓度范围为 28.10～48.00mg/L,平均值为 40.53mg/L。TDS 最大值为 281mg/L,最小值为 98mg/L,平均值为 188mg/L。大耿峪河主要阳离子浓度关系为 $Ca^{2+}>Mg^{2+}>Na^+>K^+$,主要阴离子浓度关系为 $HCO_3^->SO_4^{2-}>Cl^-$。

甘峪河 pH 在 7.37～8.46 之间,呈微碱性。主要的阳离子中,Na^+ 浓度变化范围为 2.84～49.90mg/L;K^+ 浓度变化范围为 1.40～13.90mg/L;Ca^{2+}、Mg^{2+} 浓度变化范围分别为 47.20～98.20mg/L 和 8.29～28.30mg/L,平均值为 64.50mg/L 和 15.09mg/L。主要的阴离子中,Cl^- 和 HCO_3^- 浓度范围分别为 2.11～50.00mg/L 和 90.70～275.00mg/L,平均值分别为 18.16mg/L、153.83mg/L;SO_4^{2-} 浓度范围为 33.50～97.40mg/L,平均值为 55.30mg/L。TDS 最大值为 593mg/L,最小值为 192mg/L,平均值为 328mg/L。甘峪河主要阳离子浓度关系为 $Ca^{2+}>Na^+>Mg^{2+}>K^+$,主要阴离子浓度关系为 $HCO_3^->SO_4^{2-}>Cl^-$。

涝峪河 pH 在 7.41～8.10 之间,呈微碱性。主要的阳离子中,Na^+ 浓度变化范围为 4.62～14.80mg/L;K^+ 浓度变化范围为 1.97～3.95mg/L;Ca^{2+}、Mg^{2+} 浓度变化范围分别为 36.20～73.30mg/L 和 4.61～12.80mg/L,平均值为 52.22mg/L 和 7.91mg/L。主要的阴离子中,Cl^- 和 HCO_3^- 浓度范围分别为 2.86～14.70mg/L 和 59.10～106.00mg/L,平均值分别为 7.35mg/L、90.05mg/L;SO_4^{2-} 浓度范围为 28.20～72.10mg/L,平均值为 45.05mg/L。TDS 最大值为 286mg/L,最小值为 146mg/L,平均值为 216mg/L。涝峪河主要阳离子浓度关系为 $Ca^{2+}>Na^+>Mg^{2+}>K^+$,主要阴离子浓度关系为 $HCO_3^->SO_4^{2-}>Cl^-$。

皂峪河 pH 在 7.77~8.24 之间，呈微碱性。主要的阳离子中，Na^+ 浓度变化范围为 4.71~5.03mg/L；K^+ 浓度变化范围为 2.64~2.75mg/L；Ca^{2+}、Mg^{2+} 浓度变化范围分别为 38.50~61.10mg/L 和 5.02~8.77mg/L，平均值为 51.47mg/L 和 6.91mg/L。主要的阴离子中，Cl^- 和 HCO_3^- 浓度范围分别为 2.82~4.48mg/L 和 75.10~91.90mg/L，平均值分别为 3.56mg/L、83.30mg/L；SO_4^{2-} 浓度范围为 30.20~58.50mg/L，平均值为 46.97mg/L。TDS 最大值为 247mg/L，最小值为 158mg/L，平均值为 216mg/L。皂峪河主要阳离子浓度关系为 Ca^{2+}＞Mg^{2+}＞Na^+＞K^+，主要阴离子浓度关系为 HCO_3^-＞SO_4^{2-}＞Cl^-。

新河 pH 在 7.70~7.98 之间，呈微碱性。主要的阳离子中，Na^+ 浓度变化范围为 4.67~74.20mg/L；K^+ 浓度变化范围为 1.85~11.60mg/L；Ca^{2+}、Mg^{2+} 浓度变化范围分别为 46.00~135.00mg/L 和 6.81~30.50mg/L，平均值为 99.38mg/L 和 19.05mg/L。主要的阴离子中，Cl^- 和 HCO_3^- 浓度范围分别为 2.53~75.60mg/L 和 80.30~251.00mg/L，平均值分别为 42.03mg/L、183.83mg/L；SO_4^{2-} 浓度范围为 40.20~199.00mg/L，平均值为 117.45mg/L。TDS 最大值为 744mg/L，最小值为 205mg/L，平均值为 503mg/L。新河主要阳离子浓度关系为 Ca^{2+}＞Na^+＞Mg^{2+}＞K^+，主要阴离子浓度关系为 HCO_3^-＞SO_4^{2-}＞Cl^-。

2. 地下水

该区内地下水主要化学指标的统计结果见表 3-2。区内地下水的 pH 在 6.83~7.94 之间，整体呈中性偏弱碱性。Na^+ 浓度变化范围为 4.57~308.00mg/L；地下水中 K^+ 浓度最低，变化范围为 0.43~28.10mg/L；Ca^{2+}、Mg^{2+} 浓度变化范围分别为 23.60~220.00mg/L 和 1.03~161.00mg/L，平均值分别为 107.51mg/L 和 27.85mg/L。主要的阴离子中浓度变化范围最大的是 HCO_3^-，浓度变化范围为 61.3~642.00mg/L，平均值为 274.71mg/L；Cl^- 的变化范围最小，为 1.44~210mg/L；SO_4^{2-} 最低浓度为 5.59mg/L，最高浓度为 997.00mg/L，平均浓度为 83.28mg/L。区内地下水中主要阳离子浓度关系为 Ca^{2+}＞Na^+＞Mg^{2+}＞K^+，主要阴离子的浓度关系为 HCO_3^-＞SO_4^{2-}＞Cl^-，这与地表水中的规律一致。溶解性总固体（TDS）浓度变化范围是 109.00~2566.00mg/L，平均值为 611.27mg/L，部分样品已超过生活饮用水标准（1000mg/L）。根据主要阳离子 Ca^{2+}、Na^+、Mg^{2+}、K^+ 的浓度变化分析，沿着渭河流动的方向（扶风县→杨凌区→武功县），Na^+、Ca^{2+} 和 Mg^{2+} 呈现出浓度逐渐增大的规律，K^+ 呈现中游浓度最低、下游浓度最高的规律。根据主要阴离子 HCO_3^-、SO_4^{2-}、Cl^- 的浓度变化分析，SO_4^{2-} 和 Cl^- 同样呈现浓度逐渐增大的规律，HCO_3^- 则呈现先减少后增大的趋势。沿着渭河流动的方向（岐山县→眉县→周至县→鄠邑区），Na^+、Ca^{2+} 和 Mg^{2+} 呈现鄠邑区浓度最高的趋势，K^+ 在岐山县浓度最高；Na^+、K^+ 在眉县浓度最低，Ca^{2+} 和 Mg^{2+} 浓度在岐山县最低。根据主要阴离子 HCO_3^-、SO_4^{2-}、Cl^- 的浓度变化分析，HCO_3^-、SO_4^{2-} 和 Cl^- 同样呈现鄠邑区浓度最高的规律，HCO_3^-、SO_4^{2-} 浓度在岐山县最低，Cl^- 浓度在周至县最低。

表 3-2 秦岭北麓冲洪积区地下水主要离子及化学指标统计　　　　单位:mg/L

水源	项目	Na^+	K^+	Ca^{2+}	Mg^{2+}	Cl^-	HCO_3^-	SO_4^{2-}	TDS	pH
岐山县	最大值	37.90	3.59	137.00	20.00	42.90	336.00	82.70	628.00	7.40
	最小值	11.30	1.15	54.40	9.19	9.95	125.00	14.00	277.00	6.83
	平均值	20.23	2.23	83.35	14.42	19.61	219.50	41.13	403.00	7.16
眉县	最大值	35.60	3.55	205.00	49.10	96.10	350.00	103.00	1 298.00	7.50
	最小值	6.68	0.69	59.70	10.80	2.76	132.00	7.29	279.00	6.96
	平均值	17.53	1.92	126.42	25.91	27.32	252.57	59.04	770.00	7.26
杨凌区	最大值	89.40	2.11	136.00	57.60	73.00	439.00	161.00	951.00	7.83
	最小值	5.07	1.09	25.20	4.19	9.15	61.30	11.40	111.00	7.35
	平均值	63.67	1.40	86.24	38.78	43.48	323.26	72.62	608.20	7.55
扶风县	最大值	64.20	3.59	137.00	31.90	36.20	373.00	81.90	761.00	7.94
	最小值	40.00	0.73	30.40	18.90	6.64	293.00	6.41	337.00	7.45
	平均值	52.10	2.16	83.70	25.40	21.42	333.00	44.16	549.00	7.70
鄠邑区	最大值	308.00	6.68	220.00	161.00	210.00	642.00	997.00	2 566.00	7.73
	最小值	4.57	0.43	23.60	1.03	2.34	91.90	6.04	156.00	7.09
	平均值	48.37	2.15	128.29	36.92	40.52	321.71	158.61	733.95	7.44
周至县	最大值	69.00	4.03	195.00	44.70	87.10	380.00	250.00	1 121.00	7.86
	最小值	4.70	0.48	27.20	4.35	1.44	87.00	5.59	109.00	6.94
	平均值	19.53	2.07	97.70	21.16	17.54	243.52	55.05	481.45	7.48
总计	最大值	308.00	28.10	220.00	161.00	210.00	642.00	997.00	2 566.00	7.94
	最小值	4.57	0.43	23.60	1.03	1.44	61.30	5.59	109.00	6.83
	平均值	34.06	2.31	107.51	27.85	29.39	274.71	83.28	611.27	7.44

岐山县地下水样的pH在6.83~7.4之间。Na^+浓度变化范围为11.30~37.90mg/L;地下水中K^+含量最低,浓度变化范围为1.15~3.59mg/L,这主要是由K^+的生物活性所决定的弱迁移性引起的;Ca^{2+}、Mg^{2+}浓度变化范围分别为54.40~137.00mg/L和9.19~20.00mg/L,平均值为83.35mg/L和14.42mg/L。主要的阴离子中浓度变化范围最小的是Cl^-,最大的是HCO_3^-,浓度变化范围分别为9.95~42.90mg/L和125.00~336.00mg/L;SO_4^{2-}浓度变化范围为14.00~82.70mg/L,平均浓度为41.13mg/L。岐山县的地下水中主要阴离子浓度关系为$HCO_3^->SO_4^{2-}>Cl^-$,主要阳离子浓度关系为$Ca^{2+}>Na^+>Mg^{2+}>K^+$。TDS最低浓度为277.00mg/L,最高浓度为628.00mg/L,平均值为403.00mg/L,符合生活饮用水的质量标准。

眉县地下水样的pH在6.96～7.50之间。地下水中K^+含量最低,平均浓度为1.92mg/L;Na^+浓度变化范围为6.68～35.60mg/L;Ca^{2+}和Mg^{2+}浓度变化范围分别为59.70～205.00mg/L和10.80～49.10mg/L,平均值为126.42mg/L和25.91mg/L。主要的阴离子中Cl^-和HCO_3^-浓度变化范围分别为2.76～96.10mg/L和132.00～350.00mg/L;SO_4^{2-}浓度变化范围为7.29～103.00mg/L,平均浓度为59.04mg/L。地下水中主要阳离子浓度关系为$Ca^{2+}>Mg^{2+}>Na^+>K^+$,主要阴离子浓度关系为$HCO_3^->SO_4^{2-}>Cl^-$。溶解性总固体(TDS)浓度变化范围为279.00～1298.00mg/L,平均浓度为770.00mg/L,部分样品不符合生活饮用水的质量标准。

杨凌区地下水样的pH变化范围为7.35～7.83。Na^+浓度变化范围为5.07～89.40mg/L;K^+浓度变化范围为1.09～2.11mg/L;Ca^{2+}和Mg^{2+}最高浓度分别为136.00mg/L和57.60mg/L,最低浓度分别为25.20mg/L和4.19mg/L,平均值为86.24mg/L和38.78mg/L。主要的阴离子中Cl^-和HCO_3^-浓度变化范围分别为9.15～73.00mg/L和61.30～439.00mg/L;SO_4^{2-}最低浓度为11.40mg/L,最高浓度为161.00mg/L,平均浓度为72.62mg/L。地下水中主要阴离子浓度关系为$HCO_3^->SO_4^{2-}>Cl^-$,主要阳离子浓度关系为$Ca^{2+}>Na^+>Mg^{2+}>K^+$。TDS最低浓度111.00mg/L,最高浓度951.00mg/L,符合生活饮用水的质量标准。

扶风县地下水样的pH变化范围为7.45～7.94。Na^+浓度变化范围为40.00～64.20mg/L;K^+浓度变化范围为0.73～3.59mg/L;Ca^{2+}和Mg^{2+}浓度变化范围分别为30.40～137.00mg/L和18.90～31.90mg/L,平均值分别为83.70/L和25.40mg/L。主要的阴离子中HCO_3^-和SO_4^{2-}浓度变化范围分别为293.00～373.00mg/L和6.41～81.90mg/L;Cl^-最低浓度为6.64mg/L,最高浓度为36.20mg/L,平均浓度为21.42mg/L。地下水中主要阴离子的浓度关系为$HCO_3^->SO_4^{2-}>Cl^-$,主要阳离子的浓度关系为$Ca^{2+}>Na^+>Mg^{2+}>K^+$。TDS浓度范围在337.00～761.00mg/L之间,符合生活饮用水的质量标准。

鄠邑区地下水样的pH变化范围为7.09～7.73。K^+浓度变化范围最小,为0.43～6.68mg/L;Na^+浓度变化范围为4.57～308.00mg/L;Ca^{2+}和Mg^{2+}浓度变化范围分别为23.60～220.00mg/L和1.03～161.00mg/L,平均值为128.29mg/L和36.92mg/L。主要的阴离子中Cl^-最低浓度为2.34mg/L,最高浓度为210.00mg/L,平均浓度为40.52mg/L;HCO_3^-和SO_4^{2-}浓度变化范围分别为91.90～642.00mg/L和6.04～997.00mg/L。地下水中主要阴离子浓度关系为$HCO_3^->SO_4^{2-}>Cl^-$,主要阳离子浓度关系为$Ca^{2+}>Na^+>Mg^{2+}>K^+$。TDS浓度变化范围为156.00～2566.00mg/L,平均值为733.95mg/L,部分地区不符合生活饮用水的质量标准。

周至县地下水样的pH变化范围为6.94～7.86。Na^+浓度变化范围为4.70～69.00mg/L;K^+浓度变化范围0.48～4.03mg/L;Ca^{2+}和Mg^{2+}浓度变化范围分别为27.20～195.00mg/L和4.35～44.70mg/L,平均值为97.70mg/L和21.16mg/L。主要的阴离子中HCO_3^-和SO_4^{2-}浓度变化范围分别为87.00～380.00mg/L和5.59～250.00mg/L;Cl^-最低浓度为1.44mg/L,最高浓度为87.10mg/L,平均浓度为17.54mg/L。地下水中主要阴离子浓度关系为$HCO_3^->SO_4^{2-}>Cl^-$,主要阳离子浓度关系为$Ca^{2+}>Mg^{2+}>Na^+>K^+$。TDS浓

度范围为 109.00~1 121.00mg/L,平均值为 481.45mg/L。除个别点外,其余均符合生活饮用水的质量标准。

(二)黄土台塬区

1. 地表水

渭北黄土台塬区河流(图 3-2)主要为泾河、泔河、漆水河以及清河,其中泔河为泾河的支流。总体来看,泾河 TDS 值相对较高,均大于 1000mg/L。此外,阴、阳离子含量与秦岭北麓冲洪积区差异较大,统计结果见表 3-3。

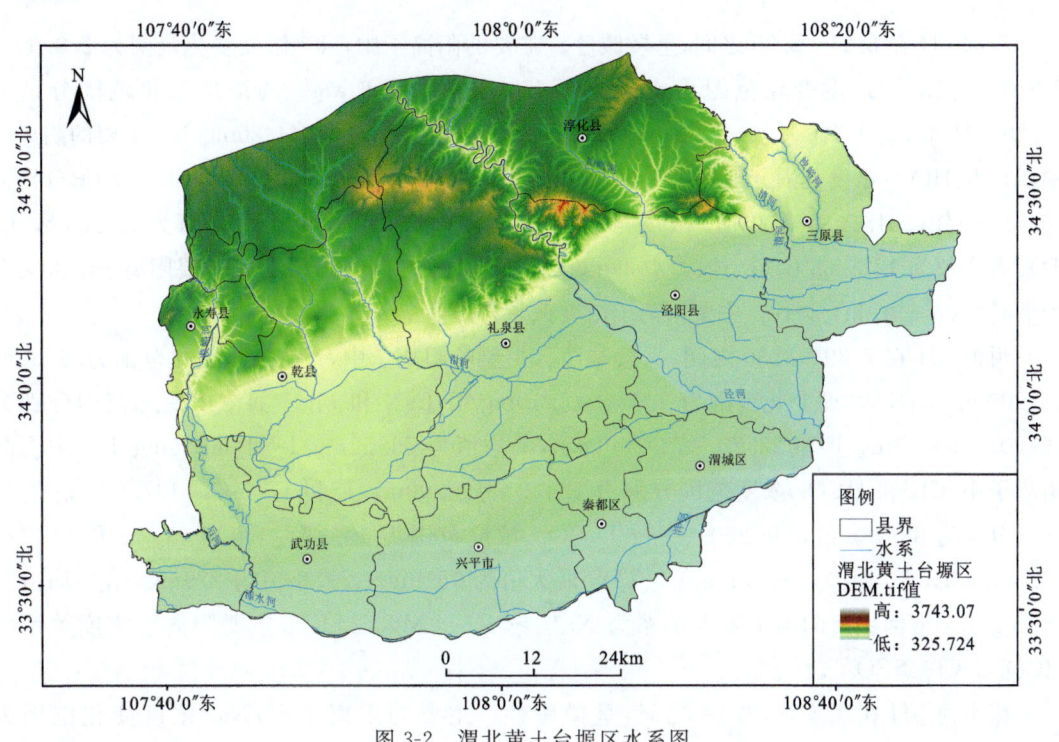

图 3-2 渭北黄土台塬区水系图

表 3-3 黄土台塬区地表水主要离子及化学指标统计　　　　单位:mg/L

水源	项目	Na^+	K^+	Ca^{2+}	Mg^{2+}	Cl^-	HCO_3^-	SO_4^{2-}	TDS	pH
泾河	最大值	298.00	5.65	71.40	52.70	196.00	258.00	521.00	1228	8.35
	最小值	250.00	4.99	61.20	41.00	150.00	207.00	368.00	1029	8.24
	平均值	263.86	5.34	66.28	44.20	166.40	231.60	421.20	1111	8.27
泔河	最大值	231.00	23.10	263.00	72.70	199.00	437.00	134.00	951	8.30
	最小值	56.80	2.35	16.20	22.70	12.20	174.00	19.40	279	7.39
	平均值	123.95	9.54	76.52	36.45	88.73	260.00	87.35	540	7.96

续表 3-3

水源	项目	Na^+	K^+	Ca^{2+}	Mg^{2+}	Cl^-	HCO_3^-	SO_4^{2-}	TDS	pH
漆水河	最大值	88.10	11.84	113.00	41.00	83.50	306.00	128.00	692	8.19
	最小值	22.20	1.55	35.40	19.20	12.70	131.00	9.66	249	7.55
	平均值	62.90	4.84	60.03	28.38	50.38	229.50	67.53	452	7.91
清河	最大值	363.00	9.43	143.00	62.70	321.00	286.00	572.00	1450	8.30
	最小值	48.40	3.73	40.00	23.50	18.90	197.00	32.50	311	7.76
	平均值	124.24	5.86	62.92	37.82	128.92	243.80	233.14	805	7.97

泾河 pH 在 8.24～8.35 之间,呈微碱性。主要的阳离子中,Na^+ 浓度变化范围为 250.00～298.00mg/L;K^+ 浓度变化范围为 4.99～5.65mg/L;Ca^{2+} 和 Mg^{2+} 的浓度变化范围分别为 61.20～71.40mg/L 和 41.00～52.70mg/L,平均值为 66.28mg/L 和 44.20mg/L。主要的阴离子中,Cl^- 和 HCO_3^- 浓度范围分别为 150.00～196.00mg/L 和 207.00～258.00mg/L,平均值分别为 166.40mg/L、231.60mg/L;SO_4^{2-} 浓度范围为 368.00～521.00mg/L,平均值为 421.20mg/L。TDS 最大值为 1228mg/L,最小值为 1029mg/L,平均值为 1111mg/L。泾河主要阳离子浓度关系为 $Na^+>Ca^{2+}>Mg^{2+}>K^+$,主要阴离子浓度关系为 $SO_4^{2-}>HCO_3^->Cl^-$。

沮河 pH 在 7.39～8.30 之间,呈微碱性。主要的阳离子中,Na^+ 浓度变化范围为 56.80～231.00mg/L;K^+ 浓度变化范围为 2.35～23.10mg/L;Ca^{2+} 和 Mg^{2+} 的浓度变化范围分别为 16.20～263.00mg/L 和 22.70～72.70mg/L,平均值为 76.52mg/L 和 36.45mg/L。主要的阴离子中,Cl^- 和 HCO_3^- 浓度范围分别为 12.20～199.00mg/L 和 174.00～437.00mg/L,平均值分别为 88.73mg/L 和 260.00mg/L;SO_4^{2-} 浓度范围为 19.40～134.00mg/L 和 3.47～23.50mg/L,平均值为 87.35mg/L。TDS 最大值为 951mg/L,最小值为 279mg/L,平均值为 540mg/L。沮河主要阳离子浓度关系为 $Na^+>Ca^{2+}>Mg^{2+}>K^+$,主要阴离子浓度关系为 $HCO_3^->Cl^->SO_4^{2-}$。

漆水河 pH 在 7.55～8.19 之间,呈微碱性。主要的阳离子中,Na^+ 浓度变化范围为 22.20～88.10mg/L;K^+ 浓度变化范围为 1.55～11.84mg/L;Ca^{2+} 和 Mg^{2+} 的浓度变化范围分别为 35.40～113.00mg/L 和 19.20～41.00mg/L,平均值为 60.30mg/L 和 28.38mg/L。主要的阴离子中,Cl^- 和 HCO_3^- 浓度范围分别为 12.70～83.50mg/L 和 131.00～306.00mg/L,平均值分别为 50.38mg/L 和 229.50mg/L;SO_4^{2-} 浓度范围为 9.66～128.00mg/L,平均值为 67.53mg/L。TDS 最大值为 692mg/L,最小值为 249mg/L,平均值为 452mg/L。漆水河主要阳离子浓度关系为 $Ca^{2+}>Na^+>Mg^{2+}>K^+$,主要阴离子浓度关系为 $HCO_3^->SO_4^{2-}>Cl^-$。

清河 pH 在 7.76～8.30 之间,呈微碱性。主要的阳离子中,Na^+ 浓度变化范围为 48.40～363.00mg/L;K^+ 浓度变化范围为 3.73～9.43mg/L;Ca^{2+} 和 Mg^{2+} 的浓度变化范围分别为 40.00～143.00mg/L 和 23.50～62.70mg/L,平均值为 62.92mg/L 和 37.82mg/L。主要的阴离子中,Cl^- 和 HCO_3^- 浓度范围分别为 18.90～321.00mg/L 和 197.00～286.00mg/L,平均值分别为 128.92mg/L 和 243.80mg/L;SO_4^{2-} 浓度范围为 32.50～572.00mg/L,平均值为

233.14mg/L。TDS 最大值为 1450mg/L,最小值为 311mg/L,平均值为 805mg/L。清河主要阳离子浓度关系为 $Na^+>Ca^{2+}>Mg^{2+}>K^+$,主要阴离子浓度关系为 $HCO_3^->SO_4^{2-}>Cl^-$。

2. 地下水

渭北黄土台塬区中各县(市、区)内地下水样主要化学指标的统计结果见表3-4。

表3-4 黄土台塬区地下水主要离子及化学指标统计　　　　　单位:mg/L

水源	项目	Na^+	K^+	Ca^{2+}	Mg^{2+}	Cl^-	HCO_3^-	SO_4^{2-}	TDS	pH
兴平市	最小值	71.60	0.80	24.10	19.10	8.11	260.00	32.20	493.00	7.47
	最大值	211.00	3.07	162.00	107.00	125.00	710.00	313.00	1 258.00	8.02
	平均值	133.02	1.40	59.08	65.09	66.29	463.60	126.05	814.80	7.78
淳化县	最小值	34.40	0.65	23.90	19.80	3.97	252.00	5.39	305.00	7.86
	最大值	71.70	0.86	49.30	27.40	5.45	294.00	15.20	321.00	8.16
	平均值	50.87	0.78	34.77	23.37	4.58	270.00	8.73	313.33	8.03
泾阳县	最小值	170.00	1.18	17.80	42.50	101.00	374.00	109.00	1 061.00	7.27
	最大值	529.00	4.20	142.00	163.00	302.00	837.00	460.00	2 535.00	8.21
	平均值	317.63	2.43	81.08	107.48	188.13	578.13	325.50	1 721.87	7.70
三原县	最小值	315.00	1.26	65.40	103.00	190.00	571.00	296.00	1 705.00	7.69
	最大值	386.00	1.42	97.20	180.00	272.00	660.00	439.00	2 258.00	7.74
	平均值	347.00	1.33	84.70	139.67	244.00	616.67	388.00	2 038.00	7.71
礼泉县	最小值	76.50	0.66	15.20	22.40	2.69	289.00	11.00	369.00	7.74
	最大值	259.00	1.86	38.00	100.00	168.00	612.00	201.00	1 194.00	8.29
	平均值	168.85	1.22	25.44	46.57	50.92	456.50	89.47	730.83	7.91
永寿县	最小值	58.10	0.68	17.60	19.20	2.64	200.00	3.97	248.00	7.75
	最大值	84.10	1.30	35.20	27.80	40.20	302.00	93.90	483.00	7.91
	平均值	71.10	0.99	26.40	23.50	21.42	251.00	48.94	365.50	7.83
武功县	最小值	32.20	0.61	22.50	21.80	6.93	343.00	12.10	446.00	7.24
	最大值	115.00	23.50	178.00	71.70	134.00	511.00	118.00	1 506.00	7.79
	平均值	90.30	6.73	102.38	52.90	80.13	418.75	67.88	902.75	7.47
乾县	最小值	27.00	0.52	18.50	25.30	3.12	256.00	7.27	284.00	7.43
	最大值	174.00	8.51	64.40	99.40	107.00	546.00	92.60	994.00	8.01
	平均值	99.71	1.83	41.78	45.90	47.65	388.25	37.14	597.58	7.76

续表 3-4

水源	项目	Na^+	K^+	Ca^{2+}	Mg^{2+}	Cl^-	HCO_3^-	SO_4^{2-}	TDS	pH
秦都区	最小值	122.00	0.80	13.80	21.30	13.70	291.00	23.10	485.00	7.80
	最大值	222.00	5.13	50.20	97.00	94.00	558.00	240.00	1 192.00	8.24
	平均值	179.50	1.82	27.68	50.88	53.20	432.33	100.17	817.67	8.04
总计	最大值	529	28.1	220	180	302	837	997	2566	8.29
	最小值	4.57	0.43	13.8	1.03	1.44	61.3	3.97	109	6.83
	平均值	99.055	2.1	79.115	44.59	54.13	362.755	103.855	754.925	7.625

兴平市地下水样的pH最大值与最小值分别为8.02和7.47,平均值为7.78,说明兴平市内地下水偏碱性。TDS最大值、最小值和平均值分别为1 258.00mg/L、493.00mg/L和814.80mg/L。兴平市地下水中阳离子Na^+和K^+的变化范围为71.60~211.00mg/L和0.80~3.07mg/L,平均值分别为133.02mg/L和1.40mg/L;Ca^{2+}和Mg^{2+}的变化范围分别为24.10~162.00mg/L和19.10~107.00mg/L,平均值分别为59.08mg/L和65.09mg/L。其阴离子HCO_3^-的最大值、最小值、平均值分别为710.00mg/L、260.00mg/L、463.60mg/L;Cl^-和SO_4^{2-}变化范围为8.11~125.00mg/L、32.20~313.00mg/L,平均值分别为66.29mg/L、126.05mg/L。阳离子变化为$Na^++K^+>Mg^{2+}>Ca^{2+}$,阴离子为$HCO_3^->SO_4^{2-}>Cl^-$。

淳化县地下水样的pH最大值、最小值、平均值分别为8.16、7.86、8.03,说明其地下水偏碱性。TDS的最大值、最小值、平均值分别为321.00mg/L、305.00mg/L、313.33mg/L。其阳离子Na^+和K^+的变化范围分别为34.40~71.70mg/L和0.65~0.86mg/L,平均值分别为50.87mg/L、0.78mg/L;Ca^{2+}和Mg^{2+}的变化范围分别为23.90~49.30mg/L和19.80~27.40mg/L,平均值分别为34.77mg/L和23.37mg/L。地下水中阴离子HCO_3^-的最大值、最小值、平均值分别为294.00mg/L、252.00mg/L、270.00mg/L;Cl^-和SO_4^{2-}的变化范围分别为3.97~5.45mg/L和5.39~15.20mg/L,平均值分别为4.58mg/L和8.73mg/L。阳离子变化为$Na^++K^+>Ca^{2+}>Mg^{2+}$,阴离子为$HCO_3^->SO_4^{2-}>Cl^-$。淳化县各水质指标含量均比兴平市、泾阳县、三原县低。

泾阳县地下水的pH最大值、最小值、平均值分别为8.21、7.27、7.70。TDS的变化范围为1 061.00~2 535.00mg/L,平均值为1 721.87mg/L。其地下水中阳离子Na^+和K^+的变化范围分别为170.00~529.00mg/L和1.18~4.20mg/L,平均值分别为317.63mg/L和2.43mg/L;Ca^{2+}和Mg^{2+}的变化范围分别为17.80~142.00mg/L和42.50~163.00mg/L,平均值分别为81.08mg/L和107.48mg/L。地下水中阴离子HCO_3^-的最大值、最小值、平均值分别为837.00mg/L、374.00mg/L、578.13mg/L;Cl^-和SO_4^{2-}的变化范围分别为101.00~302.00mg/L和109.00~460.00mg/L,平均值分别为188.13mg/L和325.50mg/L。阳离子变化为$Na^++K^+>Mg^{2+}>Ca^{2+}$,阴离子为$HCO_3^->SO_4^{2-}>Cl^-$。泾阳县各离子含量均相对较高。

三原县地下水的pH最大值、最小值、平均值分别为7.74、7.69、7.71。TDS的变化范围为1 705.00~2 258.00mg/L,平均值为2 038.00mg/L。其地下水中阳离子Na^+和K^+的变化范围分别为 315.00~386.00mg/L 和 1.26~1.42mg/L,平均值分别为 347.00mg/L 和 1.33mg/L;Ca^{2+} 和 Mg^{2+} 的变化范围分别为 65.40~97.20mg/L 和 103.00~180.00mg/L,平均值分别为 84.70mg/L 和 139.67mg/L。地下水中阴离子 HCO_3^- 的最大值、最小值、平均值分别为 660.00mg/L、571.00mg/L、616.67mg/L;Cl^- 和 SO_4^{2-} 的变化范围分别为 190.00~272.00mg/L 和 296.00~439.00mg/L,平均值分别为 244.00mg/L 和 388.00mg/L。阳离子变化为 $Na^+ + K^+ > Mg^{2+} > Ca^{2+}$,阴离子为 $HCO_3^- > SO_4^{2-} > Cl^-$。三原县各离子含量均较高。

礼泉县地下水的 pH 最大值、最小值、平均值分别为 8.29、7.74、7.91。TDS 的变化范围为 369.00~1 194.00mg/L,平均值为 730.83mg/L。其地下水中阳离子 Na^+ 和 K^+ 的变化范围分别为 76.50~259.00mg/L 和 0.66~1.86mg/L,平均值分别为 168.85mg/L 和 1.22mg/L;Ca^{2+} 和 Mg^{2+} 的变化范围分别为 15.20~38.00mg/L 和 22.40~100.00mg/L,平均值分别为 25.44mg/L 和 46.57mg/L。地下水中阴离子 HCO_3^- 的最大值、最小值、平均值分别为 612.00mg/L、289.00mg/L、456.60mg/L;Cl^- 和 SO_4^{2-} 的变化范围分别为 2.69~168.00mg/L 和 11.00~201.000mg/L,平均值分别为 50.92mg/L 和 89.47mg/L。阳离子变化为 $Na^+ + K^+ > Mg^{2+} > Ca^{2+}$,阴离子为 $HCO_3^- > SO_4^{2-} > Cl^-$。泾阳县各离子含量均较高。

永寿县地下水的 pH 最大值、最小值、平均值分别为 7.91、7.75、7.83。TDS 的变化范围为 248.00~483.00mg/L,平均值为 365.50mg/L。其地下水中阳离子 Na^+ 和 K^+ 的变化范围分别为 58.10~84.10mg/L 和 0.68~1.30mg/L,平均值分别为 71.10mg/L 和 0.99mg/L;Ca^{2+} 和 Mg^{2+} 的变化范围分别为 17.60~35.20mg/L 和 19.20~27.80mg/L,平均值分别为 26.40mg/L、23.50mg/L。地下水中阴离子 HCO_3^- 的最大值、最小值、平均值分别为 302.00mg/L、200.00mg/L、251.00mg/L;Cl^- 和 SO_4^{2-} 的变化范围分别为 2.64~40.20mg/L 和 3.97~93.60mg/L,平均值分别为 21.42mg/L 和 48.94mg/L。

武功县地下水的 pH 最大值、最小值、平均值分别为 7.79、7.24、7.47。TDS 的变化范围为 446.00~1 506.00mg/L,平均值为 902.75mg/L。其地下水中阳离子 Na^+ 和 K^+ 的变化范围分别为 32.20~115.00mg/L 和 0.61~23.50mg/L,平均值分别为 90.30mg/L 和 6.73mg/L;Ca^{2+} 和 Mg^{2+} 的变化范围分别为 22.50~178.00mg/L 和 21.80~71.70mg/L,平均值分别为 102.38mg/L 和 52.90mg/L。地下水中阴离子 HCO_3^- 的最大值、最小值、平均值分别为 511.00mg/L、343.00mg/L、418.75mg/L;Cl^- 和 SO_4^{2-} 的变化范围分别为 6.39~134.00mg/L 和 12.10~118.00mg/L,平均值分别为 80.13mg/L 和 67.88mg/L。

乾县地下水的 pH 最大值、最小值、平均值分别为 8.01、7.43、7.76。TDS 的变化范围为 284.00~994.00mg/L,平均值为 597.58mg/L。其地下水中阳离子 Na^+ 和 K^+ 的变化范围分别为 27.00~174.00mg/L 和 0.52~8.51mg/L,平均值分别为 99.71mg/L 和 1.83mg/L;Ca^{2+} 和 Mg^{2+} 的变化范围分别为 18.50~64.40mg/L 和 25.30~99.40mg/L,平均值分别为 41.78mg/L、45.90mg/L。地下水中阴离子 HCO_3^- 的变化范围为 256.00~546.00mg/L,平均值为 388.25mg/L;Cl^- 和 SO_4^{2-} 的变化范围分别为 3.2~107.00mg/L 和 7.27~92.60mg/L,平均值分别为 47.65mg/L 和 37.14mg/L。

秦都区一带地下水中pH最大值、最小值、平均值分别为8.24、7.80、8.04。TDS的变化范围为485.00～1 192.00mg/L,平均值为817.67mg/L。其地下水中阳离子Na^+和K^+的变化范围为122.00～222.00mg/L和0.80～5.13mg/L,平均值分别为179.50mg/L和1.82mg/L;Ca^{2+}和Mg^{2+}的变化范围分别为13.80～50.20mg/L和21.30～97.00mg/L,平均值分别为27.68mg/L和50.88mg/L。地下水中阴离子HCO_3^-的变化范围为291.00～558.00mg/L,平均值为432.33mg/L;Cl^-和SO_4^{2-}的变化范围分别为13.70～94.00mg/L和23.10～240.00mg/L,平均值分别为53.20mg/L和100.17mg/L。

区内地表水、地下水水化学类型较为单一,均以HCO_3-Ca·Mg型水为主,其中秦岭北麓冲洪积区少部分地区为SO_4·Cl-Ca·Mg和HCO_3-Na型;渭北黄土台塬区少部分地区为HCO_3·SO_4-Ca·Mg、HCO_3-Ca·Mg·Na、SO_4-Ca·Mg型。

秦岭北麓冲洪积区中,岐山县、眉县、扶风县和周至县的水样点落在岩石风化带,该区域的地下水形成受岩石风化作用的影响。杨凌区和鄠邑区的水样相较于岐山县、眉县和周至县的水样,具有向上扩展的趋势,该区域地下水水化学形成受到蒸发作用的影响更大。武功县具有更明显地向上扩展的趋势,且有少量水样点落在蒸发主导区,说明武功县的地下水受到蒸发作用的影响更大。

渭北黄土台塬区所有水样点都落到了表征水岩作用影响的区域,表明该区地下水水化学形成均受到水岩作用的影响;同时所有水样点有向上扩展的趋势,说明该区地下水化学形成在受水岩作用影响同时,还受到蒸发作用的影响。根据Gibbs图可以判断,取自泾阳县和三原县的地下水样的水化学形成受到蒸发作用较咸阳市其他县(区)的影响更强。

三、水环境质量

1. 饮用水水质评价

1)地表水水质

根据地表水质量标准,对在工作区所采集的109件地表水样进行水质分析,依据水质标准对各个各项水质指标进行水质评价,根据评价结果,工作区内河流分类为Ⅰ类、Ⅳ类水样,无Ⅱ类、Ⅲ类、Ⅴ类水样,Ⅰ类、Ⅳ类水样分别有28件和81件,分别占全部水样的25.7%和74.3%。工作区内地表水主要超标元素为Mn、SO_4^{2-}、Cl^-、NO_3^-、F^-,超标数目分别为18件、7件、2件、2件、1件,分别占所取地下水样综述的16.51%、6.42%、1.83%、1.83%、0.92%。地表水水样水质指标超标程度为Mn>SO_4^{2-}>Cl^->NO_3^->F^-。受到污染的河流如图3-3所示。

2)地下水水质

根据地下水质量评价标准评价,对工作区采集的157件地下水样选择TDS、TH、Cl^-、SO_4^{2-}、NO_3^-、F^-、Cr^{6+}、Mn共8项水质指标进行水质评价,根据评价结果可知,工作区内无Ⅰ类水样,Ⅱ类、Ⅲ类、Ⅳ类、Ⅴ类水样分别有57件、26件、32件和42件,分别占全部水样的36.31%、16.56%、20.38%、26.75%。取自工作区地下水样中TDS、TH、Cl^-、SO_4^{2-}、NO_3^-、F^-、Cr^{6+}、Mn超标数目分别为29件、37件、14件、21件、27件、26件、28件、7件,分别占所取

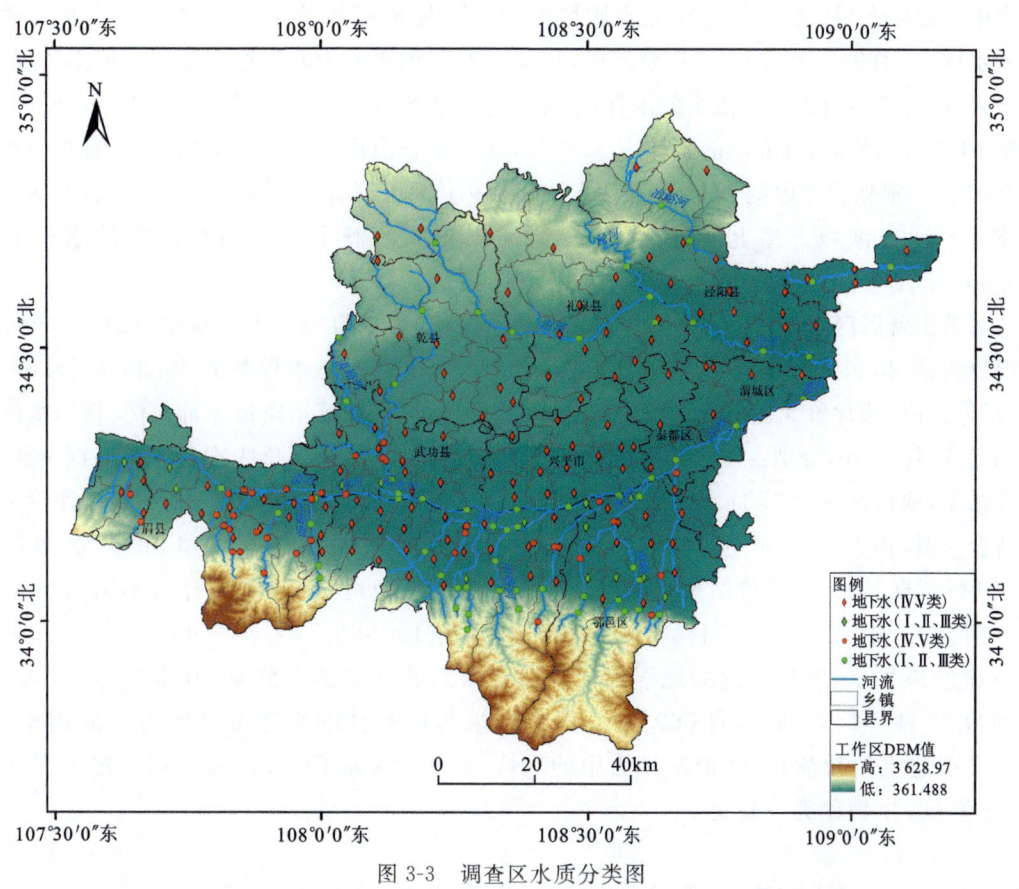

图 3-3 调查区水质分类图

地下水样综述的 34.52%、44.05%、16.67%、25%、32.14%、30.95%、33.33%、8.33%。则地下水样水质指标超标程度为 TH>TDS>Cr^{6+}>F^->NO_3^->SO_4^{2-}>Cl^->Mn。

2. 灌溉用水水质评价

灌溉水水质对于农田土壤物理特性、土壤化学特征、农作物产量与品质都有十分重要的影响,进行灌溉用水水质评价非常有必要,可以为合理开发利用微咸水、防治土壤次生盐碱化、维护农业生态环境提供理论指导。本次用于农业灌溉用水水质评价的方法和指标主要有钠吸附比(sodium adsorption ratio,SAR)、残余碳酸钠(residual sodium carbonate,RSC)、钠百分比(sodium percentage,%Na)和渗透指数(permeability index,PI)。其中,SAR 表征了土壤对灌溉水中钠离子的吸附能力,SAR 越高,表明土壤吸附钠离子的能力越强,植物根系吸收水分的能力越差;RSC 表征灌溉水的碱害程度,RSC 数值越大,引起碱害的可能性越大;%Na 也表征灌溉水引发碱害的程度;PI 值受长期灌溉以及土壤中的 Na^+、Ca^{2+}、Mg^{2+} 和重碳酸盐含量的影响。以上指标均表征了灌溉水所引起的碱害程度,然而在进行灌溉用水水质评价的时候还应考虑盐害,灌溉水盐害常以电导率(EC)表征。

通过对调查区的灌溉用水进行水质评价,得出调查区灌溉用水总体上适合灌溉用水标准,具体对秦岭北麓冲洪积区而言,共采集 73 件灌溉水,根据 EC 值,灌溉水样品水质描述全部为中。根据SAR值,灌溉水样品水质均为优。根据RSC评价结果,没有不适合作为灌溉水的水样,其中94.52%的水样适合灌溉,其余5.48%的水样为基本适合灌溉。根据%Na评价结果,没有不适合作为灌溉水的水样,水样中适合灌溉占91.78%,基本适合灌溉占8.22%。根据PI评价结果,适合灌溉的水样占5.48%,基本适合灌溉占87.67%,不适合灌溉的水样占6.85%。根据保守原则,只要存在任意一项指标体现出该水样不适合用于灌溉,就认为其总体上不适合灌溉。综上所述,秦岭北麓冲洪积区灌溉水中不适合灌溉的水样数量占6.85%。

对黄土台塬区而言,共采集根65件灌溉水,据EC值评价地下水灌溉水质结果,10件水样评价为良、48件水样评价为中、7件水样评价为差,分别占总水样数的15.38%、73.85%、10.77%。EC值评价无优灌溉水质。据SAR值评价,区内灌溉水质量评价为优、良的水样数分别为64件、1件,分别占总水样数的98.46%、1.54%,无水样评价为中和差。依据RSC的评价结果,项目区内有37件水样评价为适合灌溉,占总水样数的56.92%;7件水样评价为基本适合灌溉,占总水样数的10.77%;有21件水样评价为不适合灌溉,占总水样数的32.31%。据%Na的评价结果而言,灌溉水质量评价为适合、基本适合与不适合的水样数分别为10件、40件和15件,分别占总水样数的15.38%、61.54%和23.08%。根据PI评价结果显示,项目区内的地下水样为适合灌溉和基本适合灌溉,其水样数量(占比)分别为26件(40%)和39件(60%)。评价结果为优和良的水样可以作为灌溉用水,基本不会引起土壤盐渍化,评价结果为中的水样,在作为灌溉用水时,需根据一定的灌溉模式、灌溉量、作物种类等确定。

第三节 西安城市群周边水体健康风险评价

健康风险评价是以风险度作为评价指标,把环境污染与人体健康联系起来,定量描述污染对人体产生健康危害的风险,对于水质评价和管理都有重要意义。根据污染物的致癌性,健康风险评价通常可分为致癌风险评价和非致癌风险评价。事实上,致癌污染物同样具有非致癌慢性危害,因此,如果目标物质兼有致癌效应和非致癌慢性危害两种作用,则需要同时开展致癌风险评价和非致癌风险评价。研究发现,砷过量暴露可以产生皮肤癌以及致使人体各内脏部位发生癌症。镉是有毒重金属,在体内滞留时间长,对胃肠黏膜具有刺激作用,人长期吸入镉的烟尘可损害肾或肺,主要病症为肺气肿,嗅觉丧失、肾小管功能障碍等。铬广泛存在于自然环境中,在电镀、防腐剂以及合成催化等方面有广泛的用途,铬对人经呼吸道吸入的急性毒性,可见于工业事故;六价铬使蛋白质变性、核酸和核蛋白沉淀,酶系统受干扰,具有致突变性和致癌性。氟化物是电解铝行业中排放的主要污染物之一,氟化物对人体的危害,首先使骨骼受害,表现肢体活动障碍,重者骨质疏松或变形,易自发性骨折;其次是牙齿脆弱,出现斑点、损害皮肤,出现疼痛、湿疹及各种皮炎。硝酸盐在人体中由于还原菌的作用会转化为亚硝酸盐,可与人体内血红蛋白的辅基血红素中的二价铁反应生成三价铁,同时可以使血红蛋白转化为高铁血红蛋白,进而降低其为组织和细胞运输氧的能力,若血液含高铁血红蛋白含量过多,便会出现病征,甚至会引起器官缺氧受损、智力受影响等后遗症,严重时会危及生命。因此,本章选取砷、氟化物、六价铬、镉和硝酸盐作为评估对象,分别进行致癌和非致癌的健康风险评价。

一、致癌健康风险评价

本次工作计算得到秦岭北麓冲洪积区地表水对不同年龄段人群通过经口摄入和皮肤接触两个途径所引起的致癌健康风险水平。对于成年人和儿童,污染物的总致癌风险平均值分别为 1.02×10^{-4} 和 1.69×10^{-4},见表3-5。

表3-5 致癌物经口摄入和皮肤接触地表水所引起的致癌健康风险

水样	指标	成人			儿童		
		最大值	最小值	平均值	最大值	最小值	平均值
经口摄入	$R_{饮水As}$	$<2.73\times10^{-4}$	9.51×10^{-6}	$<6.31\times10^{-5}$	$<4.56\times10^{-4}$	1.58×10^{-5}	$<1.05\times10^{-4}$
	$R_{饮水Cd}$	1.03×10^{-4}	$<3.22\times10^{-5}$	$<3.33\times10^{-5}$	1.72×10^{-4}	$<5.37\times10^{-5}$	$<5.55\times10^{-5}$
	$R_{饮水总}$	$<3.76\times10^{-4}$	$<4.17\times10^{-5}$	$<9.64\times10^{-5}$	$<7.28\times10^{-4}$	$<6.95\times10^{-5}$	$<1.61\times10^{-4}$
皮肤接触	$R_{皮肤As}$	1.15×10^{-6}	4.00×10^{-8}	2.66×10^{-7}	1.76×10^{-6}	6.13×10^{-8}	4.07×10^{-7}
	$R_{皮肤Cd}$	1.74×10^{-5}	$<5.42\times10^{-6}$	$<5.61\times10^{-6}$	2.66×10^{-5}	$<8.31\times10^{-6}$	$<8.59\times10^{-6}$
	$R_{皮肤总}$	1.86×10^{-5}	$<5.46\times10^{-6}$	$<5.88\times10^{-6}$	2.84×10^{-5}	$<8.37\times10^{-6}$	$<9.00\times10^{-6}$
$TR_{地表水}$		$<1.22\times10^{-4}$	$<1.50\times10^{-5}$	$<1.02\times10^{-4}$	$<2.00\times10^{-4}$	$<2.42\times10^{-5}$	$<1.69\times10^{-4}$

注:式中出现"<"表示污染物浓度低于某数值,计算过程用该值替代污染物的浓度值,因此实际的健康风险值应低于计算得到的数值。后续表格中"<"的含义与之相同。

对于皮肤接触污染物的方式,成人和儿童面临的致癌风险水平相当。Cd 的致癌风险最小值低于 5.42×10^{-6},As 的致癌风险最大值分别是为 1.15×10^{-6} 和 1.76×10^{-6},因此 As 造成的致癌风险低于 Cd。皮肤接触造成的总致癌风险达到 10^{-6} 数量级及以下,对人体造成的致癌风险较小。

总体上,经口摄入的致癌风险远比皮肤接触所引起的风险大(图3-4),相差4个数量级及以上,As 对地表水致癌风险的贡献度大于 Cd;儿童面临的总致癌风险比成年人大,这与儿童的体重小有关。

表3-6 可以看出,地下水中污染物对于成年人和儿童的总致癌风险最大水平分别为 6.40×10^{-3} 和 2.17×10^{-2}。从图3-5可看出,经口摄入的致癌风险比皮肤接触所引起的风险大,尤其是 Cr^{6+},总致癌风险水平数量级达到 $1\times10^{-3}\sim1\times10^{-2}$ 数量级。

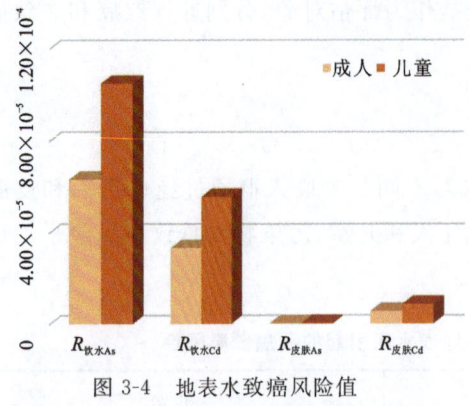

图 3-4 地表水致癌风险值

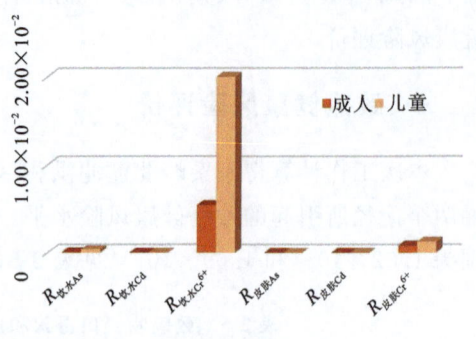

图 3-5 地下水致癌风险值

对于经口摄入污染物的情况，地下水中 Cr^{6+} 的健康风险最大值比表征标准风险水平 1×10^{-6} 高出 4 个数量级，致癌风险较大，但大部分水样中未检测出 Cr^{6+}。Cd 的浓度均低于 0.000 2mg/L，对于成人和儿童，其所引起的致癌风险分别低于 3.22×10^{-5} 和 5.37×10^{-5}。总体上，地下水中致癌物质的风险水平大小排序为 $Cr^{6+}>As>Cd$。

对于皮肤接触污染物的方式，Cr^{6+} 的致癌风险较大，平均值比表征标准风险水平 1×10^{-6} 高出 2 个数量级，致癌风险较大。其次为 Cd，其平均值与表征标准值为同一数量级，引起致癌风险的概率较大。As 的最大值与表征标准值为同一数量级，所以 As 的致癌风险相对较小。总体来看，地下水中致癌物质的风险水平大小排序为 $Cr^{6+}>Cd>As$。

表 3-6 不同年龄段人群通过不同途径接触地下水所引起的致癌健康风险

风险	指标	成人			儿童		
		最大值	最小值	平均值	最大值	最小值	平均值
经口摄入	$R_{饮水As}$	9.07×10^{-4}	1.90×10^{-5}	1.06×10^{-4}	1.75×10^{-2}	9.64×10^{-5}	4.22×10^{-4}
	$R_{饮水Cd}$	3.22×10^{-5}	3.22×10^{-5}	3.22×10^{-5}	5.37×10^{-5}	5.37×10^{-5}	5.37×10^{-5}
	$R_{饮水Cr^{6+}}$	8.49×10^{-2}	0	5.43×10^{-3}	1.76×10^{-1}	0	2.00×10^{-2}
	$R_{饮水总}$	8.58×10^{-2}	5.12×10^{-5}	5.57×10^{-3}	1.94×10^{-1}	1.50×10^{-4}	2.05×10^{-2}
皮肤接触	$R_{皮肤As}$	1.45×10^{-6}	3.47×10^{-14}	3.85×10^{-7}	2.22×10^{-6}	5.79×10^{-10}	5.91×10^{-7}
	$R_{皮肤Cd}$	2.71×10^{-6}	2.71×10^{-6}	2.71×10^{-6}	4.15×10^{-6}	4.15×10^{-6}	4.15×10^{-6}
	$R_{皮肤Cr^{6+}}$	1.49×10^{-2}	0	8.25×10^{-4}	2.29×10^{-2}	0	1.26×10^{-3}
	$R_{皮肤总}$	1.49×10^{-2}	2.71×10^{-6}	8.28×10^{-4}	2.29×10^{-2}	4.15×10^{-6}	1.26×10^{-3}
	$TR_{地下水}$	1.01×10^{-1}	5.39×10^{-5}	6.40×10^{-3}	2.16×10^{-1}	1.54×10^{-4}	2.17×10^{-2}

二、非致癌健康风险评价

表 3-7 列出了区内地表水对不同年龄段人群通过两种途径接触地表水所引起的非致癌健康风险水平。其中,地表水污染物对于成年人和儿童的总非致癌危害指数最大值分别为 0.571 和 0.953,均小于 1,在可接受范围内。

对于经口摄入污染物的情况,地表水样中 NO_3^- 的非致癌风险水平只有一个点的危害指数为 1.24,其余均介于 0.067 5~1 之间,说明这些水饮用的时候对人体造成危害的可能性很小。地表水样中 F^- 和 Cd 的危害指数均小于 1,表明地表水中这两种污染物对人体造成的非致癌风险较小。对于皮肤接触造成的非致癌风险极小,基本都小于 10^{-7} 数量级。对这个数量级可能引起的健康危害一般不予以关注。

表 3-7 经口摄入和皮肤接触受污染的地表水所引起的非致癌危害指数

风险	指标	成人			儿童		
		最大值	最小值	平均值	最大值	最小值	平均值
经口摄入	$HQ_{饮水F}$	$3.06×10^{-1}$	$2.46×10^{-2}$	$9.15×10^{-2}$	$5.10×10^{-1}$	$4.11×10^{-2}$	$1.53×10^{-1}$
	$HQ_{饮水As}$	6.07	$2.11×10^{-2}$	$1.40×10^{-1}$	1.01	$3.52×10^{-2}$	$2.34×10^{-1}$
	$HQ_{饮水NO_3}$	1.24	$6.75×10^{-2}$	$3.38×10^{-1}$	2.07	$1.13×10^{-1}$	$5.63×10^{-1}$
	$HQ_{饮水Cd}$	$5.63×10^{-3}$	$1.76×10^{-3}$	$1.82×10^{-3}$	$9.39×10^{-3}$	$2.94×10^{-3}$	$3.04×10^{-3}$
	$HQ_{饮水总}$	7.62	$1.15×10^{-1}$	$5.71×10^{-1}$	3.60	$1.92×10^{-1}$	$9.53×10^{-1}$
皮肤接触	$HQ_{皮肤As}$	$5.11×10^{-7}$	$1.78×10^{-8}$	$1.18×10^{-7}$	$7.83×10^{-7}$	$2.72×10^{-8}$	$1.81×10^{-7}$
	$HQ_{皮肤Cd}$	$2.91×10^{-10}$	$9.11×10^{-11}$	$9.42×10^{-11}$	$4.47×10^{-10}$	$1.40×10^{-10}$	$1.44×10^{-10}$
	$HQ_{皮肤总}$	$5.11×10^{-7}$	$1.79×10^{-8}$	$1.18×10^{-7}$	$7.83×10^{-7}$	$2.73×10^{-8}$	$1.81×10^{-7}$
	$THQ_{地表水}$	7.62	$1.15×10^{-1}$	$5.71×10^{-1}$	3.60	$1.92×10^{-1}$	$9.53×10^{-1}$

从图 3-6 中可以看出,经口摄入的非致癌风险远比皮肤接触所引起的风险大,相差 4 个数量级及以上。

从图 3-7 中可以看出,Cd 污染较轻,对人体造成的非致癌风险较小。

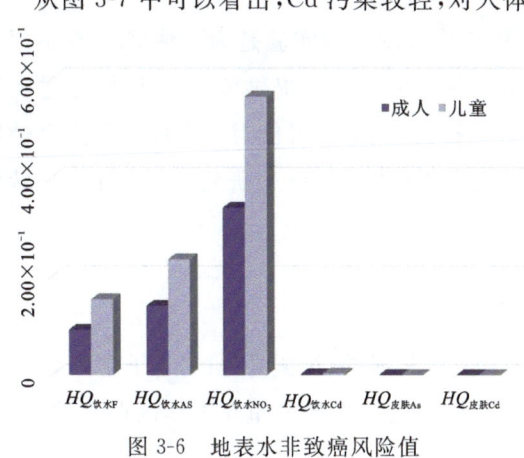

图 3-6 地表水非致癌风险值　　图 3-7 地下水非致癌风险值

总的来看,地下水中污染物的风险水平大小排序为 $NO_3^- >As>F^->Cr^{6+}>Cd$。

对于皮肤接触的途径,地下水中污染物的风险水平大小排序为 $NO_3^->As>F^->Cd>Cr^{6+}$。总的来看,总非致癌危害指数远小于1,表明皮肤接触引起的非致癌健康风险较小(表3-8)。

表3-8 不同年龄段人群不同途径接触地下水所引起的非致癌危害指数

风险	指标	成人			儿童		
		最大值	最小值	平均值	最大值	最小值	平均值
经口摄入	$HQ_{饮水F}$	3.09×10^{-1}	1.76×10^{-2}	8.23×10^{-2}	5.16×10^{-1}	2.94×10^{-2}	1.37×10^{-1}
	$HQ_{饮水As}$	2.02	4.23×10^{-2}	2.34×10^{-1}	3.36	7.04×10^{-2}	3.91×10^{-1}
	$HQ_{饮水Cd}$	1.06×10^{-2}	1.06×10^{-2}	1.06×10^{-2}	1.76×10^{-2}	1.76×10^{-2}	1.76×10^{-2}
	$HQ_{饮水Cr^{6+}}$	7.04×10^{-1}	0	4.41×10^{-2}	1.17	0	7.35×10^{-2}
	$HQ_{饮水NO_3}$	6.55	1.06×10^{-3}	1.40	1.09×10^{1}	1.76×10^{-3}	2.33
	$HQ_{饮水总}$	9.59	7.16×10^{-2}	1.77	$1.60E\times10^{1}$	1.19×10^{-1}	2.95
皮肤接触	$HQ_{皮肤F}$	1.30×10^{-3}	7.41×10^{-5}	3.46×10^{-4}	1.99×10^{-3}	1.14×10^{-4}	5.31×10^{-4}
	$HQ_{皮肤As}$	8.48×10^{-3}	1.78×10^{-4}	9.87×10^{-4}	1.30×10^{-2}	2.72×10^{-4}	1.51×10^{-3}
	$HQ_{皮肤Cd}$	2.22×10^{-5}	2.22×10^{-5}	2.22×10^{-5}	3.41×10^{-5}	3.41×10^{-5}	3.41×10^{-5}
	$HQ_{皮肤Cr^{6+}}$	2.96×10^{-3}	0	1.78×10^{-4}	4.54×10^{-3}	0	2.72×10^{-4}
	$HQ_{皮肤NO_3}$	2.11×10^{-1}	2.22×10^{-6}	8.38×10^{-3}	3.23×10^{-1}	3.41×10^{-6}	1.28×10^{-2}
	HQ皮肤总	2.24×10^{-1}	2.77×10^{-4}	9.91×10^{-3}	3.43×10^{-1}	4.24×10^{-4}	1.51×10^{-2}
	$THQ_{地下水}$	9.82	7.18×10^{-2}	1.78	$1.63E\times10^{+1}$	1.20×10^{-1}	2.96

第四节 Cr^{6+} 迁移转化研究:降雨淋溶与灌溉入渗的影响

工作区水环境中 Cr^{6+} 污染相对较严重,设置 Cr^{6+} 淋滤工程实验是为评估 Cr^{6+} 在不同环境条件下的迁移性和潜在环境风险,为制定有效的污染防治措施提供依据。其次,通过实验可以了解 Cr^{6+} 在土壤、地下水等环境介质中的淋滤行为,预测其可能对生态环境和人类健康造成的影响。基于以上原因,本次在西安城市群设计降雨淋溶实验来研究铬元素在水土转化路径和迁移规律。

一、Cr^{6+} 在水土中转化路径和迁移规律

通过调查分析发现,调查区内渭城区、三原县北部、礼泉县、泾阳县地区,地下水中 Cr^{6+} 含量较高,超过地下水三类标准(0.05mg/L),含量较低的地区主要分布在工作区西部的乾县、

永寿县、武功县等地区。总体上,工作区 Cr^{6+} 的分布由西向东浓度逐渐增大。

通过降雨淋溶实验,设计了三组降雨淋溶实验,即酸雨(pH=4.5)、弱酸雨(pH=5.6)和自然降水(pH=7.5),模拟了不同 pH 的降雨条件,研究 Cr^{6+} 在土壤中的迁移转化规律。高铬水设计了三组,淋溶液配置 Cr^{6+} 浓度分别为 1 mg/L、2mg/L、5mg/L,模拟了农田灌溉过程中 Cr^{6+} 的迁移转化。按照土柱装填、饱水与释水、样品采集与检测等步骤。

图 3-8 为三个浓度梯度(柱 1 为 Cr^{6+} =1mg/L,柱 2 为 Cr^{6+} =1mg/L,柱 3 为 Cr^{6+} =5mg/L 淋溶液灌溉入渗过程的基本指标、Cr^{6+} 浓度变化规律情况。由图可知,三组实验的基本指标 pH,Ec,Eh 变化趋势相似。灌溉入渗过程中,灌溉初期 pH 增加,而后呈现下降趋势,且在 21~25 天 pH 降到最低值,而后逐渐呈现上升趋势。Ec 在整个灌溉入渗过程中都在降低,而在实验初期的降低速率最快。Eh 波动最大,但在整体上呈现先上升后下降,然后有升高的一个过程。这三个基本指标的变化趋势在时间上因为浓度有所差异,浓度越大其趋势所到达的时间越短,转折点越早到达。而就数值上,整个灌溉入渗实验,pH、Ec 和 Eh 处于降低趋势。

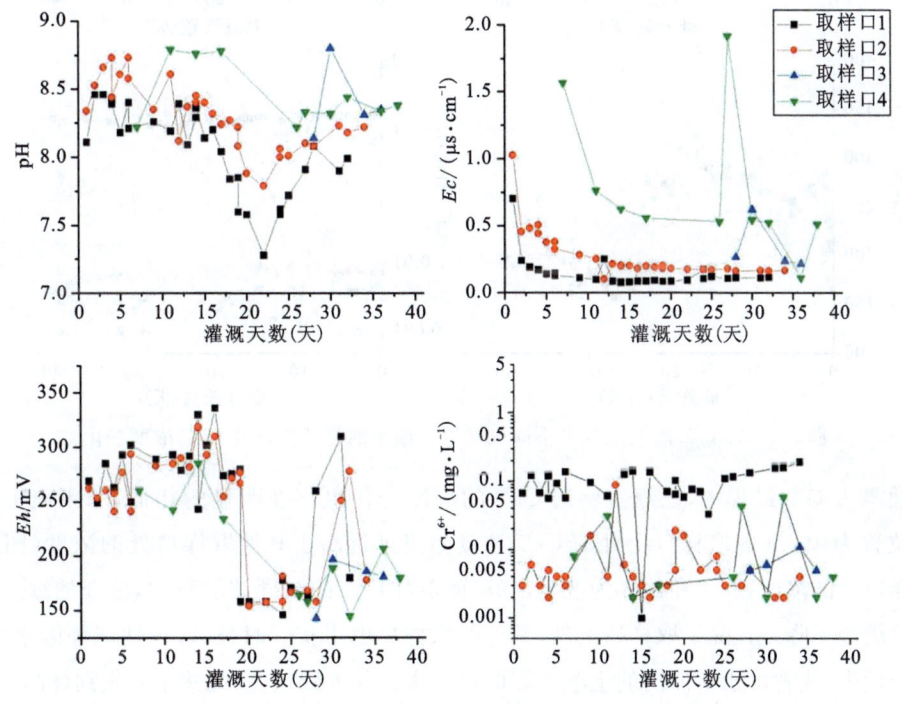

图 3-8 1mg/L 灌溉过程中不同取样口土壤水的中物理指标及 Cr^{6+} 浓度变化

灌溉入渗过程中,不同取样位置的土壤水中的基本指标 pH 和 Ec 均为取样口 1<取样口 2<取样库 3<取样口 4,即柱体中土壤水分的 pH 从上而下呈现增加趋势(图 3-9),这主要是因为土样本身的 pH 为碱性,而在灌溉水从上部往下入渗的过程中改变土体水分的过程,也改变了其酸碱性环境,而越往下,其柱体的碱性环境受到的影响相比于上部较小,因此其土壤水中的 pH 越往下,值越大。同理的 Ec,灌溉入渗的过程中,水入渗将土壤中易溶盐盐分向下带走,导致上部的易溶盐成分淋失而积累于下部。而氧化还原电位 Eh 与 pH 和 Ec 的趋势相

反,柱体上部的 Eh 高于下部,这是元素灌溉入渗溶液中带有溶解的氧气,而在初始进入土柱的时候溶解氧的含量较多在顶部的柱体中,而越往下入渗的过程中,柱体的氧化状态减弱,Eh 降低。而在高浓度 Cr^{6+} 灌溉入渗组,Eh 的变化出现 3 和 4 取样口处的土壤水中的 Eh 与 1 和 2 处的值基本相近,这也可能源于高浓度的 Cr^{6+}(5mg/L)的氧化还原性所影响,高浓度的 Cr^{6+} 在向下入渗的过程中相比其他两组具有较高的 Cr^{6+} 含量,其氧化还原反应在下部主体内的反应也较强烈。

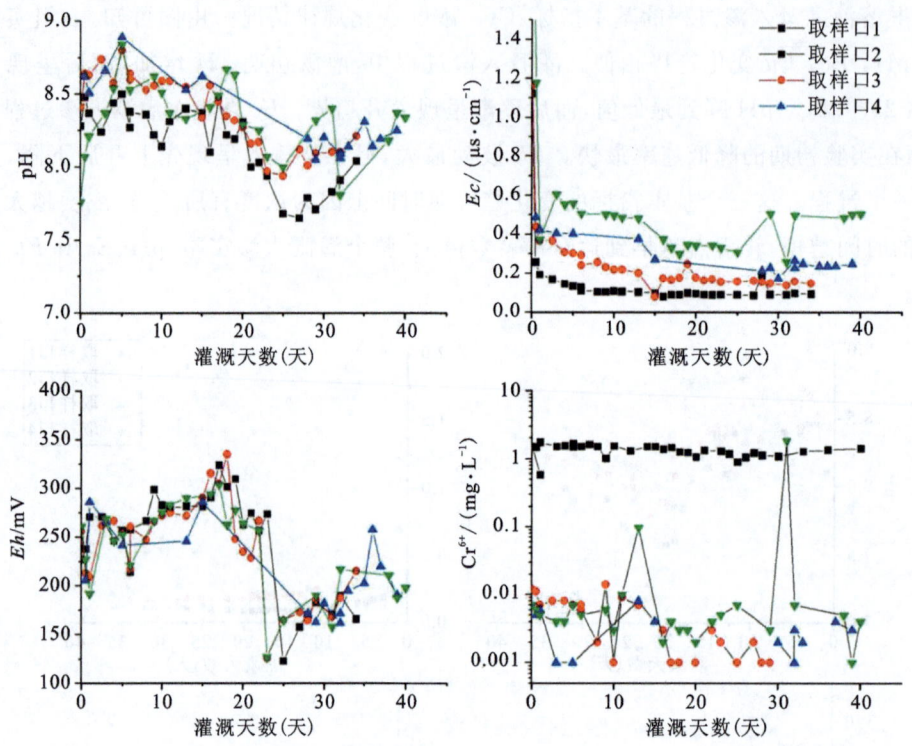

图 3-9 2mg/L 灌溉过程中不同取样口土壤水的物理指标及 Cr^{6+} 浓度变化

在灌溉入渗的过程中,三组实验的 Cr^{6+} 的浓度变化也存在明显的相似性,距离上边入渗液入渗位置为 10cm 的取样口 1 处的 Cr^{6+} 浓度始终远远高于其他取样口处的浓度(图 3-10)。对于取样口 2 的浓度,柱 1 和柱 3 为波动上升,而取样口 3 的浓度波动较大,柱 3 的浓度呈现先上升而后缓慢下降。且除了取样口 2 外,其他的取样口由于实验时长、入渗性能等因素的影响,入渗水分较少,或者由于主体内的土壤孔隙的堵塞水分并未到达,因此并未采集到样品。

灌溉入渗过程中,各取样口处 Cr^{6+} 的浓度为取样口 1>取样口 2>取样口 4>取样口 3。且随实验时间,我们发现在 30 天以后采样口的浓度出现 Cr^{6+} 浓度上升的趋势,这表明随着时间的进行,Cr^{6+} 的浓度会慢慢到达主体的深部。这也表明,灌溉入渗过程中随着时间,Cr^{6+} 在向下迁移转化的过程中会逐渐进入到下部的土层中,甚至会进入到地下水中。

二、降雨淋溶对土壤中 Cr^{6+} 迁移转化影响

本次降雨淋溶设计三组实验,酸雨淋溶(pH=4.5),弱酸雨淋溶(pH=5.6),自然降水淋

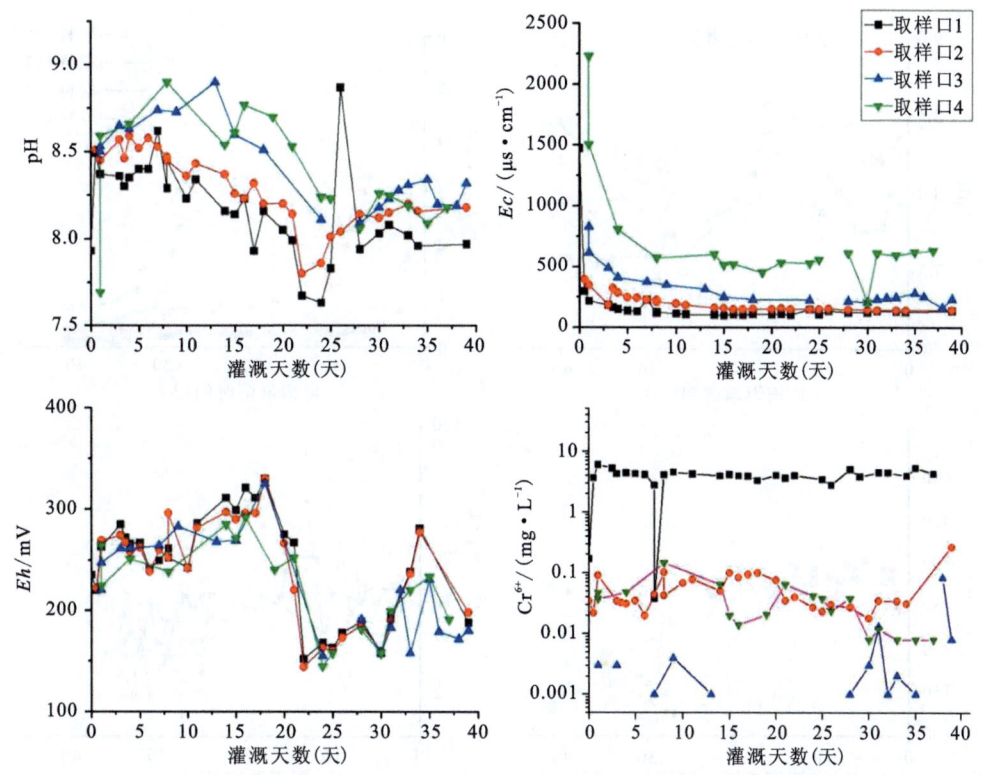

图 3-10 5mg/L 灌溉过程中不同取样口土壤水的中物理指标及 Cr^{6+} 浓度变化

溶(pH=7.5),来研究在降水淋溶过程中土壤中的 Cr^{6+} 的迁移转化规律的研究。

随着酸雨的入渗过程(pH=4.5),柱体的基本指标(pH、Ec、Eh)及 Cr^{6+} 的浓度的变化规律见图 3-11。

由图可知,随着降雨入渗实验进行,各个取样口处土壤水的 pH 在初期先降低,在实验进行的第 7 天又呈现增加趋势,在第 14 天,pH 有呈现减小,当试验进行的第 28 天降到最低值,随后呈现增加的趋势。Ec 的值随着实验的进行整体是降低的趋势,在实验的前一周降低趋势最为明显。土柱内的氧化还原 Eh 在将入渗的前两周内的波动变化,且波动较小,而后在 24 天出现一个断崖式降低,降低后慢慢增加,但是最终 Eh 低于实验初期土柱内氧化还原状态。降雨淋溶实验过程中,土柱各取样口处的 Cr^{6+} 的浓度呈现先增加后降低的趋势。在实验的初期,Cr^{6+} 的变化为取样口 2>取样口 1,而随实验时间的增加,柱体下部的两个取样口的浓度大于上部取样口的浓度。

第二组弱酸雨淋溶(pH=5.6)过程中土柱各个取样口处的基本指标以及 Cr^{6+} 的浓度变化趋势见图 3-12,各个取样口土壤水中基本指标随着入渗时间整体呈现下降的趋势。在实验的前 5 天内并未取到样品,而取样开始的第五天的 pH、Ec、Eh 的变化趋势与酸雨淋溶组的变化趋势一致。表明了虽然在淋溶初期并未采集到样品,但是柱体内的入渗过程与酸雨入渗过程是相似的。

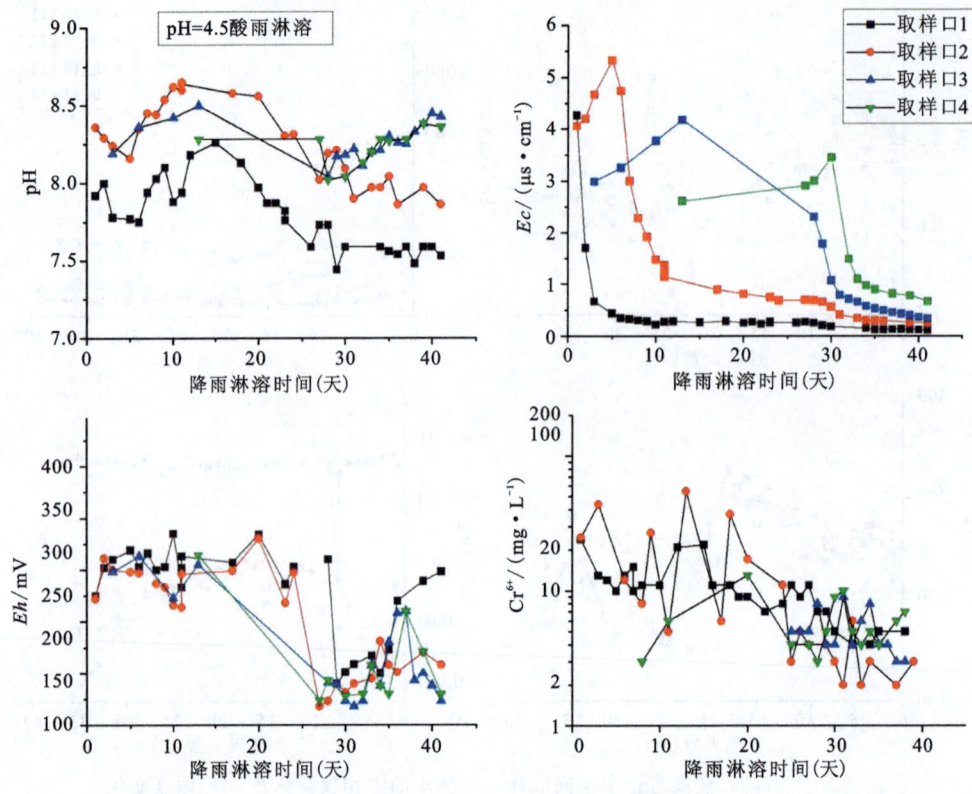

图 3-11　酸雨淋溶过程中不同取样口土壤水的中物理指标及 Cr^{6+} 浓度变化

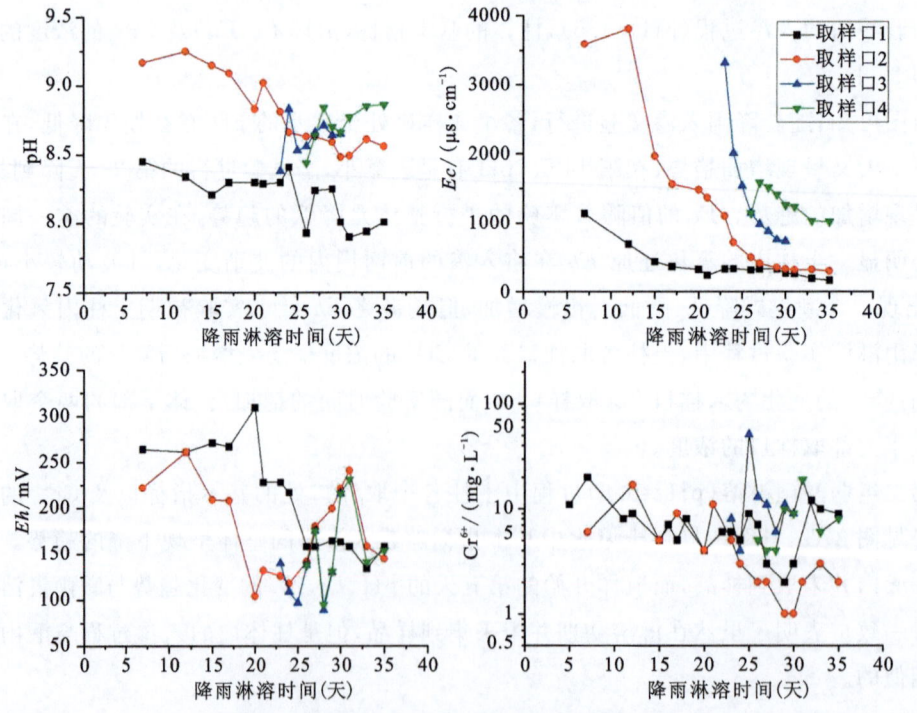

图 3-12　pH=5.6 淋溶过程中不同取样口土壤水的水中物理指标及 Cr^{6+} 浓度变化

第三组模拟咸阳地区降雨淋溶（pH=7.5）过程土壤中的 Cr^{6+} 迁移转化规律（图3-13）。pH 整体呈降低的趋势，取样口处的 pH 为取样口 1＜取样口 2＜取样口 3，而土柱顶部的取样口 1 和 2 的土壤水 pH 在整个入渗阶段均是低于底部取样口。Ec 浓度降低趋势，而取样口 1 处的 Ec 是整个最低的，土柱柱体的其他 3 个取样位置的 Ec 都比较大，随着水分逐渐向土柱下部迁移，因此在底部取样口处聚集，从而 Ec 较大。且每个取样口的浓度达到淋溶平衡时间上具有明显差异。Eh 在淋溶的第 1～第 20 天，变化范围为 210～300mV，波动变化趋势。而在实验的第 21 天直至结束，土柱中的氧化还原点位置出现骤降后又出现一个缓慢的上升趋势。在模拟自然降雨淋溶的过程中，柱体各个取样口处的浓度的变化趋势为先波动上升—波动下降后波动上升，这表明将由淋溶过程中土体中的 Cr^{6+} 反复从固体中发生吸附-解吸反应，随着入渗的进行从固相表面进入液相中，也表明了其发生氧化还原过程。而且各个取样口的浓度为取样口 1＞取样口 2＞取样口 3，在实验初期，取样口 4 并未采集到样品，这是由于水分入渗未到达土体下部。而当土柱下部的取样口取样开始，其取样口的 Cr^{6+} 的浓度比其他的取样口的浓度要高，这是土体中的铬在发生吸附-解吸后随着水分向下迁移且在下部发生积累与下部土体中铬发生的吸附-解吸过程共同的结果。

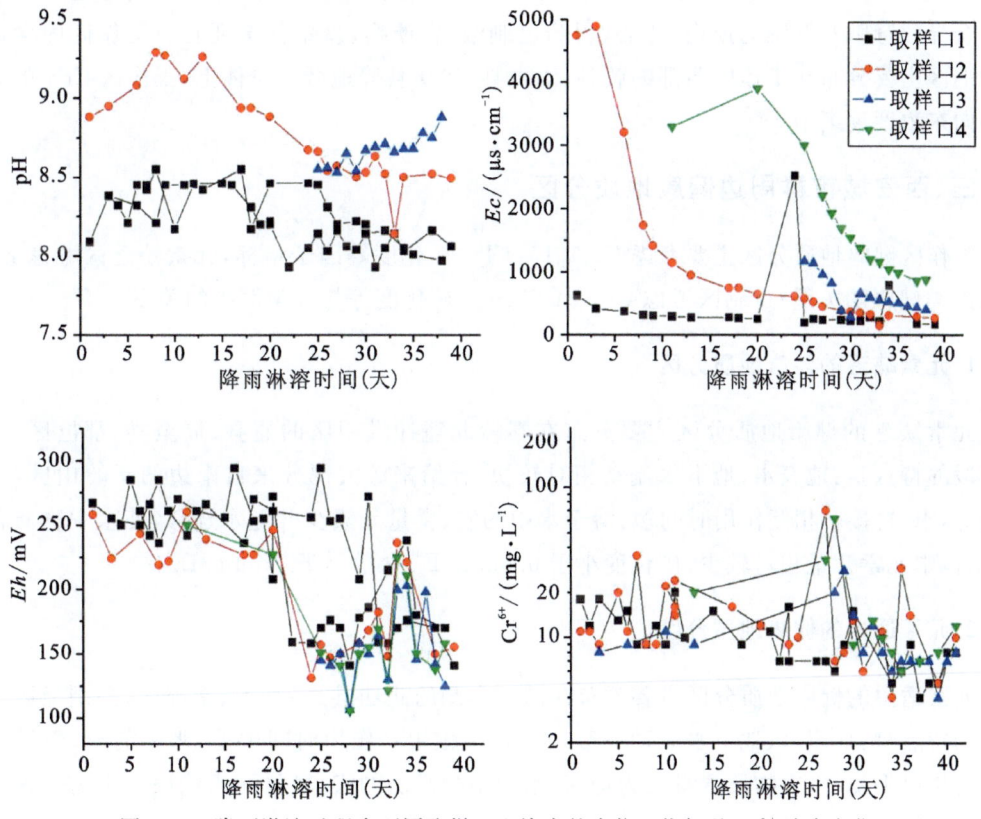

图 3-13 降雨淋溶过程中不同取样口土壤水的中物理指标及 Cr^{6+} 浓度变化

第五节　西安城市群周边以浅层地下水为主的健康地质分区

一、研究区地下水 F^- 分布特征和健康地质问题

氟是人类所必需的元素,过多或不足对健康均有影响。一般来说人对 F^- 浓度适应区间为 0.5～1.0mg/L,高 F^- 则出现斑釉齿或氟骨病,低则出现龋齿。根据分析测试数据,将区内 F^- 浓度分成小于 0.5mg/L、0.5～1.0mg/L 和大于 1.0mg/L 三个区。F^- 浓度的低值区主要分布在渭河南岸的眉县、周至、鄠邑区一带,该区域地下水 F^- 浓度小于 0.5mg/L。总体上渭河北岸的地下水 F^- 浓度大于渭河南岸地区。

二、地下水中 Cr^{6+} 的分布特征和引起的健康地质问题

六价铬化合物在体内具有致癌作用,还会引起诸多的其他健康问题,如吸入某些较高浓度的六价铬化合物会引起流鼻涕、打喷嚏、瘙痒、鼻出血、溃疡和鼻中隔穿孔。短期大剂量的接触,在接触部位会产生不良后果,包括溃疡、鼻黏膜刺激和鼻中隔穿孔。摄入超大剂量的 Cr^{6+} 会导致肾脏和肝脏的损伤、恶心、胃肠道刺激、胃溃疡、痉挛甚至死亡。工作区内含量较低的地区主要分布在工作区西部的乾县、永寿县、武功县等地区。总体上,工作区 Cr^{6+} 的分布由西向东浓度逐渐增大。

三、西安城市群周边健康地质分区

工作区健康地质分区主要考虑 Cr^{6+}、I^-、Cl^-、矿化度等因子指标,元素缺乏区考虑 F^- 和 I^- 与人类健康的关系;过剩区考虑 Cr^{6+}、Cl^-、F^-、矿化度等与人类健康的关系。

1. 元素缺乏的健康地质分区

元素缺乏的健康地质分区主要分布在秦岭北麓冲洪积区的眉县、周至县、鄠邑区一带。该区段的特点是:地表水、地下水流动相对较快,补给来源大部分来自南边的秦岭山区,径流时间短,水-岩接触相互作用时间短,溶于水中的宏、微量元素少并随水迁移,使水中物质含量低,水体中元素含量相对较少,矿化度小于 0.5g/L,F^- 含量小于 0.5mg/L。

2. 元素适中的健康地质分区

元素适中的健康地质分区主要分布在渭河南侧的武功县、兴平市、秦都区、泾阳地区。该区段的特点是:地表水、地下水流动一般,水-岩接触相互作用时间中等,水中的宏、微量元素溶解与析出平衡,水中物质含量较为均衡,水中生物必需的宏、微量元素能满足生物生理平衡之需,如图 3-14 中黄色区域。

3. 元素过剩的健康地质分区

元素过剩的健康地质分区主要分在渭城区、乾县东部、礼泉县南部、兴平市和秦都区北部

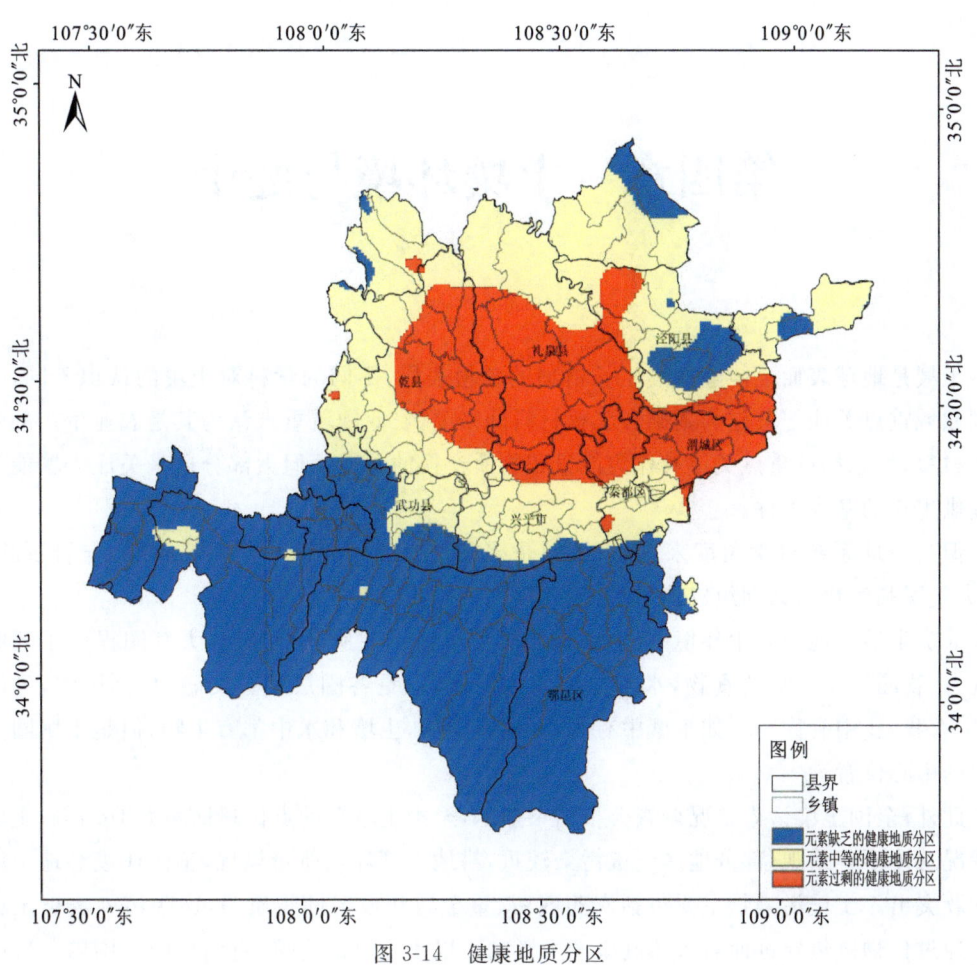

图 3-14　健康地质分区

地区。该区段的特点是：地表水、地下水流动慢，水-岩接触相互作用时间长，宏、微量元素以析出为主，水中生物必需的宏、微量元素过量。F^- 含量大于 1.0mg/L，地下水中 Cr^{6+} 含量大于 0.05mg/L。

第四章　土壤环境与健康

土壤是地球表面上能够持续生长植物的疏松表层，不同的学科对土壤的认识不同，土木水利领域重点关注把其作为基础和工程材料的来源，农业领域重点认为其是农业生产的基本生产材料，生态领域重点关注其作为能量和物质交换的介质。但大部分还是关注土壤能为植物提供生长的基本条件。

但从地球系统科学角度来看，土壤圈是多圈层交互作用的一个重要圈层，与岩石圈、水圈、大气圈和生物圈共同组成地球系统的圈层。

人类生活在地球表生环境中，土壤和岩石圈提供了住所的栖息地，大气圈提供了呼吸的空气，生物圈提供了吃的食物，水圈提供了喝的水，但是各圈层相关交融，相互影响，可以说"你中有我，我中有你"，比如土壤中有水，水中有土壤，土壤和水中都有生物，但是土壤圈是各圈层的中心位置。

此外，全国土壤污染状况调查公报结果显示，全国土壤总的点位超标率为16.1%，土壤环境状况总体不容乐观，部分地区土壤污染较重，耕地土壤环境质量堪忧，工矿业废弃地土壤环境问题突出。土壤污染物主要包括农药残留、重金属和放射性物质等，这些污染物被土壤吸收后通过食物链传导进而对人体健康产生影响。以重金属镉为例，目前全国范围内土壤的镉含量普遍增加且污染严重，在西南地区和沿海地区增幅超过50%，在华北、东北和西部地区增加10%~40%，最终导致稻米镉含量超标，严重危害公众健康。近年各地屡屡曝光的"癌症村"，很多乡村集中暴发的大病怪病等，多与土壤和地下水被毒化有关。

众所周知，土壤具有多种功能，如农业生产和生态服务功能，这些功能对人类生存和生态环境起重要作用。土壤还与人体健康息息相关，健康的土壤是健康的人体的一个重要保障。土壤可以通过多条途径影响人体健康，这些影响既有正面的，也有负面的，既有直接的，也有间接的。人体需要至少20种矿质元素、13种维生素、9种氨基酸和2种脂肪酸。土壤通过食物链向人体供应矿质营养，但是这个供应链并不能满足人体对某些矿质元素的需求，最典型的例子包括钠、碘、硒、铁、锌。其中，钠、碘和硒在地表岩石风化、土壤形成的漫长过程中容易淋失，迁移进入海洋，而且这3种元素均是动物必需而植物不需要的矿质元素，因此，土壤中这些元素的缺乏不会影响植物生长，但会影响人体健康。

土壤中可能存在的污染物种类繁多，包括有机污染物、无机污染物、生物污染物、放射性核素等，这些污染物可能通过多条途径进入人体，影响人体健康。耕地土壤重金属污染物主要有镉、镍、砷、铜、汞、铅、铬、锌等，砷虽然不属于重金属，但由于其行为、来源、危害均与重金属相似，通常也被列为重金属考虑。土壤重金属污染不仅会引起生态环境质量恶化，还会通过食物链传递进入人体,危害人体健康。

而长寿区土壤普遍较少受到重金属的污染。除 Cd 外,长寿之乡土壤中 Cr、Cu、Pb、Zn、Ni 等重金属含量均在国家土壤环境质量Ⅱ级标准范围内,土壤质量良好。同时,耕作土壤中 Fe、Se、Zn 相对富足,Mn、Mo、Sr 含量较低,这对健康长寿是有益的。例如,新疆长寿老人均生活在富含微量元素 Mn 的红、黄土地带,他们体内含 Mn 比一般人的高 6 倍。Mn 有防治心血管病的作用,是抗衰老和抗癌元素,有"长寿金丹"之誉。湖北省在百岁老人头发微量元素的研究中发现,其具有相对富 Mn、富 Se 和低 Cd 的特点,而这一地区 Se 的含量比一般地区高 2~3 倍。云南省白族长寿区土壤中含 19 种元素,包括人体必需的 Ca、Mg、Na(K)、P、S 5 种常量元素及 Fe、Zn、Cu、Mn、Mo、Cr、Sr、Se 8 种微量元素,该地区自然环境中这一优越的微量元素谱的综合作用有利于抗衰防老,延年益寿。据长寿科学专家所作的土壤微量元素分析,百岁老人聚居区耕地里的土壤富含 Mn、Zn、Cu、Pt、Ni、Cr、Cd、Mo 8 种元素,Mn、Zn 含量比一般地区高 3~7 倍研究发现,高 Mn、Zn,低 Cu、Cd 的土壤分布,与心血管发病率成负相关,与长寿老人密度成正相关。因此,一个地区土壤有益微量元素条件优越,能为人体补充多种所需的微量元素,可以有效抵抗疾病的发生从而延长寿命。

第一节 土壤微量元素与健康

元素作为组成生命的最小单位,对人体各种生理机能及其健康程度都有着重要影响,尤其是生命必需元素和毒性元素摄入量的多少及其摄入元素种类组合特征差异均对人体健康产生重要作用。土壤虽然不向人体直接提供微量元素,但是土壤是微量元素的主要载体,土壤中微量元素的含量对人体内微量元素含量具有决定性作用。

一、有益元素

生命组成元素指占人体质量 99% 以上的元素,主要是指元素周期表中原子序数较小的元素,包括氢(H)、碳(C)、氮(N)、氧(O)、钙(Ca)、磷(P)、钾(K)、硫(S)、氯(Cl)、钠(Na)、镁(Mg)、硅(Si)。生命必需元素指维持人体正常机能所必需的微量元素,主要包括铁(Fe)、铜(Cu)、锌(Zn)、锰(Mn)、钴(Co)、碘(I)、钼(Mo)、硒(Se)、氟(F)、铬(Cr)、钒(V)、镍(Ni)、溴(Br)。

1. 硒(Se)

硒是地球上一种稀少且分散的元素,其地壳丰度为 $0.13×10^{-6}$,硒最早是由于其毒性而被人们所关注,但很快科学家们就发现,缺硒对人体的危害更大。在我国,大骨节病和克山病两种地方病的发病区与土壤硒含量低背景区高度重叠,临床医学证明,威胁人类健康和生命的 40 多种疾病都与人体缺硒有关,如癌症、心血管病、肝病、白内障、胰脏疾病、糖尿病、免疫力下降、生殖系统疾病等。

我国是一个贫硒国家,大约 72% 的土壤处于缺硒状态。据统计,我国有 72% 的县市存在不同程度的缺硒,1/3 的地区极度缺硒。硒是人体必需的微量元素,但硒的摄取只能通过日常膳食植物性或动物性有机硒进行补充。研究认为土壤是人和动物体内硒的主要来源,而植物是土壤硒元素的重要吸收者和转移者,人体通过富硒农产品摄入硒元素。在天然富硒地区种植农作物可以得到比人工富硒产品更优质的富硒产品,同时也进一步降低了富硒产品的成本。

人体适量摄入硒,可起到延缓衰老、防止器官老化与病变、增强免疫力、抵抗有毒重金属危害、防癌抗癌、保护心脏、防止糖尿病和心血管疾病、保肝明目等作用。因此,硒被国内外医药界和营养学界尊称为"生命的火种",享有"长寿元素""抗癌之王""心脏守护神""天然解毒剂"等美誉。目前,中国营养学会推荐的成人摄入量为 $50\sim250\mu g/$天。补硒已成为现代人追求健康的一种潮流。据专家研究证实,多数人需要终生补硒。

2. 锌(Zn)

人们早在1934年就发现了锌对哺乳动物的正常成长和发育是必不可少的,锌在人体生长发育、生殖遗传、免疫、内分泌等重要生理过程中起着极其重要的作用,被人们冠以"生命的常青树""生命之花""智力之源""婚姻和谐素"的美称。

锌对人体健康的作用主要表现在:参与酶合成、促进成长发育。锌参与了体内碳酸酐酶、DNA 聚合酶、RNA 聚合酶等许多酶的合成及活性发挥,也与许多核酸及蛋白质的合成密不可分。如果体内的锌供给充足,胱氨酸、蛋氨酸、谷胱甘肽、内分泌激素等合成代谢就能够正常进行。因而,可维持中枢神经系统代谢、骨骼代谢、保障、促进儿童体格(如身高、体重、头围、胸围等)生长、大脑发育、性征发育及性成熟的正常进行。锌能帮助维持正常味觉、嗅觉功能,促进食欲。这是因为维持味觉的味觉素是一种含锌蛋白,它对味蕾的分化及有味物质与味蕾的结合有促进作用;此外,锌还可以直接促进胸腺、淋巴结等免疫器官发育、行使功能,以及提高免疫功能,增强对疾病的抵抗力,直接抗击某些细菌、病毒的能力,从而减少患病的机会。锌参与体内维生素A的代谢和生理功能,对维持正常的适应能力及改善视力低下有良好的作用;锌还保护皮肤黏膜的正常发育,能促进伤口及黏膜溃疡的愈合,防止脱发及皮肤粗糙、上皮角化等。锌元素大量存在于男性睾丸中,参与精子的整个生成、成熟和获能的过程。男性一旦缺锌,就会导致精子数量减少、活力下降、精液液化不良,缺锌还会导致青少年没有第二性征出现、不能正常生殖发育。

过量补锌易对大脑造成损害。补锌过量会打破人体内的平衡状态,导致人出现腹泻、头晕、头痛、恶心等症状,损害人的大脑神经,导致记忆力减退。大量补锌导致身体内锌元素的含量过高,会抑制身体对铁和铜元素的吸收,从而发生缺铁性贫血。此外,补锌太多,过量的锌元素很难排出体外,成年后还易发展成冠心病、动脉硬化症等,还有诱发癌症的危险。锌元素一旦过量则会抑制体内吞噬细胞的活性和杀菌能力,从而使人体免疫力和对疾病的抵抗力下降,增加患病的风险。

3. 铜(Cu)

铜是生命必需的微量元素,人体摄入适量的铜可以起到辅助造血、保护心脏和大脑、提高免疫力、抗衰老等多种功效,是维护人体健康长寿的"多面手"。但缺乏或过量摄入铜,对人体健康也有损害。

铜在人体内主要分布于肝、脑、心及肾中。铜在人体内主要以含铜金属酶的形式发挥作用,参与铁的利用、造血、磷脂合成、胶原结缔组织等一系列新陈代谢过程。铜在人体内的含量仅次于铁和锌。每人每日摄入量为2.5~5mg。

铁是人体造血的重要原料,但必须依靠铜元素的协同。食物中的铜被吸收后,合成血浆铜蓝蛋白和各种铜酶,促进铁进入骨髓,参与血红素和细胞色素的合成。没有铜,铁就不能传递,不能结合在血红素里,红细胞也就不能成熟。如果体内缺铜,血浆铜蓝蛋白的浓度势必降低,会引起相应组织结构和功能异常,从而导致铁难以转化而诱发贫血症。

人体衰老意味着体内自由基增加。含铜的金属硫蛋白、超氧化物歧化酶等具有较强的清扫自由基的功能。自由基对人体的损害是非常明显的,体内自由基过多,就有可能发生肿瘤、动脉粥样硬化、关节炎及其他多种病症,加速人的衰老。

铜参与多种金属酶的合成,而这些金属酶是将心血管的肌细胞牢固地连接起来的纤维成分,具有促使心脏和血管壁保持弹性的功能。人体内铜一旦缺乏,此类酶的合成减少,心血管就无法维持正常功能,增加冠心病等疾病的发病率。

铜是大脑神经递质的重要成分,铜摄取不足可致神经系统失调,大脑功能发生障碍,脑细胞中的色素氧化酶减少,活力下降,从而使记忆衰退、思维紊乱、反应迟钝,甚至步态不稳、运动失常等。

人体摄入足够的铜,可在流感病毒表面聚集较多的铜离子,从而为维生素攻击流感病毒提供有效的"靶子",促使病毒表面发生破裂,置病毒于死地。在阿司匹林里加上一点铜盐能够增强它治疗风湿性关节炎、伤风感冒的疗效。给患者补充适量铜,则可显著减少感染的概率,增强机体防御功能。

当人体摄入过量的铜时,就会发生铜中毒。由于铜进入人体后,会分布在人体各个器官,因此铜中毒造成的危害也是多样的,如铜在肝脏中沉积会造成肝硬化、腹水,还会出现贫血、消化道出血;铜在脑中某些部位沉积会造成运动功能障碍,表现为不自主的舞蹈样动作或震颤,走路不稳,语言含糊不清,铜沉积在肾脏,造成肾功能受损。

4. 铁(Fe)

人体中72%的铁以血红蛋白的形式存在,它是一种含铁的复合蛋白,是血液中红细胞的主要成分,血液运送氧气的重大使命,就是由血红蛋白承担的。研究表明,铁元素对提高大脑活动效率有着惊人的重要作用,大脑的滋养以氧气供应最为重要,氧气供应越充足,大脑的工作效率就越高,记忆力越强,思维更活跃,因此,铁被誉为智力元素。

成年人体内含铁总量3~5g(占人体质量的0.004%),其中3/4的铁元素存在于红细胞、肌红蛋白、细胞色素及单核巨噬细胞系统内,为功能铁。其中血红素中铁占60%~70%,肌红蛋白中铁约占5%,细胞色素等酶类含铁约1%。除以血红蛋白形式存在外,还有约10%分布在肌肉和其他细胞中,是酶的构成成分之一。还有一部分称作贮备铁,贮备在肝脏、脾脏、骨髓、肠和胎盘中,占总量的15%~20%。此外,还有少量的铁,以与蛋白质相结合的形式,存在于血浆中,称为血浆铁,数量约为3mg。

铁是一种变价元素。当铁从一种价态转变为另一种价态时,需要消耗(或放出)的能量极少,因而是血液中氧的良好载体。当血液进入肺部后,红细胞中的铁与呼吸作用吸进来的新鲜氧气相结合,铁便由低价变为高价;当血液进入身体其他部位时,红细胞中的铁,由高价被还原为低价,并释放出氧气,供组织进行氧化反应。1g 血红蛋白可结合 1.34~1.3mL 氧气。

实际上,血红蛋白的功能,并不限于运送氧气,还有运送二氧化碳和维持血液酸碱平衡的作用,这些功能也是与铁分不开的。

铁是人体必需的微量元素,摄入过量或摄入不足都会引起健康问题,也可能会导致铁中毒。

急性铁中毒多发生在儿童。当儿童过量口服外层包有彩色艳丽糖衣片的固体铁剂或液体铁剂制成的糖浆后,1h 左右就可出现急性中毒症状,上腹部不适、腹痛、恶心呕吐、腹泻黑便,甚至面部发紫、昏睡或烦躁,急性肠坏死或穿孔,最严重者可出现休克而导致死亡。

慢性铁中毒多发生在 45 岁以上的中老年人中,男性居多。长期服用铁制剂或从食物中摄铁过多,就可能出现慢性中毒症状。肝、脾有大量铁沉着,可表现为肝硬化、骨质疏松、软骨钙(钙食品)化、皮肤呈棕黑色或灰暗色、胰岛素分泌减少而导致糖尿病(糖尿病食品)。对青少年(少年食品)还可使生殖器官的发育受到影响。

缺铁性贫血是世界卫生组织确认的四大营养缺乏症之一。缺铁在人群中的发病率较高,有人统计在发展中国家高达 90% 以上。缺铁可使人疲乏、无力、注意力不集中、失眠、食欲不振,皮肤、毛发干燥、无光泽,并可导致贫血、抵抗力下降、易感染。

铁的主要来源为饮食,含铁量较高的食物有动物的肝、肾、肉类、血制品以及蛋黄、海带、紫菜、黑木耳、豆类、叶绿素等,其中以荤菜中的铁含量最多且易被人体吸收,因此长期素食的人易缺铁。

世界卫生组织建议供铁(铁食品)量为成年男子 5~9mg,成年女子 14~28mg。中国营养学会推荐婴儿至 9 岁儿童每天需铁 10mg,10~12 岁儿童(儿童食品)需铁 12mg,13~18 岁的少年男性(男性食品)需铁 15mg,少年(少年食品)女性 20mg,18 岁以上每天 12mg,但成年女性(女性食品)为 18mg。乳母、孕妇(孕妇食品)为 28mg。

5. 碘(I)

碘是甲状腺激素的必需成分,甲状腺激素在各个器官系统,尤其是神经系统代谢、生长和发育成熟中起到十分重要的作用,碘即是通过甲状腺激素来发挥作用的。任何营养素均有特定的剂量反应关系,碘和甲状腺肿呈"U"形函数关系,即适宜的碘摄入量可保持健康,过低或过高摄入量则会导致碘缺乏、中毒或死亡。长期碘摄入不足会造成以脑发育障碍为主要特征的碘缺乏病(IDD),而长期碘摄入过量会导致碘过多病(IED)。碘对防治 IDD,提高儿童智力所产生的巨大社会效益已是众所周知,但也出现一些不容忽视的问题,地方病学界和内分泌学界关于碘摄入量增加对甲状腺疾病影响的争论持续不断。近年来,我国部分沿海地区居民碘摄入可能"过量"及其潜在的健康损害受到有关学者和公众的日益关注。

人体内总碘含量为 25~36mg。一般人体碘的 80%~90% 来源于食物,10%~20% 来自饮水,不足 5% 的碘来自空气。食物中的碘化物,在消化道转化为碘离子后,能迅速经肠道上皮细胞吸收进入血浆。人体吸收的碘一部分在体内用于合成甲状腺素,大部分(85%)经随尿液排出。在人体碘平衡的情况下,每日人体尿碘的排泄量近似等于碘的摄入量,人体对碘的需要量受年龄、性别、体重、发育及营养状况等影响。国内的流行病学调查表明,摄碘量的安全范围为 $100\sim1000\mu g$/天,如果摄碘量超过 $1000\mu g$/天,就会引起疾病,超过 $2000\mu g$/天就可能发生碘中毒。有研究指出,人体每天必须从外环境中摄入 $60\mu g$ 的碘以保证合成甲状腺素,如果要消除由缺碘造成的所有危害,人体每天必须从外环境中摄入 $100\mu g$ 的碘。由于各地区环境状况和人们的饮食习惯不同,各地区人体内的含碘量也不相同。

氟是自然界电负性最强的元素,化学性质极其活泼,几乎能与除了氦和氖之外的所有元素发生反应,是氧化性最强的元素之一。氟气的腐蚀性很强。

自然界中氟主要以萤石(CaF_2),冰晶石(Na_3AlF_6)、氟镁石(MgF_2)及氟磷灰石[$Ca_5(PO_4)_3F$]存在。

正常成年人体中氟 $2\sim3$ g,平均为 2.6 g,主要分布在骨骼、牙齿中,约占 90%,每毫升血液中 $0.04\sim0.4\mu g$ 氟。

氟元素对于生物体具有高度毒性。长期过量摄入氟引起机体慢性中毒,如氟斑牙、氟骨症等氟中毒症状,氟化物还会作用于软组织,从而对神经、肌肉、泌尿、内分泌等系统产生损害以及影响某些酶的代谢,同时氟化物还可能对染色体具有致突变作用。氟中毒没有特效药,最好的方法就是改善水源,减少氟摄入。

人体中氟主要来自饮水,当水源中氟含量低于 0.5mg/L 时,龋齿和骨质松脆发病率非常高;当饮水中氟含量增加时,氟中毒患病率增高。但不同国家给出的限量标准差异很大,如我国和德国是 1.0mg/L,俄罗斯和世界卫生组织是 1.5mg/L,美国是 4mg/L。

在我国西南地区,存在区域性、大范围的人体氟暴露现象。燃煤曾一度被认为是导致人体氟暴露的主要环境介质,但研究发现,我国高氟煤分布区与燃煤型氟中毒人群分布区并无明显的重合。进一步的研究工作表明,在一些区域,土壤中氟含量高达 2×10^{-3},地表水通过渗滤溶解作用,其平均氟含量为 2.5mg/L,由此认为,高氟黏土是区域性人体氟暴露的主要贡献源。由于氟在土壤中的形态与生物可给性各异,土壤总氟与生物氟累积并没有显著的相关性,推测人体氟暴露经由食物链传播的可能性很小。燃煤伴土燃烧可能是土壤氟释放进入大气,随着干湿沉降降落,附着于食物表面或通过呼吸蓄积于人体,最终导致人体氟暴露及病变。

二、有害元素

有害元素是指对人体有毒性而无生物功能的元素,如镉(Cd)、锑(Sb)、碲(Te)、汞(Hg)、铅(Pb)、镓(Ga)、铟(In)、砷(As)、锡(Sn)等。

在自然界,毒性元素多数为形成硫化物矿物、原子序数比较大的元素。它们对生物没有任何生物功能,只有毒害作用。

对人体危害比较大的几种有害重金属有镉、砷、汞、铅、铬。

1. 镉(Cd)

镉不是人体的必需营养元素。经饮食、呼吸等途径,镉进入人体后,在体内形成镉硫蛋白,通过血液到达全身,主要蓄积在肾、肝、骨骼等不同器官中,其余分布于肺、胰、甲状腺、睾丸、毛发等器官中。

进入人体内的镉主要通过肾脏经尿排出,部分经胆汁随粪便排出。镉的排出速度很慢,人肾皮质镉的生物学半衰期(指人体内镉含量减少到原有含量一般所需要的时间)为10~30年。

镉与含羟基、氨基、巯基的蛋白质分子结合,能使许多酶系统受到抑制,从而影响肝、肾器官中酶系统的正常功能。早期镉中毒表现为尿中出现低分子蛋白、葡萄糖尿、高氨基酸尿、高磷酸尿和慢性进行性阻塞性肺气肿;晚期出现慢性肾功能衰竭和肺功能减退。

在骨骼中,镉(Cd)取代钙(Ca)元素,导致骨骼中因镉含量增加而脱钙,而镉导致的肾功能不全又会影响维生素 D_3 的活性,使骨骼的生长代谢受阻碍,从而造成骨骼疏松、萎缩、变形等,引起"痛痛病"。

日本痛痛病事件是世界有名的公害事件之一,1955—1972年发生在日本富山县神通川流域。起因是日本一个金属矿业公司在该河上游修建了一座炼锌厂,炼锌排放的废水中含有大量镉,被镉污染的河水灌溉稻田、养殖鱼虾,结果使稻米、鱼虾中镉严重超标。然后,人又通过饮食,摄入过量镉,镉使人体骨骼中的钙大量流失,病人骨质疏松、骨骼萎缩、关节疼痛,难以进食,常常大叫"痛死了!""痛死了!",有的人因无法忍受痛苦而自杀。这种病由此得名为"骨癌病"或"痛痛病"(Itai-Itai Disease)。痛痛病在当地流行20多年,造成200多人死亡。

目前,世界各国都在采取行动,严防镉元素对人体健康和生态系统的危害,规定了各类食品、饮水中镉含量的限定值。我国在颁布实施的食品安全国家标准中规定的我国大米和叶菜类蔬菜中镉含量应低于 0.2×10^{-6},限量值较其他国家更严格;我国食品卫生镉协作组根据全国调查结果,用 UNEP/WHO 建议的方法计算,提出镉摄入量为 $150\mu g/(人·天)$。

预防镉中毒,我们每个人应首先树立高度的生态环境保护意识,自觉保护环境,减少镉等有害重金属向环境中排放;其次还应讲科学,普及预防和自救知识,远离镉污染环境。已经出现镉中毒症状的患者应积极治疗,并在膳食中增加钙和磷酸盐摄入,供给充足的锌和蛋白质。

2. 砷(As)

砷俗称砒,三氧化二砷 As_2O_3 被称为砒霜,是一种毒性很强的物质。

砷的毒性与砷的存在形式和价态有关,无机砷毒性强于有机砷,无机砷中,+3价砷的毒性强于+5价砷,砒霜就是其中之一。

近年来,世界上有20多个国家报道了地下水砷中毒事件,其中4次发生在亚洲。据统计,2016年我国因饮水导致的砷中毒人数为9116人,因燃煤引起的砷中毒人数高达26 910人。

砷进入人体后,通过与蛋白和酶的巯基相互作用(使蛋白质和酶变性)以及增加细胞内的活性氧簇引起细胞损伤而产生毒性。

砷可阻碍必要酶的作用及其在细胞内的转录过程,最终导致人体多系统非癌病变渐进性发展。

砷化物中毒性最高的是胂,它可引起红血细胞溶血,进而导致溶血性贫血,它是引起少尿型肾衰竭的主要原因。砷还可以减缓 DNA 的修复过程,因此增加了人体对癌(如皮肤癌)及一些非癌疾病的易感性。由于砷酸具有与磷酸盐相似的结构,它可替代体内的磷,因而导致大量的骨骼内磷被替换。

最容易受到砷抑制的酶有以下两类。

(1) As^{3+}:转氨酶,丙酮酸氧化酶,丙酮酸脱氢酶,磷酸酯酶,细胞色素氧化酶,脱氧核糖核酸聚合酶等

(2) As^{5+}:α-甘油磷酸脱氢酶,细胞色素氧化酶等,阻断肝细胞线粒体中的氧化磷酸化过程。

人体砷中毒主要表现为肌无力、食欲减退、皮肤粗糙、头发脆而易脱落、皮肤角化、掌及跖部皮肤增厚、皮疹和皮肤溃疡等。严重砷中毒者可能死亡。

根据来源,砷中毒可分为药物性型、人为污染型、生物地球化学型 3 种类型。其中人为污染型主要有含砷矿物(矿山)开采与冶炼、含砷原料使用、含砷农药施用和高砷煤炭燃烧等。

生物地球化学型主要指原生环境或非人为因素所引起的砷中毒,以饮水砷中毒为主。典型的砷中毒易发国家有加拿大、美国、日本、新西兰、匈牙利、俄罗斯、孟加拉国、印度、尼泊尔、越南、柬埔寨。

我国饮水型砷中毒分布地区有新疆、宁夏、青海、甘肃、云南、安徽、河南、湖北、江苏、吉林、内蒙古、山西、台湾(乌脚病)等。

燃煤污染型主要是指高砷煤燃烧引起室内空气和食物被砷污染,人体每日摄砷量是饮水型的几倍到几十倍,主要分布在我国的贵州、陕西、云南、四川、重庆、湖南、湖北等地。

人体砷中毒的暴露途径主要为饮水,以及受高砷煤燃烧烘烤后的食物摄入和被污染的空气呼吸,因此,世界卫生组织及日本、法国、荷兰、捷克、印度尼西亚、美国和中国都制定了较严格的(0.05 mg/L,以 As 计)的水砷含量限定值,此外我国还制定了食品、粮食、渔业用水、生活用水中 As 含量限定值(图 4-1)。

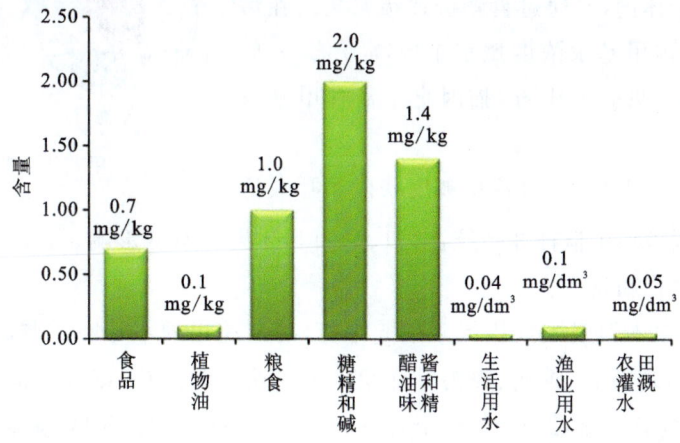

图 4-1 我国食品、粮食、水体中砷限量值

注:mg/kg 即 $\times 10^{-6}$,下文同。

地方性砷中毒是典型的生物地球化学性疾病，与经济、生活、行为方式等多因素密切相关。实践证明，采用"环境干预—行为干预—医学干预"的综合防治措施控制地方性砷中毒流行是行之有效的方法。

首先要从环境方面阻止或减少易感人群与砷及其化合物的接触。切断砷源（如改水降砷、禁绝采挖和禁止燃用高砷煤、改炉或改灶、发展新能源、修复砷污染土壤等）是预防和控制的根本措施。

其次是加强病区群众砷中毒危害与防控宣传教育，使病区暴露者自觉改变不良生活习惯，改变食物干燥、保存、食用方法，调整住房结构和改变取暖方式，同时在禁用高砷煤的基础上，加强病区健康教育与健康促进工作。

最后是做好砷中毒高危人群、现患病者及癌症患者的早期医学干预，力争做到早发现、早诊断、早治疗并探索符合实际的处理方法，尽可能达到可持续性防控、有效改善症状、最大限度减少病残以及延长生命的综合防控目的。

3. 汞（Hg）

1956年，日本熊本县水俣湾附近发现了一种奇怪的病。这种病症最初出现在猫身上，被称为"猫舞蹈症"。病猫步态不稳，抽搐、麻痹，甚至跳海死去，被称为"自杀猫"（图4-2）。随后不久，此地也发现了患这种病症的人。患者由于脑中枢神经和末梢神经被侵害，轻者口齿不清、步履蹒跚、面部痴呆、手足麻痹、感觉障碍、视觉丧失、震颤、手足变形，重者精神失常，或酣睡，或兴奋，身体弯弓高叫，直至死亡。

起因是一家氮肥公司，在生产乙醛和氯乙烯过程中，将汞排入水体，汞在水体中变为甲基汞，水生生物摄入甲基汞并蓄积于体内，又通过食物链逐级富集。在污染的水体中，鱼体内甲基汞浓度比水中要高万倍，人们因食污染水中的鱼、贝壳而中毒，猫因吃了富含甲基汞的鱼虾而生病。

汞可以在生物体内积累，很容易被皮肤以及呼吸道

图4-2 甲基汞食物链富集示意图

和消化道吸收。汞破坏中枢神经系统，对口、黏膜和牙齿有不良影响。长时间暴露在高汞环境中可以导致脑损伤和死亡。

在生活中，如果不慎吸入或摄入汞引起中毒，可迅速出现上呼吸道刺激症状及头晕、头痛、胸闷，并很快出现恶心、腹痛、腹泻等症状。若未获及时治疗，则经2周左右的缓解期后（亚急性中毒初期症状不显，经0.5~2个月发病），可出现口腔炎、发热、皮疹、神经衰弱、多发性神经炎、中毒性脑脊髓病及精神障碍，并可伴有心、肝、肾损伤。

汞的有机化合物毒性更大，烷基汞引起的神经系统、肾、心损伤，芳基汞中毒以肝、皮肤损

害为突出,而烷氧基汞中毒则以肾脏损害为主,甲基汞中毒(水俣病)则可表现明显的中枢神经损害、感觉障碍及精神障碍,并具有明显的胚胎毒性。

世界各国都高度重视汞的毒害,积极采取行动防止汞对人类健康伤害。

2013年1月19日,140多个国家经过4年多谈判,就全球第一部限制汞排放的《水俣汞防治公约》(以下简称"公约")达成一致。该公约规定将在全球范围内监控和限制含汞产品的生产和贸易,以减少汞污染对环境的破坏和对人类健康的影响。到现在,全球140多个缔约国已基本完成含汞电池、开关、节能灯及化妆品的淘汰目标,替代产品市场占有率超过95%。

各方将从2013年10月起签署该公约,50个国家签署后开始生效。

我国环境保护部(现生态环境部)2017年7月20日宣布,该公约将于2017年8月16日生效,从2021年起,中国将淘汰《关于汞的水俣公约》要求的含汞电池、荧光灯产品的生产和使用,VCM(氯乙烯,会产生含汞废水)生产行业实现单位产品的使用量在2021年降低50%(2010年的基础上);到2032年,要关停所有原生汞矿的开采;针对燃煤电厂的排放源,到2020年完成排放编制,明确重点管控来源,确定减排目标和措施。

4. 铅(Pb)

铅是被人类最早利用的金属元素之一。从古希腊时代起,欧洲人就是手握夹在木棍里的铅条在纸上写字,这正是今天"铅笔"这一名称由来。古罗马炼金术士以为铅是最古老的金属并将它与土星联系到一起。中世纪美国的一些房屋屋顶,特别是教堂,是用铅板建造的。中国二里头文化的青铜器中,发现有铅的合金,并在整个青铜时代与锡一起,构成了中国古代青铜器最主要的合金元素。

现实生活中,人们利用铅密度高、硬度低、易加工、延展性强、导电性低和抗腐蚀性高等特点,广泛应用于制作存储腐蚀力强的物质(比如硫酸)的容器,X射线防护材料、蓄电池等的材料。铅与锡可制成合金"焊锡",此即发挥低熔点的特性,可用于焊接电子零件与电子回路基板。铅合金与其他化合物还可作铅字、轴承、电缆包皮等用途,还可做体育运动器材铅球、弹头、炮弹、钓鱼用具、渔业用具、奖杯,以及制造颜料和油漆等。

此外,一些不法商家往往在化妆品中添加汞。铅、汞能阻止黑色素形成,使用含有铅汞的化妆品,皮肤会立即变得白亮。因此,很多美白祛斑的化妆品中都含有过量重金属汞、铅、砷等,以增加美白和吸收效果。

从20世纪80年代中期开始,铅的应用开始骤然下降,主要原因是铅的生理作用和它对环境的污染。今天汽油、染料、焊锡和水管一般都不含铅了。

1981年1月,美国西雅图两口之家的妻子突然出现腹绞痛,丈夫在3年前也出现过类似的症状,在排除了种种原因后,最终将涂釉咖啡杯锁定为罪魁祸首。原来,杯子的釉质层中含有铅,在加入热咖啡时,咖啡中铅高达8mg/100mL。平时,夫妇俩每天饮8次左右,摄入的铅高出美国食品药物管理局规定标准值的400倍之多,铅的慢性中毒就不言而喻了。

在日常生活中,很多途径都会接触到铅元素,如颜料、罐头皮、铅管等。在人们逐渐意识到铅的危害后,很多国家都制定了严格的铅限量标准,或禁用含铅材料,改用塑料或其他材料等。

随着铅矿石或含铅矿石的开采、选冶等活动,大量的铅元素会从矿石释放进入大气、水体、土壤和动植物中,造成环境污染,甚至是中毒事件。

铅的慢性长期中毒主要影响大脑和神经系统,表现为严重的中枢神经系统病变,如癫痫样发作、运动过度、攻击性行为、语言功能发育迟滞以至丧失等;铅的急性中毒则表现为突然出现顽固性呕吐(可为喷射性),呕吐物常呈白色奶块状(铅在胃内生成白色氯化铅),并伴有腹痛、出汗、烦躁、拒食、呼吸与脉搏增快、斜视、惊厥、昏迷等。

儿童发生铅中毒的概率是成年人的30多倍,其原因与儿童正处在生长发育阶段,许多器官尚不成熟,解毒功能不完善,对铅较敏感,以及接触机会较多有关。如2006年陕西省凤翔县(现凤翔区)陕西东岭冶炼有限公司的废水、废气和固体废渣中铅含量达不到国家的排放标准,致使凤翔县至少615名儿童血铅超标,其中166名儿童中、重度铅中毒。

5. 铬(Cr)

铬是人体必需的微量元素之一。正常成人体内含铬总量仅有5~6mg,主要分布在肝、肺组织内。在人体内,铬与激素、胰岛素、各种酶类、细胞的基因物质(DNA和RNA)等控制代谢的物质一起配合起作用。

维生素B_3与铬元素的有机复合物——烟碱酸铬(又称营养铬)是由美国华特默兹(Waltermertz)博士在啤酒酵母中发现的,烟碱酸铬与胰岛素协同作用能协助身体充分利用糖分,维持正常的血糖浓度,促进体内脂肪的新陈代谢,从而起到延年益寿与轻松减肥的功效。

铬对于胆固醇、脂肪及蛋白质的合成也是相当重要的,可维持健康的血液胆固醇浓度,保证正常的血压和心血管健康,预防心脑疾病及糖尿病,且有助于强壮软弱无力的肌肉,使肌肉结构不松垮。因此,当人体摄入铬不足时,糖、脂肪代谢异常,是引起糖尿病和动脉粥样硬化的病源性因素。

值得注意的是,所有的铬化合物浓度过高或摄入过多时都是对身体有害的。但铬的毒性大小与铬的存在价态有关,金属铬对人体几乎不产生有害作用,三价铬是对人体有益的元素,而六价铬是有毒的(过量摄入三价铬也是有毒的,但六价铬比三价铬毒性高100倍)。

由于铬及其化合物广泛应用于化工、电镀、印染等,铬常以粉尘、蒸气、废水等形式进入环境,污染大气、水、土壤和农作物等。通过饮食、呼吸、皮肤接触等途径,六价铬侵入人体后,主要积聚在肝、肾、肺部和内分泌腺中,代谢速度缓慢。铬的代谢物主要从肾排出,少量经粪便排出。

溶解于水中的六价铬氧化物——铬醇和铬醇盐毒性最大,具有刺激性和腐蚀性。铬在体内可影响氧化、还原和水解过程。过多的铬可使蛋白质变性、核酸和核蛋白沉淀、酶系统受干扰。铬也是一种常见的致敏物质。

铬中毒的主要症状是吞咽困难、上腹部烧灼感、腹泻、血水样便,严重者出现休克、青紫、呼吸困难,婴儿可出现中枢神经系统疾病。

第二节　西安城市群土壤微量元素含量分布

土壤是万物之本，生命之源，是人类赖以生存、兴国安邦的重要物质基础，同时，土壤化学成分和理化性质等又深刻影响了水体、大气环境质量和农作物中微量元素含量水平，并通过食物链传递，从而对人类健康产生了影响。

工作区土壤中微量元素含量变化见表4-1，从表中可见，研究区土壤中Se、Cu、Zn和I 4种有益元素平均含量分别为0.21mg/kg、32.21mg/kg、83.93mg/kg和2.07mg/kg，其中Se和I的含量略高于陕西省和西北地区的平均值，Cu和Zn的含量明显高于陕西省和西北地区的平均值。

工作区土壤中As、Cd、Hg、Pb、Cr 5种重金属元素平均含量分别为12.18mg/kg、0.28mg/kg、0.09mg/kg、29.28mg/kg、78.22mg/kg。

工作区土壤中CaO含量范围为1.01%~8.64%，低于陕西省和西北地区的平均值；MgO含量平均值为2.30%，接近陕西省和西北地区的平均值。全磷、全铁和有机碳含量范围分别为524.00~2637.00mg/kg、2.93%~6.89%和0.34%~4.93%，明显高于西北地区平均水平，略高于陕西省平均水平。

表4-1　表层土壤元素与pH、Corg含量统计* 　　　含量单位：mg/kg

类别	样品件数	最大值	最小值	中位值	平均值	陕西省	西北地区	形态分布
Se	716	0.97	0.08	0.19	0.21	0.16	0.18	偏正态
Cu	716	98.00	13.00	31.00	32.21	27	24	偏正态
Zn	716	862.00	42.00	81.00	83.93	74	65	偏正态
I	716	3.60	0.51	2.10	2.07	2.0	1.8	正态
$\sum Fe_2O_3$	716	6.89	2.93	5.12	5.19	4.90	4.26	偏正态
CaO	716	8.64	1.01	4.14	4.30	5.80	5.88	偏正态
MgO	716	3.44	1.51	2.32	2.30	2.31	2.24	偏正态
P	716	2 637.00	524.00	1 063.50	1 076.43	918	733	偏正态
pH	716	8.64	5.06	8.02	—	8.19	8.30	—
Corg	716	4.93	0.34	0.96	0.98	0.87	0.67	正态

*：Corg、CaO、MgO、$\sum Fe_2O_3$单位为%；pH无量纲；$\sum Fe_2O_3$为全铁；陕西省和西北地区pH为中位值，其余元素为平均值；陕西省和西北地区数据来源于侯青叶等，2020。

受成土母质物源成分、河流冲洪积作用和人为活动等多种因素影响，研究区土壤微量元素含量空间变异性显著。渭河南部，土壤As、Se、Zn、Cu、Fe、I、Cd、Pb、Cr、Mg等元素在各支流两岸富集显著,说明秦岭汇水区地质体的风化产物对该地区土壤元素含量具有显著的控制作用。该地区土壤有机质含量高,土壤 pH 以弱碱—弱酸性为主。渭河北部为黄土分布区,土壤 As、I、Se 等元素显著富集,土壤有机质含量高,土壤 pH 为弱碱—强碱性,显示了土壤有机质对微量富集具有重要作用。

土壤 Hg 元素显著富集于城镇周边,显示了人为活动的影响。

研究区土壤中 N、P、MgO 的含量均为正态分布,而 CaO、土壤有机质(SOM)为偏正态分布。N 含量范围为 0.44~3.74g/kg,均值为 0.98g/kg,略低于全国多目标调查平均值(以下简称"全国值")。P、CaO、MgO 含量均值分别为 1.04g/kg、3.37g/kg、2.25g/kg,显著高于全国值。SOM 平均含量 1.71%,显著低于全国值。

工作区土壤 N、P、MgO 含量偏高,N 和有机质含量偏低的地球化学含量特征,与成土母质为风成原生黄土(局部为水成次生黄土)以及相对干旱的气候环境有关。

土壤 SOM、N 高值区主要分布于工作区南部秦岭山脉山前冲洪积区。由于秦岭山区主要用地类型为林地,土壤中有机质含量较高,因此土壤 N 与 SOM 含量自然偏高。山前冲洪积物主要是由河水携带的悬浮物堆积而成,因此土壤 N、SOM 含量显著高于黄土堆积区。

土壤中 P、CaO、MgO 含量高值区主要分布在工作区北部黄土分布区。由于工作区年降雨量低于年蒸发量,在地下水迁移过程中会溶解大量的 Ca^{2+}、Mg^{2+} 离子。由于毛细作用,地下水蒸腾过程中,近地表处土壤中会有大量的 $CaCO_3$ 和 $MgCO_3$ 沉淀,使得土壤中富含 Ca^{2+}、Mg^{2+}。

工作区土壤中 Zn、Cu、Fe、I 含量均值分别为 85.77mg/kg、33.26mg/kg、5.30% 和 1.90mg/kg,均值均高于全国值。Se 含量范围为 0.09~0.97mg/kg,均值为 0.21mg/kg,接近全国值(表 4-2)。

表 4-2 表层土壤锌、铜、硒、铁、碘微量元素含量统计

元素	样品件数	最大值	最小值	中位值	平均值	全国值	分布形态
$Zn/(mg \cdot kg^{-1})$	517	862.00	42.00	83.00	85.77	67.00	偏正态
$Cu/(mg \cdot kg^{-1})$	517	98.00	13.00	32.00	33.26	23.00	偏正态
$Se/(mg \cdot kg^{-1})$	517	0.97	0.09	0.20	0.21	0.22	正态
Fe/%	517	6.89	2.93	5.31	5.30	4.35	正态
$I/(mg \cdot kg^{-1})$	517	3.60	0.51	1.90	1.90	1.80	正态

土壤 Zn、Cu、Fe、I、Se 含量空间分布受到成土母质来源影响,土壤中 Zn、Cu、Fe 等元素含量高值区主要分布在秦岭山前冲洪积物分布区,低值区主要与黄土分布一致,表现出强烈的成土母质化学成分控制特征。土壤中 I 和 Se 含量高值区除了在秦岭山前冲洪积物分布区分布外,在杨陵农业高新技术产业示范区土壤中 Se 和 I 的含量也显著增加,且其土壤有机质含

量高,初步判断,该区域土壤中 Se 和 I 含量增高与土壤有机质含量增高有关。

土壤中 Cd 等重金属对环境质量影响很大,过高的重金属含量对作物生长和人体健康都有不同程度的危害。As 含量范围为 4.3~34.7mg/kg,平均值为 11.63 mg/kg,Cr 含量平均值为 78.46mg/kg。Cd 含量平均值为 0.27mg/kg,Hg 含量平均值为 0.09mg/kg,Pb 含量平均值为 28mg/kg(表 4-3)。

表 4-3 表层土壤 As、Cd 等元素含量统计　　　　　　　含量单位:mg/kg

元素	样品件数	最大值	最小值	中位值	平均值	全国值	形态分布
As	517	34.70	4.30	12.00	11.63	9.10	偏正态
Cd	517	9.71	0.01	0.21	0.27	0.15	正态
Hg	517	1.15	0.02	0.07	0.09	0.05	正态
Pb	517	425.00	20.00	30.43	28.00	25.00	偏正态
Cr	517	167.00	52.00	78.00	78.46	63.00	偏正态

与《土壤环境质量 农用地土壤污染风险管控标准(试行)》(GB 15618—2018)相比,工作区土壤环境质量总体良好,超出筛选值的元素有 As、Cd、Pb,占比分别为 0.19%、3.87%、0.38%,除 Cd 以外,As、Cr、Hg、Pb 等元素含量均未超过管控值。

土壤 As、Cd、Cr、Hg、Pb 元素含量空间分布高值区主要分布在工作区南部秦岭山前冲洪积物分布区,但不同元素空间上分布规律略有不同。

第三节　西安城市群周边典型地区土壤健康风险评价

一、土壤重金属元素风险评价

对调查区鄠邑区、眉县分别做进一步的采样调查可知,鄠邑区土壤 Cu 和 Cr 含量明显高于调查区平均水平,其中 Cu 的平均含量达到了 42.8mg/kg,Cr 的平均含量达到了 90.1mg/kg。鄠邑区土壤 Zn 的平均含量为 86.7mg/kg,pH 中位值为 8.20,二者均略高于调查区整体水平。鄠邑区土壤 Cd、Pb、Hg、As 的平均含量略低于调查区整体水平,平均含量分别为 0.22mg/kg、27.0mg/kg、0.07mg/kg、11.4mg/kg(表 4-4)。

眉县南部土壤 Zn、Hg 和 As 含量略高于调查区平均水平,其中 Zn 的平均含量达到了 102.8mg/kg,Hg 的平均含量达到了 0.14mg/kg,As 的平均含量达到了 14.9mg/kg。眉县南部土壤 Cd 的平均含量为 0.25mg/kg,铅的平均含量为 28.4mg/kg,二者均接近调查区整体水平。眉县南部土壤 Cu 和 Cr 含量略低于调查区整体水平,平均含量分别为 30.9mg/kg 和 74.7mg/kg。眉县南部土壤 pH 中位值为 7.81,相较于调查区整体水平偏酸性(表 4-5)。

表 4-4　鄠邑区表层土壤重金属元素与 pH 值统计表　　含量单位:mg/kg

指标	Cd	Pb	Hg	As	Cr	pH
最大值	0.39	42.0	0.22	16.4	110.0	8.50
最小值	0.11	18.9	0.03	6.2	67.6	4.91
平均值	0.22	27.0	0.07	11.4	90.1	/
中位数	0.22	26.8	0.07	11.3	90.8	8.20
调查区	0.28	29	0.09	12.2	78	8.02

注:$n=449$;pH 无量纲;调查区 pH 为中位值,其余元素为平均值。

表 4-5　眉县南部表层土壤重金属元素与 pH 值统计表　　含量单位:mg/kg

指标	Cd	Pb	Hg	As	Cr	pH
最大值	0.77	61.8	0.48	22.9	96.8	8.42
最小值	0.12	17.7	0.05	5.3	42.0	3.83
平均值	0.25	28.4	0.14	14.9	74.7	/
中位数	0.23	27.7	0.12	15.3	76.2	7.81
调查区	0.28	29	0.09	12.2	78	8.02

注:$n=626$;pH 无量纲;调查区 pH 为中位值,其余元素为平均值。

依据《土壤环境质量　农用地土壤污染风险管控标准(试行)》(GB 15618—2018)给出的农用地土壤污染风险筛选值及农用地土壤污染风险管制值,进行土地质量评价,结果如下。

鄠邑区表土样品仅有 1 件 Cd 含量超过了风险筛选值,且未超过风险管制值,其余样品 4 种重金属元素均未超过风险筛选值。眉县南部表土样品中,Cd 超过风险筛选值的比例为 8.62%,超过风险管制值的比例为 1.28%,整体风险较低。眉县南部表土样品仅有 1 件 Pb 含量超过了风险筛选值,且未超过风险管制值,其余 Hg、As、Cr 3 种元素均未超过风险筛选值。

以眉县南部为例对土壤 Cd、Pb 和 pH 进行土地质量地球化学评价(图 4-3 至图 4-5),结果显示,眉县南部土壤环境质量整体较好,表土在南部山区表现为酸性—中性,北部整体属于碱性土,整个范围内没有≥8.5 的强碱性土壤。Cd 仅在营头镇一带存在一定比例的风险可控区和绩效比例的超标区,所占面积比例分别为 5.53%、0.55%。眉县南部表土 Pb 无超标区,风险可控区比例约为 29%,大多位于调查区中北部,整体属于安全可用范围内。

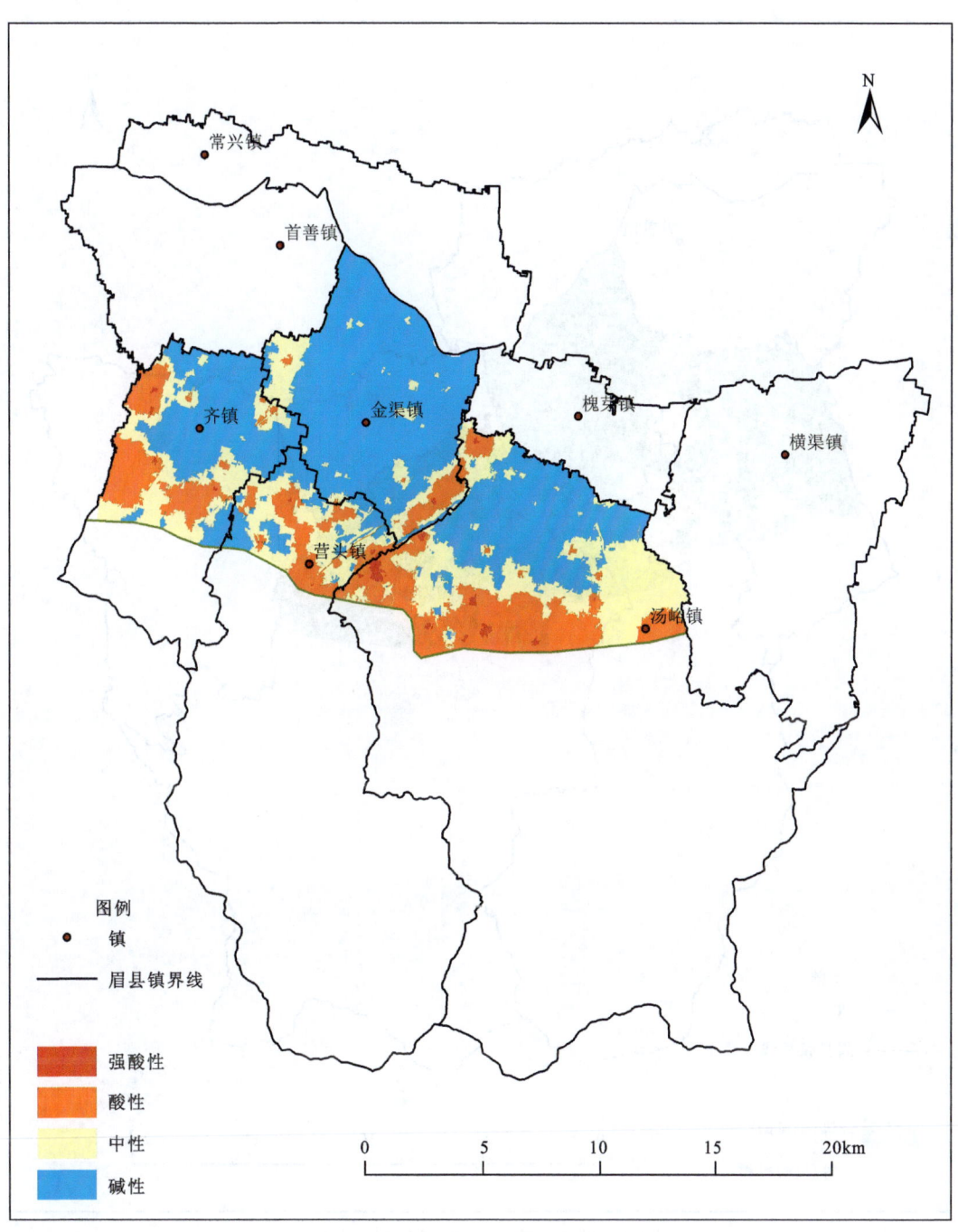

图 4-3 眉县南部表土 pH 等级评价图

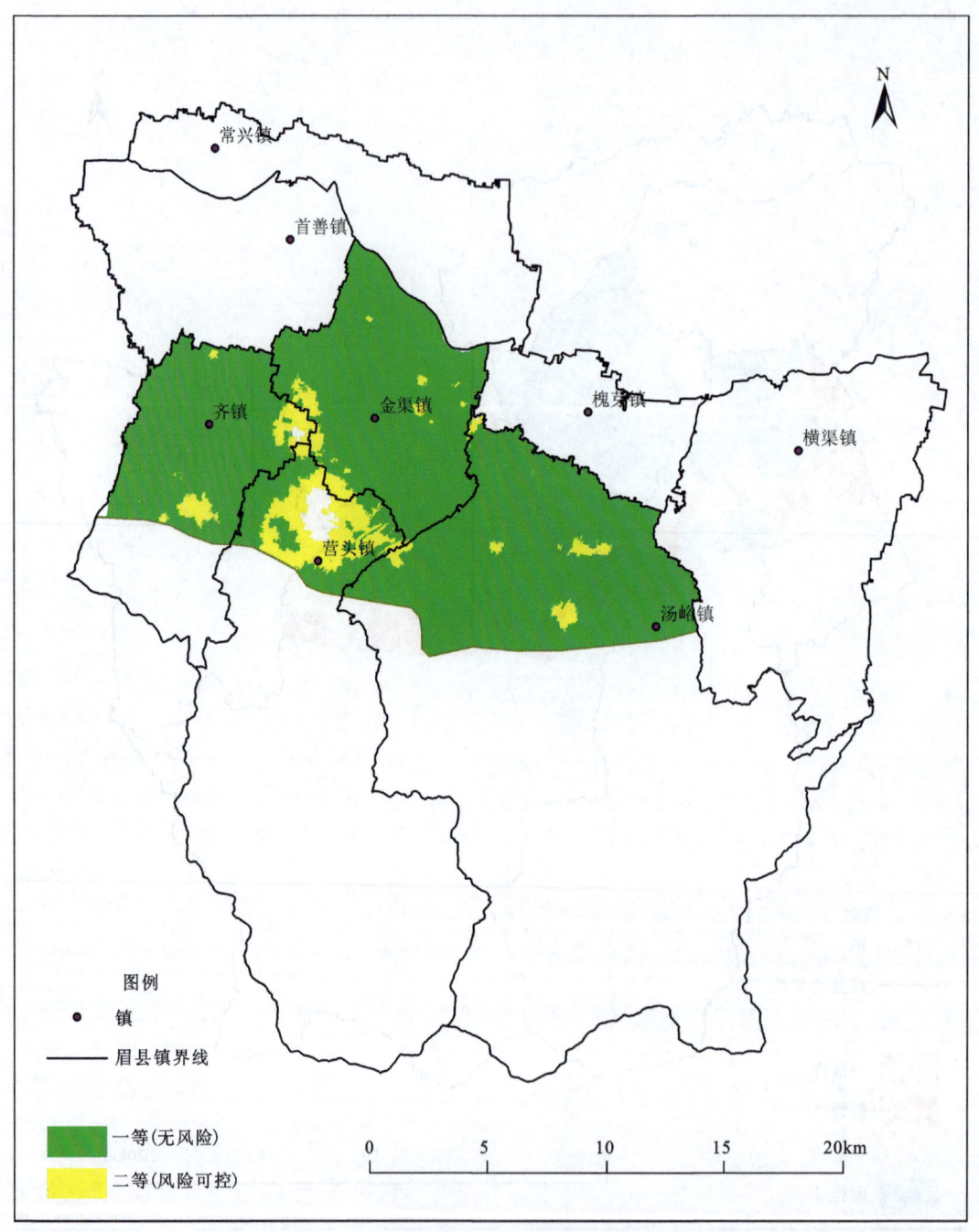

图 4-4 眉县南部表土 Cd 风险等级评价图

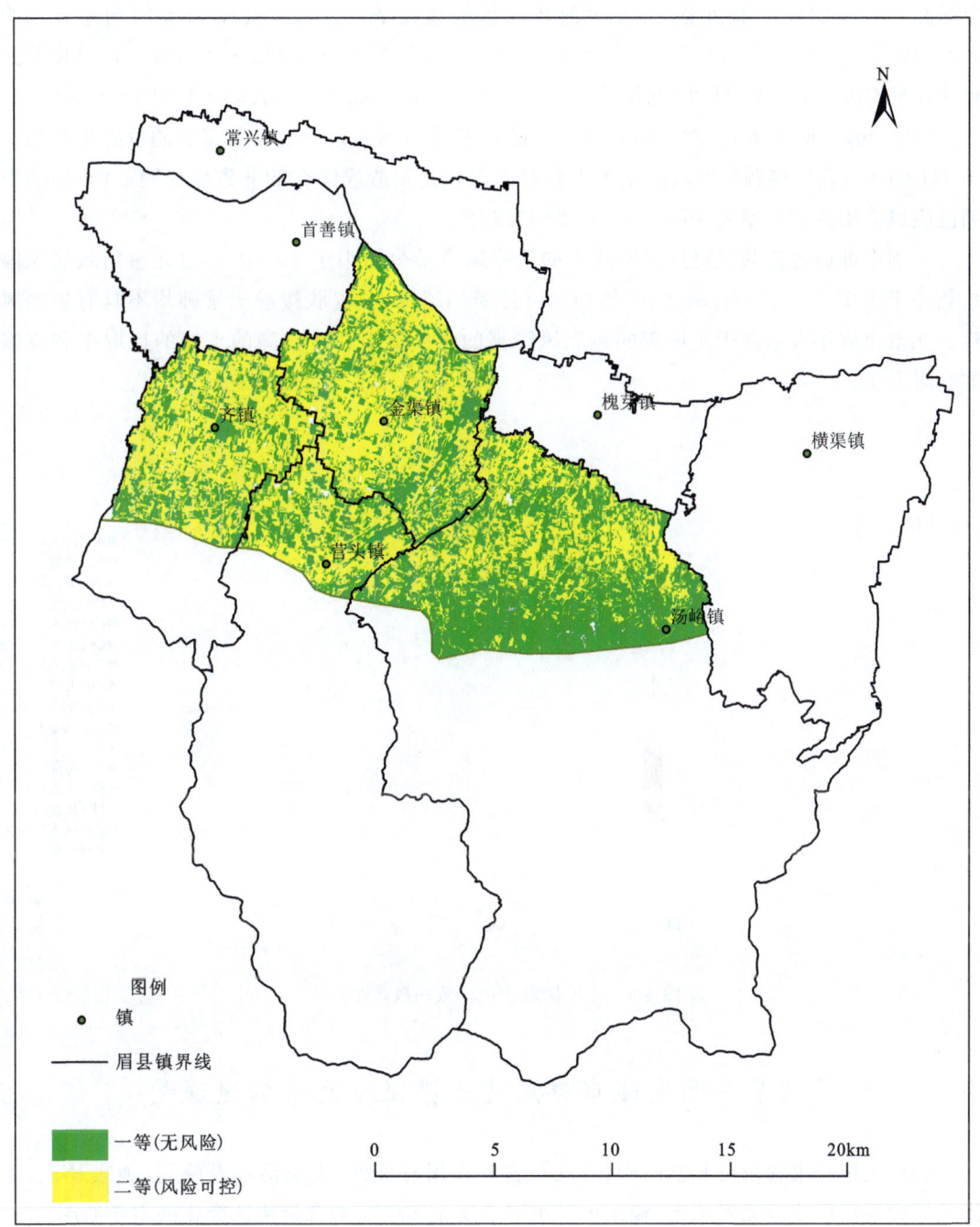

图 4-5　眉县南部表土 Pb 风险等级评价图

二、土壤健康风险评价

风险分析一般包括致癌和非致癌两种不同的健康影响风险，重金属主要通过经口摄入土壤、吸入土壤颗粒、皮肤接触和食物链摄取等暴露途径进入人体，表层土壤中 8 种重金属的非致癌风险和致癌风险，主要考虑土壤接触途径。计算结果显示，成人和儿童通过皮肤接触主要暴露 Pb、As、Hg 三种元素,儿童通过皮肤接触途径平均摄入 Pb、As、Hg 的剂量分别为 7.2×10^{-6} mg/(kg·天)、1.21×10^{-5} mg/(kg·天)、1.7×10^{-7} mg/(kg·天),成人通过皮肤接触途径平均摄入 Pb、As、Hg 的剂量分别为 1.2×10^{-6} mg/(kg·天)、1.94×10^{-6} mg/(kg·天)、2.6×10^{-8} mg/(kg·天)。对于两类暴露人群,8 种重金属元素通过皮肤接触的危害指数均小于 1(图 4-6),表明接触研究区的土壤不会对成人和儿童造成潜在的非致癌风险。Pb 的非致癌健康风险指数贡献率为 45.80%、As 为 35.99%。

土壤中砷通过皮肤接触途径对成人的致癌风险系数均小于 1×10^{-6},对儿童的致癌风险系数介于 $4.41\times10^{-6}\sim1.84\times10^{-5}$,均在可接受的范围内,皮肤接触土壤砷均不具有患癌风险。儿童比成年人暴露于土壤砷的致癌风险高的主要原因在于较高的土壤的摄取率和皮肤的黏附因子。

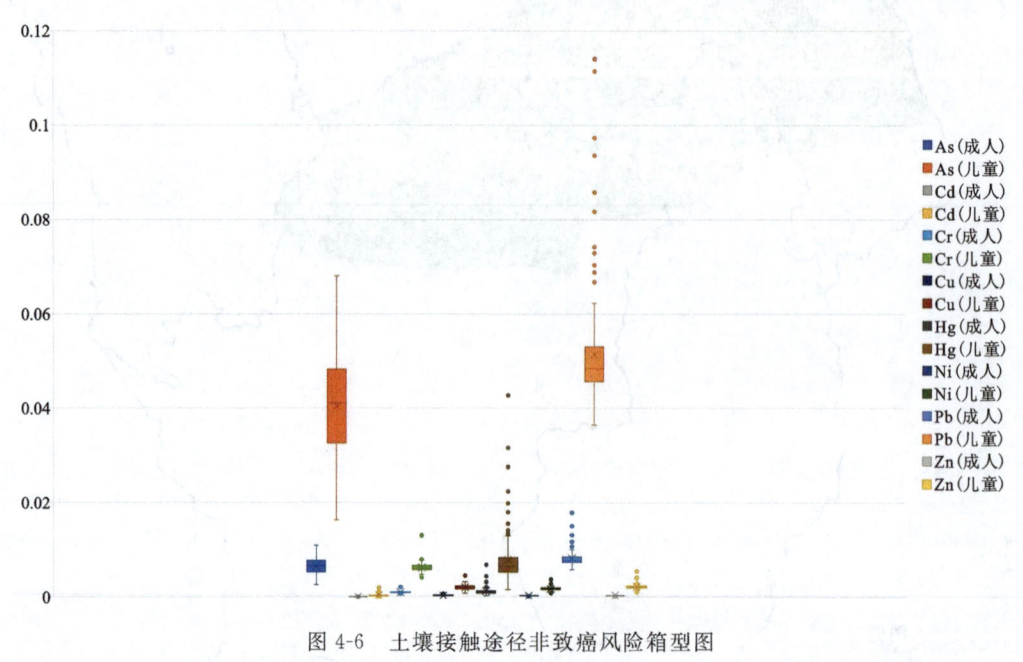

图 4-6　土壤接触途径非致癌风险箱型图

第四节　西安城市群周边土壤微量元素输送通量

表层土壤元素含量及其空间变化,除与自然作用有关外,人类活动及降雨、地表径流、下渗等导致的耕层土壤元素输入、输出也是引起表层土壤中元素含量快速变化的主要原因。

对于耕层土壤,元素及化合物进入土壤的来源有很多,基于研究输送途径的广谱性和可操作性,工业三废排放、农业生产与人居生活对耕层土壤的影响途径归纳为灌溉、农作物收割与秸秆还田、地表水下渗与径流。其中灌溉、秸秆还田为耕层土壤的输入途径,农作物收割、地表径流和地表水下渗为耕层土壤输出途径。

一、灌溉水元素输送通量

根据《2021年中国水资源公报》公布的数据,2021年陕西省的耕地实际灌溉亩均用水量为256m³,有效利用系数为0.582,折合2 234.88m³/(hm²·年),计算得出工作区每公顷每年砷等元素的输入通量(表4-6)。工作区灌溉水中有益元素 Se、Cu、Zn 平均通量分别为4.16g/(hm²·年)、10.13g/(hm²·年)和35.33g/(hm²·年),输入量较高;有害元素 As、Pb 平均通量分别为6.60 g/(hm²·年)和0.98 g/(hm²·年),输入量较低。

表4-6　工作区灌溉水输入通量　　　　　　　　　　单位:g/(hm²·年)

指标	As	Cu	Pb	Zn	Se
平均值	6.60	10.13	0.98	35.33	4.16
最小值	1.83	0.88	0	0	0
最大值	19.62	47.65	9.82	1 524.22	14.18

二、农作物收割元素输出通量

结合工作区玉米和小麦产量(产量数据来源于2021年陕西统计年鉴),计算了工作区玉米和小麦籽实中 As 等元素输出年通量密度(表4-7)。不同元素之间的输出通量密度有很大差异,玉米中 Zn 和 Cu 元素输出的通量为93.13g/(hm²·年)和8.94g/(hm²·年),小麦中 Zn 和 Cu 元素输出的通量为151.91g/(hm²·年)和21.68g/(hm²·年),远高于其他元素。

表4-7　工作区农作物籽实中 As 等元素输出通量密度

类别	As	Hg	Se	Cd	Cu	Pb	Zn	I	Cr
玉米	—	—	0.17	0.03	8.94	—	93.13	0.17	1.17
小麦	0.10	4.18	0.24	0.24	21.68	0.33	151.91	0.10	0.71
总计	0.10	4.18	0.41	0.27	30.62	0.33	245.04	0.26	1.89

注:Hg 单位为 mg/(hm²·年),其余单位为 g/(hm²·年)。

三、大气微量元素输送通量

元素进入土壤的年沉降通量密度值计算结果见表4-8。工作区 As、Cd、Pb 的年沉降通量分别为16.63g/(hm²·年)、1.16g/(hm²·年)和11.49g/(hm²·年),As 每年通过大气沉降的通量密度较高。工作区 Se、Zn、Cu 的年沉降通量密度分别为1.95g/(hm²·年)、154.09g/(hm²·年)和97.17g/(hm²·年),Cu 每年通过大气沉降的通量密度较高。

表 4-8　工作区与其他地区大气元素年沉降通量密度　　　　单位:g/(hm²·年)

指标	As	Cd	Pb	Se	Cu	Zn
年沉降通量密度	16.63	1.16	11.49	1.95	154.09	97.17

四、土壤下渗水元素输送通量

计算获得工作区的元素下渗通量见表 4-9。工作区 As、Cd、Pb 的年沉降通量分别为 9.17g/(hm²·年)、0.97g/(hm²·年)和 10.89g/(hm²·年),沉降通量密度从大到小依次为 Pb>As>Cd。工作区 Se、Zn、Cu 的年沉降通量分别为 1.09g/(hm²·年)、70.73g/(hm²·年)和 43.30g/(hm²·年),沉降通量密度从大到小依次为 Cu>Zn>Pb。

表 4-9　工作区与其他地区土壤下渗水通量密度　　　　单位:g/(hm²·年)

指标	As	Cd	Pb	Se	Cu	Zn
下渗水通量密度	9.17	0.97	10.89	1.09	70.73	43.30

五、土壤元素净输入通量

当输入年通量密度大于输出年通量密度时,土壤中元素处于累积状态,反之,土壤中元素处于贫化状态,工作区土壤元素净输入通量密度计算结果见表 4-10。由表可知,工作区土壤 Se、Cu 的年净输入通量为正,分别为 4.61g/(hm²·年)和 63.59g/(hm²·年)。土壤 Se 的主要输入方式是灌溉,Cu 的主要输入方式是大气沉降;工作区土壤 Zn、I 的净输入通量为负,分别为 -155.84g/(hm²·年)和 -7.38g/(hm²·年),土壤 Zn 的主要输出方式是农作物收割,I 的主要输出方式是下渗。

工作区土壤 Se、Cu、Zn、I 的空间分布见图 4-7～图 4-10。

表 4-10　工作区土壤 Se 净输入通量密度　　　　单位:g/(hm²·年)

元素	大气沉降	下渗	农作物籽实	灌溉水	总值
As	16.63	9.17	0.10	6.60	13.96
Pb	11.49	10.89	0.33	0.98	1.25
Se	1.95	1.09	0.41	4.16	4.61
Cu	154.09	70.73	30.62	10.13	63.59
Zn	97.17	43.3	245.04	35.33	-155.84
I	11.78	18.90	0.26	—	-7.38

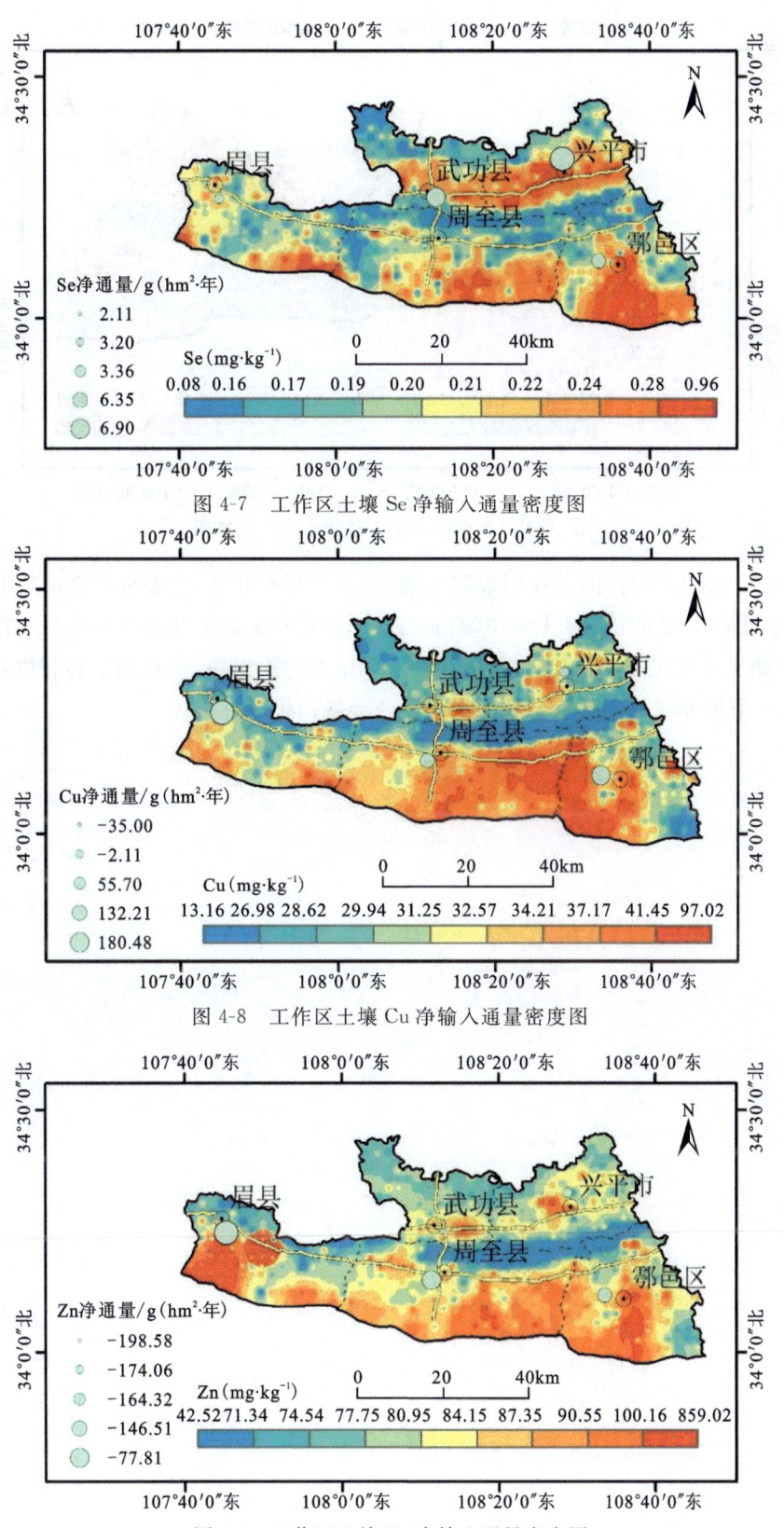

图 4-7 工作区土壤 Se 净输入通量密度图

图 4-8 工作区土壤 Cu 净输入通量密度图

图 4-9 工作区土壤 Zn 净输入通量密度图

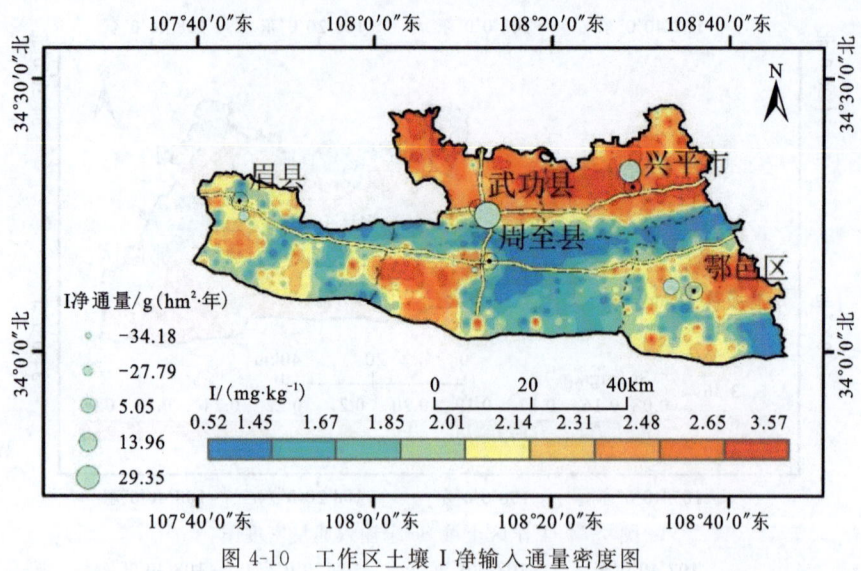

图 4-10 工作区土壤 I 净输入通量密度图

由图 4-7～图 4-10 可知，工作区表层土壤 Se 处于累积状态，主要分布在渭河北岸的武功县和兴平市，而 Cu 在北岸县区土壤中倾向于流失，在南岸县区处于累积状态。工作区表层土壤 Zn 元素处于贫化状态，渭河南岸县区相较于北岸贫化更慢些。I 在周至县和眉县的土壤中逐渐流失，在渭河北岸的兴平市和武功县土壤处于累积状态。

第五章 大气环境与健康

第一节 大气环境与健康的关系

一、大气的结构与组成

1. 大气的概念

自然状态下的大气(又称大气层)是由混合气体、水汽和气溶胶组成的,除去水汽和气溶胶的空气称为干洁空气(表5-1)。大气给生活在地球上的生命体以营养物,并保护它们免遭来自外层空间的有害影响。植物进行光合作用所需的二氧化碳、动物和人呼吸所需的氧气以及固氮菌所用的氮都由大气提供。此外,大气还行使着把水分从海洋输送到陆地的功能。人通过呼吸与外界进行气体交换,从空气中吸收氧气,呼出二氧化碳,以维持生命活动。一个成年人通常每天呼吸2万多次,吸入$10 \sim 15 m^3$的空气。因此,空气的清洁程度及其理化性状与人类健康关系十分密切。

表 5-1 干洁空气的组成

空气成分	容积百分比(20℃,1个标准大气压)/%
氮(N_2)	78.10
氧(O_2)	20.93
二氧化碳(CO_2)	0.03
氩(Ar)	0.93
氖(Ne)	0.001 8
氦(He)	0.000 5

2. 大气的结构

随着距地面的高度不同,大气层的物理和化学性质有很大的变化。按气温的垂直变化特点,大气层自下而上分为对流层、平流层、中间层(上界为85km左右)、热成层(上界为800km

左右)和逸散层(没有明显的上界)。其中对流层(troposphere)是大气圈中最靠近地面的一层,平均厚度约12km,对流层集中了占大气总质量75%的空气和几乎全部的水蒸汽量,是天气变化最复杂的层次,人类活动排入大气的污染物绝大多数在对流层聚集。因此,对流层的状况对人类生活的影响最大,与人类关系最密切。平流层(stratosphere)位于对流层之上,其上界伸展至约55km处。在平流层的上层,即30～35km以上,温度随高度升高而升高。在30～35km以下,温度随高度的增加而变化不大,气温趋于稳定,故该亚层又称为同温层(isothermallayer)。平流层的特点是空气气流以水平运动为主在高15～35km处有厚约20km的臭氧层,其分布有季节性变动。臭氧层能吸收太阳的短波紫外线和宇宙射线,使地球上的生物免受这些射线的危害,能够生存繁衍。

二、大气对人的健康作用

1. 太阳辐射

太阳辐射(solar radiation)是产生各种天气现象的根本原因,同时也是地表上光和热的源泉。这里主要介绍紫外线、可见光和红外线。紫外线(ultraviolet,UV)可分为UV-A(400～320nm)、UV-B(320～290nm)和UV-C(290～200nm)。太阳辐射产生的UV-A可穿过大气层到达地表,而全部UV-C以及90%以上的UV-B可被大气平流层中的臭氧所吸收。与UV-B相比,UV-A穿透皮肤的能力较强,但生物活性较弱。紫外线具有色素沉着、红斑、抗佝偻病、杀菌和免疫增强作用;过强的紫外线可致日光性皮炎和光电性眼炎,甚至皮肤癌等。紫外线还与大气中的某些二次污染物形成有关,如光化学烟雾等;可见光(visible light)综合作用于机体的高级神经系统,能提高视觉和代谢能力,平衡兴奋和镇静作用,提高情绪与工作效率,是生物生存的必需条件。红外线(infrared radiation;infrared rays)的生物学作用基础是热效应,适量的红外线可促进人体新陈代谢和细胞增生,具有消炎和镇静作用;过强则可引起日射病和红外线白内障等。

2. 气象因素

气象因素(meteorological factors)与太阳辐射综合作用于机体,对机体的冷热感觉、体温调节、心血管功能、神经功能、免疫功能和新陈代谢功能有调节作用。如果气候条件变化过于激烈,超过人体的代偿能力,例如酷暑、严寒和暴风雨等,可使机体代偿能力失调,引起心血管疾病、呼吸系统疾病和关节病等,并与居民的超额死亡有关,患者主要是心脑血管疾病的病人和老人。

3. 空气离子

大气中带电荷的物质统称为空气离子(air ions)。根据空气离子的大小以及运动速度对其分类,近地表大气中存在的空气离子有轻离子(light ions)和重离子(heavyions)两类。轻离子与空气中的悬浮颗粒或水滴结合,形成重离子。因此,新鲜的清洁空气中轻离子浓度高而污染的空气中轻离子浓度低。空气中重离子数与轻离子数之比小于50时,则空气较为清洁。

一般认为,空气阴离子对机体具有镇静、催眠、镇痛、镇咳降压等作用,而阳离子作用则相反,可引起失眠、头痛、烦躁、血压升高等。海滨、森林、瀑布附近等环境中,大气中阴离子含量较多,有利于机体健康。

三、大气污染及危害

1. 大气污染

大气污染已成为影响中国居民健康的第四大风险因素(Yang等,2013)。污染的来源分天然污染和人为污染两大类。其中,天然污染源主要为火山爆发、森林火灾等;人为污染源主要为工农业生产、生活炉灶与采暖锅炉、交通运输和其他。大气污染按属性分为物理性、化学性和生物性3类,其中化学性污染物种类最多、污染范围最广。根据污染物在大气中的存在状态,分为气态和气溶胶,气溶胶也被称为大气颗粒物。气态污染物分为含硫化合物、含氮化合物、碳氧化合物、碳氢化合物和卤素化合物5类,大气颗粒物按粒径大小分为总悬浮颗粒物(TSP)、可吸入颗粒物(PM10)、细颗粒物(PM2.5)、超细颗粒物(PM0.1)。

总悬浮颗粒物(TSP):指粒径不超过100um的颗粒物,包括液体、固体或者液体和固体结合存在的,并悬浮在空气介质中的颗粒。总悬浮颗粒物对人体的危害程度主要决定于自身的粒度大小及化学组成。TSP中粒径大于$10\mu m$的物质,几乎都可被鼻腔和咽喉所捕集,不进入肺泡。滞留在上呼吸道中的颗粒物能对粘膜组织产生刺激和腐蚀作用,引起炎症,进而导致慢性鼻咽炎、慢性气管炎。滞留在细支气管和肺泡中的可吸入尘能与直接进入肺深部的二氧化氮产生联合作用,损伤肺泡和粘膜,引起支气管和肺部产生炎症,长期持续作用,还会诱发慢性阻塞性肺部疾患,并出现继发性感染,最后导致肺心病的死亡率增高。此外,颗粒物的吸附能力使之成为大气污染物的"载体"。可吸入尘能吸附有害气体和液体,并将它们带入肺脏深部,促进疾病的发生。

可吸入颗粒物(PM10):指空气动力学直径不超$10\mu m$的颗粒物,因其能进入人体呼吸道而命名之,又因其能够长期飘浮在空气中,也被称为飘尘(suspended dusts)。可吸入颗粒物被人吸入后,会累积在呼吸系统中,引发许多疾病。对粗颗粒物的暴露可侵害呼吸系统,诱发哮喘病。越细小的颗粒物对人体危害越大,粒径超过$10\mu m$的颗粒物可被鼻毛吸留,也可通过咳嗽排出人体,而粒径小于$10\mu m$的可吸入颗粒物可随人的呼吸沉积肺部,甚至可以进入肺泡、血液。在肺部沉积率最高的是粒径为$1\mu m$左右的颗粒物。这些颗粒物在肺泡上沉积下来,损伤肺泡和黏膜,引起肺组织的慢性纤维化,导致肺心病,加重哮喘病,引起慢性鼻咽炎、慢性支气管炎等一系列病变,严重的可危及生命。颗粒物对儿童和老年人的危害尤为明显。

细颗粒物(PM2.5):指空气动力学直径不超过$2.5\mu m$的细颗粒。PM2.5更易于吸附各种有毒的有机物和重金属元素,在空气中悬浮时间长,易于滞留在终末细支气管和肺泡中,其中某些较细的组分还可穿透肺泡进入血液,对健康的危害极大。

超细颗粒物(PM0.1):指粒径不超过$0.1\mu m$的大气颗粒物。PM0.1主要来自汽车尾气,多为大气中形成的二次污染物。超细颗粒物易进入肺泡、血液、神经系统等,有研究表明其和白血病、心血管疾病的发生有一定关联。因此,研究超细颗粒物对于评价大气环境和人体健康风险有重要意义。

2. 大气污染对健康的危害

大气污染对机体健康的危害分为直接和间接两大类。直接危害包括急性危害、慢性影响、心血管疾病和肺癌,其中慢性影响会损害呼吸系统功能,NO_2、SO_2 和 PM10 浓度与人群肺功能降低及慢性支气管炎发病率增高有关,大气颗粒污染可阻碍儿童肺功能增长;同时,也会降低机体的免疫力,尤其是在污染严重区,检测到居民唾液溶菌酶和分泌型免疫球蛋白 A 的含量均明显下降,血清中的其他免疫力指标也有下降,一些细粒颗粒物与 O_3 的作用明显,会削弱肺部的免疫功能,增加儿童呼吸道对细菌等感染的易感性。在美国的 28 个大城市调查还发现,大气中的镉、锌、铅以及铬浓度的分布与这些地区的心脏病、动脉硬化、高血压、中枢神经系统疾病、慢性肾炎等疾病的分布趋势一致。

第二节 国内外大气污染研究现状

一、国外大气污染研究现状

世界上有不少国家,在其经济高速发展的时期出现过环境污染问题。比利时马斯河谷事件、美国洛杉矶光化学烟雾事件、日本四日市事件等大气污染案例,引发了人类对工业文明弊端和传统发展模式的反思以及对大气污染的关注,也促使各国加强了对空气污染严重状况的认知和治理。

美国是世界上最早制定大气重金属污染标准的国家之一,于 1966 年颁布了《空气和饮用水清洁标准》。随后,美国又陆续出台了一系列大气重金属污染防控标准。其中,《大气中重金属浓度限值》(AEM)于 1977 年颁布,规定了大气中重金属的浓度限值;《铅和镉的毒性评价》(RH)于 1978 年颁布,规定了铅和镉在大气中的浓度限值;《锌和铜的毒性评价》(RH)于 1990 年颁布,规定了锌和铜在大气中的浓度限值;《铅和锌的毒性评价》(RH)于 1990 年颁布,规定了铅在大气中的浓度限值;《镉的毒性评价》(RH)于 1990 年颁布,规定了镉在大气中的浓度限值。此外,美国还针对不同重金属污染物制定了相应的排放标准,如对铅、镉、砷等重金属制定了排放标准,并要求这些排放标准必须达到世界卫生组织推荐的安全限值。

英国政府制定了《大气中重金属污染控制行动计划》,该计划的主要目的是降低伦敦及其周边地区的空气中重金属污染,提高公众健康水平。在此期间,英国政府采取了多种措施来减少伦敦及其周边地区的大气中重金属污染。在源头控制方面,英国政府主要通过发展新能源来减少汽车尾气中的重金属排放;在过程控制方面,英国政府主要通过提高燃油品质、采用更加环保的燃料来减少汽车尾气中的重金属排放;在末端控制方面,英国政府主要通过强化对燃煤电厂的监管以及对大气中重金属污染的监测来减少燃煤电厂造成的大气重金属污染。但是由于英国城市化进程加快,交通基础设施不断完善,大量汽车尾气排放造成了英国大气中重金属污染。

日本大气重金属污染主要源于其工业生产过程中产生的污染物,比如工业废气、燃料燃烧产生的颗粒物以及废水处理过程中产生的硫化物等。其中,工业废气是日本大气重金属污染的主要来源。

德国是欧洲空气质量最好的国家之一,其大气重金属污染主要来源于工业生产过程中排放的含铅废气。在工业生产过程中,重金属从废气中经烟囱排放到大气环境中,对环境造成严重污染。据统计,德国每年都会有超过 3000t 的含铅废气排入大气。在此背景下,德国对含铅废气排放制定了严格的标准,并开展了一系列工作以降低其排放。

为治理含铅废气,德国政府和企业采取了多种措施。首先是实施废气收集系统改造,将烟囱出口进行密封处理,减少含铅废气排放。其次是对烟囱进行喷淋装置改造,降低烟气中的含铅量。最后是严格限制含铅废气的排放,规定从 2015 年起所有含铅废气必须经过净化处理后再排放。

印度是全球重金属污染物排放量较大的国家之一。根据印度中央污染控制委员会(CPCB)的统计数据,2013 年印度工业排放的重金属污染物为 1404t,其中铅占比最高,达到了 39.9%,其次是镉(19.2%)、锌(13.8%)、砷(9.7%)和汞(4.9%)等。此外,铜、镍、锰等重金属元素也对环境造成了严重影响。

在重金属污染物来源方面,印度工业排放的重金属主要来自煤炭开采和发电行业,其中锌、铅和汞的排放量分别占总量的 33.2%、16.1% 和 14.7%。而从区域来看,新德里是重金属排放最大的城市,其次是古吉拉特邦和马哈拉施特拉邦。这主要与印度工业布局有关,而不同地区土壤和大气环境条件也会对重金属污染物排放产生影响。

二、国内大气污染研究现状

近年来中国大气污染防治形势十分严峻,尤其是过去 50 年,空气污染对人类健康的影响一直受到世界卫生组织的关注。在传统煤烟型污染尚未得到控制的情况下,以 O_3、PM2.5 和酸雨为特征的区域性复合型大气污染日益突出,严重污染的雾霾天气频发,直接危害着人们的身体健康。"中国煤炭消费总量控制方案和政策研究项目"课题组 2014 年最新的研究成果显示,中国由煤炭燃烧和煤炭使用重点行业导致的 SO_2、NO_x、烟尘、PM2.5 和 Hg 等大气污染物排放量,均达到了全国排放总量的 60% 以上;煤炭的使用对全国 PM 年均浓度的贡献在 50%~60% 之间,而其中的 60% 来源于煤炭的直接燃烧,40% 来源于煤炭使用重点行业的排放。流行病学研究表明,长期暴露于高浓度空气污染物中会增加心血管和呼吸道等相关疾病的患病风险,PM2.5 和 SO_2 等大气污染物浓度与非事故死亡率呈正相关关系。

综上,国内外许多学者都对我国因大气污染物导致的健康负担进行了研究,例如:评估了 2013—2017 年中国 PM_1 暴露及其健康影响的变化情况;评估了 2017 年中国因 O_3 污染导致的健康经济损失;对 2015—2019 年全国 366 个城市 PM2.5、PM10、SO_2、CO、NO_2 和 O_3 监测浓度的空间分布及健康风险进行了分析;对我国 2019—2020 年污染物浓度的空间变化进行研究,强调了 O_3 在空气质量评估和健康风险评估中的重要性,分析中国主要大城市地表灰尘重金属含量及健康风险等。

第三节 西安市不同功能区地表灰尘健康风险评价

城市地表的灰尘主要来自大气沉降、城市交通、工程建设和工业生产等各种非点源所产生的颗粒物质,地表的灰尘易受所在区人类生产生活影响和较为频繁的扰动和干扰,导致其物质组分和来源更为复杂。在外动力作用下,地表灰尘容易扬起悬浮于空气之中,在"扬起—沉降—扬起"这个交替循环过程中,影响环境质量,并通过手口间接摄入、呼吸和皮肤接触等途径被人体吸收、积累,从而对人体健康产生危害。另外,在降雨的冲刷作用下,地表灰尘可以进入水循环系统,从而造成间接污染,成为影响城市环境质量和威胁居民健康的潜在因素。本节选取西安市为研究对象,分析区内公园、交通、商业、景点 4 个不同功能区灰尘重金属含量、污染情况并评价其健康风险,以期为西安市大气重金属污染防治及人群健康风险管理提供一定的理论和科学依据。

一、材料与方法

1. 样品采集

对西安市地表及离地 1.5～2m 灰尘进行采样,总样品数为 18 个,其中公园 8 个、交通区 2 个、商业区 4 个、景点 4 个。采样时选择无风无雨天气,采样位置总体选择地表和离地面 1.5～2m 的窗台或建筑物表面。每个采样点利用刷子清扫附近区内 10 处灰尘样品,每个样品质量约 50g,放入纸质信封中,并用塑料薄膜密封。同时,利用 GPS 记录采样点位置,并记录四周环境状况。采集的灰尘样品带回实验室,自然风干,过 100mm 筛,剔除砂粒、毛发等杂物,贮存于棕色广口瓶中,4℃保存备用。

2. 灰尘样品重金属含量分析

准确秤取 0.3g 样品,采用 HNO_3-HCl-HF-$HClO_4$ 四酸消解法,全自动消解仪进行样品消解。金属元素 Pb、Cd 使用石墨炉原子吸收分光光度法测定其含量,Cr、Cu、Zn 元素使用火焰原子吸收分光光度法测定其含量,Hg 和 As 元素采用原子荧光法测定其含量。每个样品重复 2 次,取平均值,样品相对偏差小于 3%。实验过程中采用国家标准土壤样品(GSS-3、GSS-4、GSS-8)进行准确度和精密度质量控制,准确度和精密度范围为 2.03%～10.38%、0.16%～6.73%,标准曲线除镉元素 $R^2=0.998$ 外,其他元素标准曲线 R^2 均大于 0.999,测定结果满足质控要求。

3. 评价方法

1)富集因子方法

富集因子(EF),即通过环境介质中中金属元素的富集程度,来评判和评价环境中金属元素属于自然来源或人为来源,是定量评价污染物富集程度的重要指标,计算公式为

$$EF = \frac{C_i/C_r}{(C_i/C_r)_{背景}} \tag{5-1}$$

式中：EF 为元素 i 的富集因子值；C_i 为元素 i 的含量，$\times 10^{-6}$；C_r 为被选定的参考元素的浓度，$\times 10^{-6}$；$(C_i/C_r)_{背景}$ 为地壳中相应元素的相对浓度。

本研究选择地壳含量丰富的 Al 作为参考元素。根据 EF 值大小，将重金属元素富集程度分别划为 5 个等级：EF≤1 为极轻富集，1＜EF≤10 为轻度富集，10＜EF≤100 为中度富集，100＜EF≤1000 为重度富集，EF＞1000 为极重富集。

2）潜在生态危害指数法

潜在生态危害指数法由瑞典科学家 Hankanson 提出，该方法从重金属生物毒性出发，是目前较广泛的应用于环境介质重金属生态危害的评价方法，其计算方法如下：

$$C_f^i = \frac{C_s^i}{C_n^i} \tag{5-2}$$

$$E_r^i = T_r^i \times C_f^i \tag{5-3}$$

$$\text{RI} = \sum_{i=1}^{n} E_r^i \tag{5-4}$$

式（5-2）～（85-4）中：C_f^i 为重金属元素的污染系数；C_s^i 为该元素的实际测定含量，$\times 10^{-6}$；C_n^i 为该元素的评价参比值，$\times 10^{-6}$，本研究中采用西安市土壤背景值为其参比；E_r^i 为该元素的潜在危害系数；T_r^i 为该元素的毒性响应系数；RI 为该元素的潜在生态危害指数。

评价指标的分级标准为 $E_r^i <$ 40、40≤$E_r^i <$ 80、80≤$E_r^i <$ 160、160≤$E_r^i <$ 320、320≤E_r^i，分别为轻微、中等、强、很强、极强的单因子污染生态风险程度；RI ＜ 150、150≤RI ＜ 300、300 ≤RI ＜ 600、600 ≤RI 分别为低度、中度、重度、严重的潜在生态风险程度。

二、西安不同功能区灰尘重金属含量及污染水平

1. 西安市不同功能区灰尘重金属含量

西安市交通区和商业区的元素含量高于公园区和景点区（图 5-1），西安市灰尘重金属元

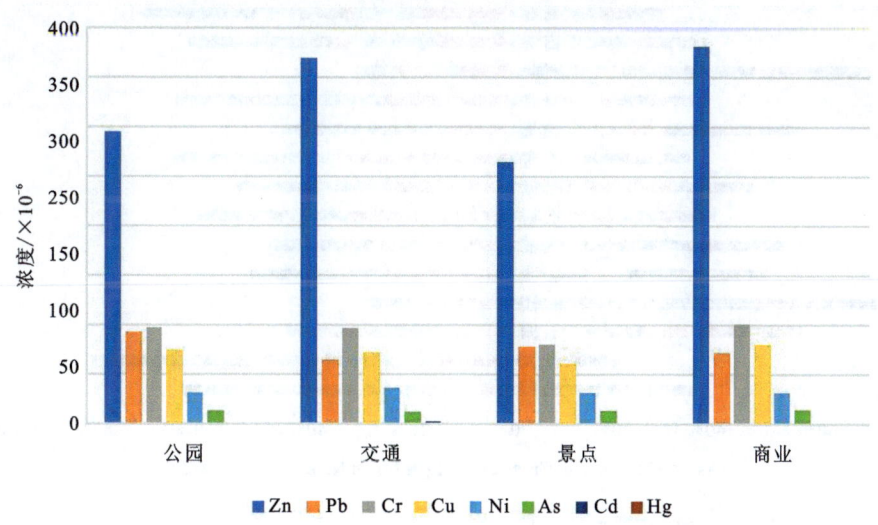

图 5-1 西安市不同功能区 8 种重金属浓度图

素含量低于成都、北京等一线城市,西安市主城区、县城元素含量高于周边区县或乡镇(图5-2),其中眉县、秦都区含量最高。

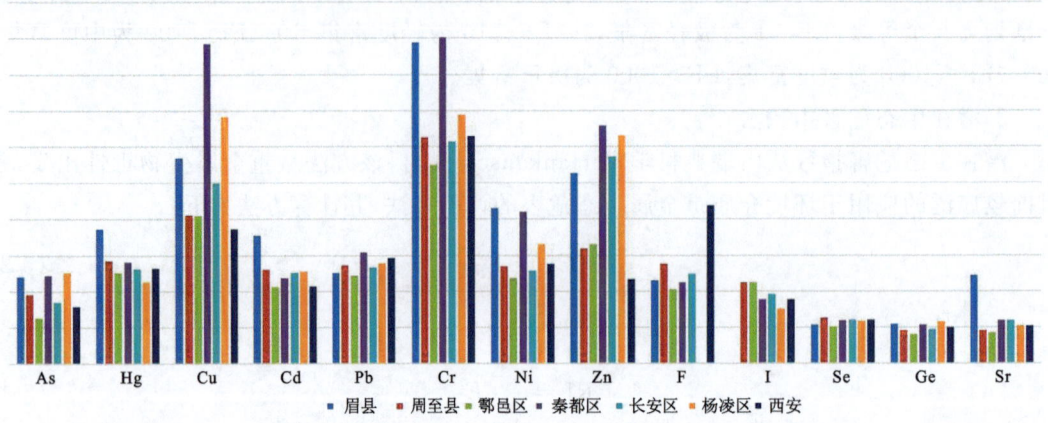

图 5-2　西安市及其周边不同行政区干沉降元素含量柱状图

2. 西安市不同功能区灰尘重金属污染水平

对西安市不同功能区地表及离地 1.5~2m 处灰尘采样并分析测试 As、Cd、Co、Cr、Cu、Hg、Mn、Ni、Pb、V、Zn 等元素。考虑到自然因素和人为活动的干扰作用,采用地累积指数法(I_{geo})对重金属污染水平进行评价(图5-3),评价采用陕西土壤元素背景值,常数 K 取 1.5。11 种元素的平均 I_{geo} 含量顺序为 Cd>Zn>Pb>Cu>Cr>Hg>As>Ni>Mn>Co>V,其

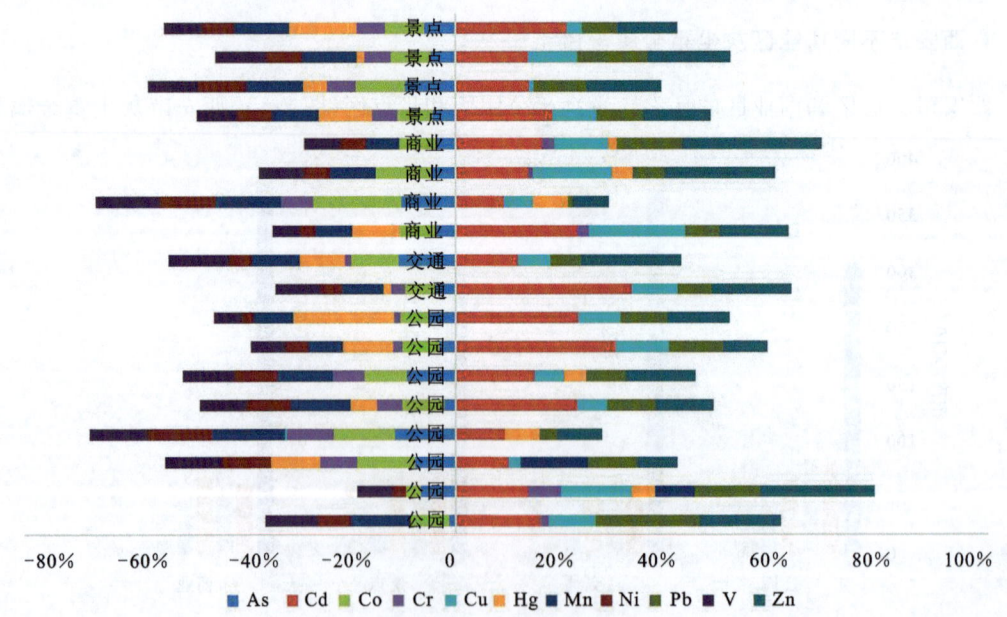

图 5-3　西安市不同功能区重金属元素平均 I_{geo}

中Cd和Zn均值显示属于偏中污染，Pb和Cu均值显示属于轻污染；其余元素均值虽显示无污染，但Cr、Hg、Mn部分区域存在轻污染。不同功能区Cd污染程度顺序为公园＞商业＞交通＞景点，Zn污染程度顺序为商业＞交通＞公园＞景点，离地1.5~2m高度污染程度普遍高于地表。

三、西安不同功能区灰尘重金属健康风险评价

利用美国环保署(EPA)健康风险评价模型，对西安市不同功能区灰尘As、Cd、Cr、Cu、Hg、Ni、Pb、Zn等元素进行致癌和非致癌健康风险评价，结果见表5-2。儿童和成人的日均摄入量顺序为手口直接摄入＞皮肤接触＞呼吸吸入，手口直接摄入是地表灰尘进入人体的主要途径，皮肤接触吸入次之，两者摄入量都远大于呼吸吸入。儿童的摄入量均高于成人，不同重金属日均摄入量的均值顺序为 Zn＞Cr＞Pb＞Cu＞Ni＞As＞Cd＞Hg。

表5-2 不同途径暴露下儿童和成人对重金属的日均摄入量   单位：$\mu g/(g \cdot d)$

途径	手口摄入		呼吸吸入		皮肤接触	
	儿童	成人	儿童	成人	儿童	成人
As	165.37×10^{-6}	21.27×10^{-6}	4.62×10^{-9}	3.13×10^{-9}	13.89×10^{-6}	2.55×10^{-6}
Cd	16.28×10^{-6}	2.09×10^{-6}	0.45×10^{-9}	0.31×10^{-9}	0.46×10^{-6}	0.08×10^{-6}
Cr	1169.5×10^{-6}	150.45×10^{-6}	32.68×10^{-9}	22.12×10^{-9}	32.75×10^{-6}	6×10^{-6}
Cu	912.95×10^{-6}	117.44×10^{-6}	25.51×10^{-9}	17.27×10^{-9}	25.56×10^{-6}	4.69×10^{-6}
Hg	1.57×10^{-6}	0.2×10^{-6}	0.04×10^{-9}	0.03×10^{-9}	0.04×10^{-6}	0.01×10^{-6}
Ni	403.95×10^{-6}	51.96×10^{-6}	11.29×10^{-9}	7.64×10^{-9}	11.31×10^{-6}	2.07×10^{-6}
Pb	969.16×10^{-6}	124.67×10^{-6}	27.08×10^{-9}	18.33×10^{-9}	27.14×10^{-6}	4.97×10^{-6}
Zn	3798.1×10^{-6}	488.59×10^{-6}	106.12×10^{-9}	71.85×10^{-9}	106.35×10^{-6}	19.49×10^{-6}

除As、Cr、Pb的成人非致癌风险大于1外，其余元素的成人非致癌风险全部小于1；儿童非致癌风险值除Hg部分小于1外，其余元素的儿童非致癌风险值均大于1。对于元素非致癌风险顺序为As＞Cr＞Pb＞Ni＞Cu＞Cd＞Zn＞Hg，对于不同功能区非致癌风险值顺序为商业＞交通＞公园＞景点，儿童的非致癌风险值均大于成人(图5-4a)。儿童和成人的致癌风险均超过CPCB推荐的致癌水平(图5-4b)，尤其是Cr的致癌风险值远高于AS、Cd、Ni，儿童的致癌风险值也均高于成人，说明灰尘重金属更易对儿童产生健康风险。对于不同功能区致癌风险值顺序为商业＞交通＞公园＞景点(图5-4b)。

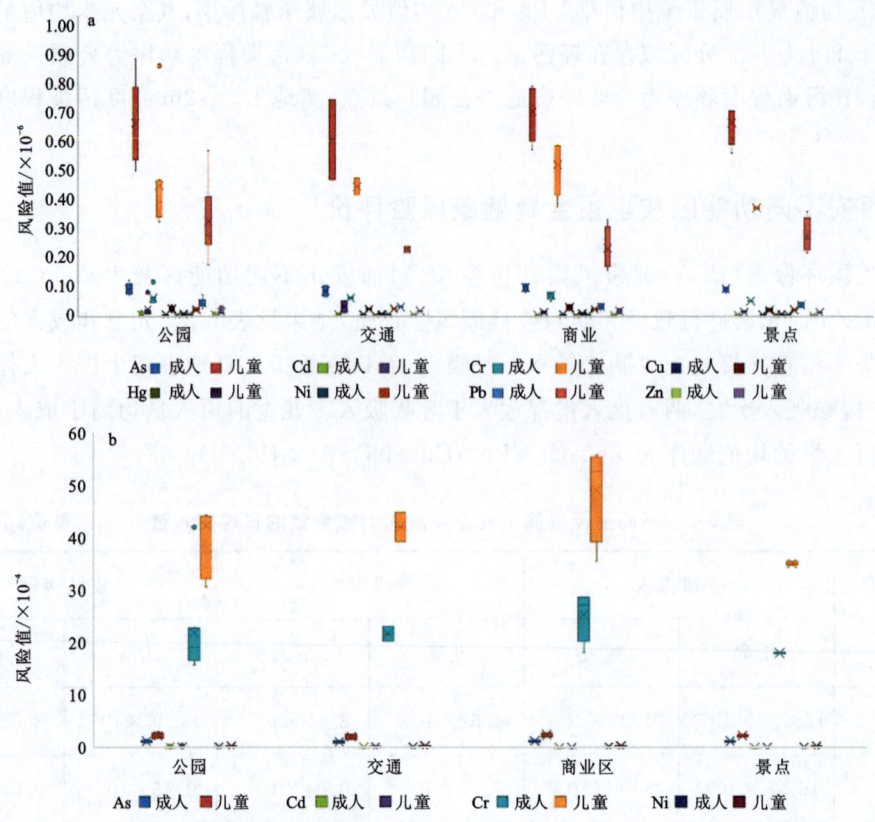

图 5-4 西安市不同功能区灰尘重金属非致癌(a)和致癌风险(b)箱状图

第六章 天然放射性与人体健康

伴随着我国经济的飞速发展和人民生活水平的不断提高,种类繁多的各种污染物随之进入了我们生存的环境中,对人类身心健康造成各种危害,环境问题愈来愈凸显出来。除了我们熟悉的雾霾、尾气、PM2.5等常见的污染形式,更有由放射性核素产生的α、β、γ等射线引起的天然放射性污染,这些不可见的辐射污染超过一定限度后就会对人体造成极大的损害。天然辐射是自然界固有的辐射,主要来自天空宇宙射线,以及地壳岩石、土壤、空气、食物、水、房屋建材中和人体内放射性物质在自然衰变时放出的射线,它不像其他污染那样广为人知,这就可能造成更为严重的后果。因此,天然放射性生态环境调查是环境质量评价的重要组成部分,对人类现在和未来生存的环境、基础设施布局具有重要现实意义。在重点区域开展天然放射性生态环境调查工作是发展、规划、布局和调整的重要手段。

第一节 国内外天然放射性研究现状

一、国外研究现状

放射性物质的发现源于欧洲,由伦琴首先发现了X射线,而后由居里夫人发现了放射性钍、镭、钋,放射性核素的发现和利用是20世纪自然科学领域中最伟大的成果之一。早在20世纪40年代中期,放射性技术和放射性核素就在医学上得到了广泛的应用,再加上日本长崎和广岛原子弹爆炸,以及在世界范围内由大气层核试验造成对人体的内外照射,让人们积累了很多关于放射性辐射引起的损伤及放射性防护相关的实践经验。

然而天然放射性辐射是人体辐射的主要来源,它分为内照射和外照射。其中,内照射主要是随食品、水等进入人体的放射性元素以及吸入的^{222}Rn气体;外照射主要由天然^{238}U、^{232}Th、^{40}K系列元素衰变产生的天然放射性同位素。铀、钍、钾放射性元素广泛分布于自然界中,放射性铀、钍矿的开发,工农业生产中煤、石油以及化肥的使用,核能和放射性"三废"(废气、废液、固体废物)的排放及原子能技术在各个领域的应用,都会造成环境中铀、钍、镭、钾的水平升高,从而可能引发放射性环境污染。因此,从20世纪50年代开始,天然放射性就引起了国际上的普遍重视,到了70年代后期,人类已将天然放射性环境监测作为重要任务,获得了大量的监测数据,天然放射性研究也取得了一系列成果。据1982年联合国原子辐射效应科学委员会对世界范围的统计,人类平均每人每年受到的各种天然及人工辐射主要剂量是:天然辐射90mSv、医疗用X线诊断20mSv、放射治疗3mSv、1950—1962年间原子弹试验落下灰1.5mSv、消费品辐射（包括彩色电视、夜光表、喷气式飞机高空飞行受到的宇宙线）2.0mSv。由此可以看出，全世界人均每年受到的辐射剂量，天然辐射为最大，加上其他人工辐射，其总量并未达到致病的剂量，但这只是平均值。由于各地自然条件的不同，人类所受辐射剂量差异很大。例如，巴西沿海的狭长地带，土壤及岩石中发出的电离辐射剂量每年高达500mSv，约有3万人终生受到此种电离辐射水平的照射；法国约700万人住在以花岗岩为主的岩石地区，天然电离辐射剂量每年达180～350mSv；我国西藏居民居住在海拔高度4000m以上地区，每年每人比一般地区居民接受宇宙射线的量高出约3.5倍。

20世纪80年代以后，随着经济的发展和人民生活水平的不断提高，人们对于环境空气中的放射性辐射不断了解，氡气辐射的监测和防治被提上了日程。氡是由自然界中广泛存在的放射性同位素^{238}U衰变而来的一种气体，当氡气被人体吸入以后，其衰变产生的α粒子会对人体的呼吸系统造成辐射损伤，严重的可能会诱发肺癌。肺癌现在是世界上癌症死因的第一名，吸烟是引起肺癌的首要因素，而氡是引起肺癌的第二大因素，也是不吸烟人群患肺癌的危险因素。在世界范围内，3%～20%的肺癌死亡可能是由室内氡引起的。在美国，10%的肺癌死亡可能是由室内氡引起的，占吸烟者肺癌死亡的11%，占不吸烟者肺癌死亡的30%。一项研究报告显示，在韩国，5%的肺癌病例可能是由氡引起的。1989年国际原子能机构向各成员国政府建议开展"人类环境氡调查"，到目前已有很多国家基本完成了全国的环境氡浓度水平调查工作。1993年联合国原子辐射效应科学委员会（UNSCEAR）指出，环境氡及其子气体所致内照射剂量当量为1.3mSv，约为天然辐射年有效剂量当量的54%。

近年来，人们以辐射防护为出发点，积极探索防治放射性辐射的方法，多年来的研究取得了一定的成效。国际放射防护委员会（ICRP）1990年第60号刊文规定，将职工5年平均辐射有效剂量降低为20mSv，且当年内不得大于50mSv。据联合国原子辐射效应科学委员会公布的资料，关于天然伽马辐射，截至2000年已经收集了54个国家和地区的放射性数据，在日本、以色列等地已做过大量的工作，取得了一系列有意义的成果和数据。可见，随着社会经济的发展和原子能的广泛应用，天然放射性的调查和评价已经受到了各国的重视。

二、国内研究现状

我国从进军核工业领域之始，党和国家就高度重视辐射防护工作，20世纪60年代初建立了全国范围的环境放射性监测网，用来监测国内外核试验对大气环境的污染，并对公众健康有何不利影响作出评价；80年代后，和平利用核能得到了快速发展，放射性监测工作重心逐渐转变为环境放射性监测。多年来，各监测站不间断地进行环境放射性监测，现已基本掌握了全国范围内的环境放射性水平情况。20世纪80年代，除了监测核试验的环境放射性污染外，还完成了国内水体、土壤、长江流域、渤海、黄海海域等放射性水平调查评价，获得了许多我国天然环境放射性水平的资料。

从20世纪50年代末开始在全国各省内开展天然辐射环境监测。陕西省范围天然贯穿辐射测量开始于1980年，结束于1982年，本次调查主要是沿省内主干公路进行的，基本达到每县5～10个测量点，通过调查基本了解了陕西省空气吸收剂量率的变化和辐射水平。1986—1992年作了陕西省土壤和水体放射性核素的研究，初步掌握了陕西省各主要水系及不同水体和各类土壤放射性核素的变化情况,结果表明,陕西省各类水体及土壤天然放射性核素浓度均属于正常水平;20世纪80—90年代,针对部分铁路和公路等基础设施建设进行过少量有针对性的放射性环境调查。近年来随着人们生活水平的提高,室内、室外装饰所产生的辐射危害逐步引起了人们的重视,完成了一些零星的建材和室内的放射性检测,检测结果表明,对一些省外天然石材,特别是花岗岩石材,其辐射危害应予以重视。总体来看,陕西省内的天然辐射环境调查工作起步较晚,覆盖范围小,工作方法单一,工作程度低。2000年后,对陕西省范围内的天然放射性生态环境开展了系统调查,对重点地区开展了多方法多参数调查与研究,总体来说,陕西省辐射水平低于全国平均值,属于正常天然本底范围。省内99%的居住区辐射有效剂量当量均小于0.7mSv,不足1%的居住区辐射有效剂量当量稍高。通过系统调查,划分出了6片高背景区,需进一步开展大比例尺的放射性调查,研究其分布范围、控制因素及产生的原因,并提出进一步综合治理的方案及建议。

第二节 西安城市群周边典型区域环境氡浓度监测

氡在自然界广泛存在,并且其浓度水平主要受地质条件因素控制。20世纪80年代中期以来,许多国家开展了氡的危害监测与防治研究工作。氡及子气体是诱发肺癌的主要危险因素,世界卫生组织以动物试验证实了氡是当前认识到的19种最重要的致癌物质之一。氡对人体的辐射伤害占人体所受全部辐射的55%以上。针对该辐射风险,本研究选取宝鸡市眉县温泉小镇汤峪开展了土壤氡气浓度监测,监测区域东西向延伸6km,南北向延伸3km,常规检测网格为200m,加密检测网格为40m,布设土壤氡气测量点共688个。测量氡气浓度为360.4～108 809.6Bq/m³,平均值为14 618.56Bq/m³,同时对该区域地热井水中氡和井口空气氡浓度进行检测(图6-1)。

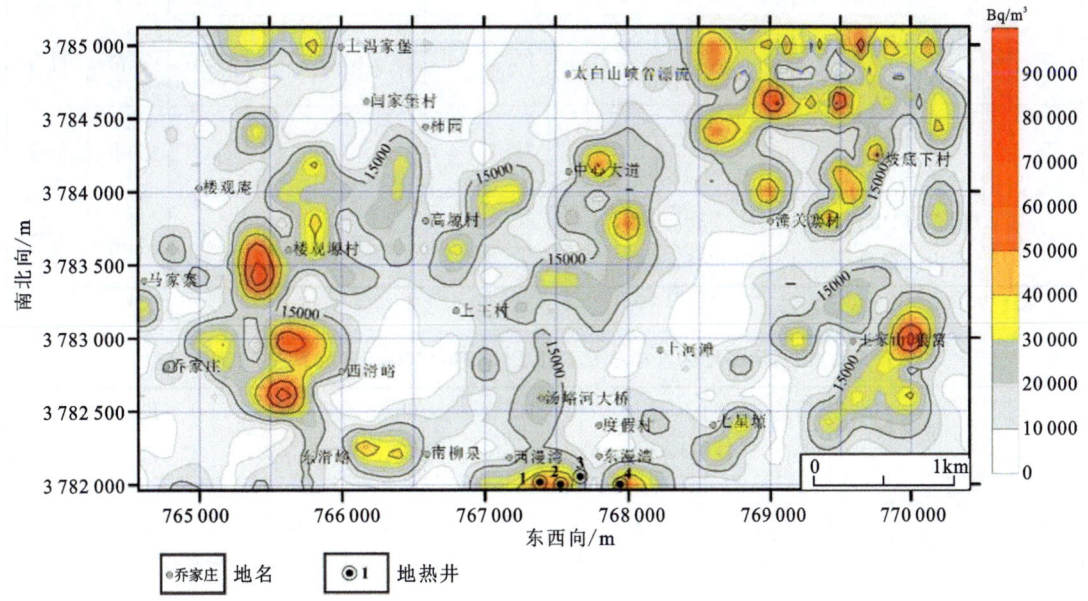

图6-1 眉县汤峪土壤氡浓度分布平面图

结果显示,汤峪地区整体表现为低土壤氡气浓度背景,浓度值小于 20kBq/m³,依据《民用建筑工程室内环境污染控制规范》(GB 50325—2010),土壤氡浓度情况较好,适宜作为民用建筑用地,不必在工程设计及建筑过程中采取专门的土壤防氡措施;区域东北角局部土壤氡浓度平均值大于 30kBq/m³,土壤氡危害较大,综合资料研究表明,该区域的土壤氡高浓度值与隐伏断裂构造有关,而在实际情况中,该区域为猕猴桃果园和玉米地所在区域,附近无人居住,因此不需要采取专门的防氡措施,但不宜作为密闭性的大棚农业用地,可种植通风性良好的农作物。区域南部存在局部土壤氡浓度高值条带,异常条带沿秦岭北麓断裂展布,4 处中低温地热井延断裂两侧分布,证实高氡浓度与地热资源有关,地热区土壤氡气受高温影响加速扩散,使得土壤氡浓度升高。

依据《地下水质量标准》(GB/T 14848—2017)和《污水综合排放标准》(GB/T 8978—1996),对眉县汤峪地区 6 口地热井开采端进行了空气氡浓度监测,结果为 19.95～59.45Bq/m³,均符合标准。6 口地热井井口处水中氡浓度含量范围为 12.4～30.2Bq/L,均符合标准,详见表 6-1 和表 6-2。

表 6-1 眉县汤峪地区地热井附近空气氡和水中氡浓度检测结果

序号	企业名称	地理坐标	空气氡浓度/(Bq·m⁻³)	水中氡含量/(Bq·L⁻¹)	井深/m	用途	结论
1	眉县汤峪疗养院	34°07′52.96″N, 107°54′05.99″E	22.15	12.4	400.18	洗浴	符合
2	陕西太白山国家森林公园	34°07′42.64″N, 107°53′40.51″E	20.85	18.5	300	洗浴	符合
3	眉县太白酒业宾馆有限责任公司	34°07′52.11″N, 107°54′01.02″E	22.1	15.7	/	洗浴	符合
4	眉县水利培训中心(国宾酒店)	34°07′52.71″N, 107°53′54.76″E	23.85	13.3	361.37	洗浴	符合
5	眉县汤峪温泉宾馆	34°07′42.93″N, 107°53′55.31″E	59.45	19.4	350	洗浴	符合
6	眉县太白山青园山庄温泉	34°07′38.46″N, 107°53′37.51″E	19.95	30.2	400	洗浴	符合

表 6-2 眉县汤峪地区水样总 α、总 β 及 U、Th、²²⁶Ra、⁴⁰K 元素分析结果

序号	企业名称	总 α/(Bq·L⁻¹)	总 β/(Bq·L⁻¹)	U/(μg·L⁻¹)	Th/(μg·L⁻¹)	²²⁶Ra/(Bq·L⁻¹)	⁴⁰K/(Bq·L⁻¹)	结论
1	眉县汤峪疗养院	1.2	0.76	57.7	<0.20	0.074	0.21	不符合

续表 6-2

序号	企业名称	总α/(Bq·L^{-1})	总β/(Bq·L^{-1})	U/(μg·L^{-1})	Th/(μg·L^{-1})	^{226}Ra/(Bq·L^{-1})	^{40}K/(Bq·L^{-1})	结论
2	陕西太白山国家森林公园	0.15	0.27	7.58	0.28	0.1	0.26	符合
3	眉县太白酒业宾馆有限责任公司	0.12	0.19	6.73	<0.20	0.028	0.21	符合
4	眉县水利培训中心(国宾酒店)	0.14	0.26	7.43	<0.20	0.027	0.25	符合
5	眉县汤峪温泉宾馆	0.098	0.24	3.15	<0.20	0.054	0.25	符合
6	眉县太白山青园山庄温泉	<0.020	0.24	0.47	<0.20	0.027	0.24	符合

井开采端水中总α含量范围为<0.020~1.2Bq/L,水中总β含量范围为0.19~0.76Bq/L,U含量范围为0.47~57.7μg/L,Th仅在陕西太白山国家森林公园检出,其含量为0.28μg/L,其余各处均未检出;^{226}Ra的含量范围为0.027~0.1Bq/L,^{40}K的含量范围为0.21~0.26Bq/L。各地热井水放射性指标总体安全,其中眉县汤峪疗养院地热井水总α含量达到1.2Bq/L,超出限定标准20%,建议后续加强对地热水放射性的持续监测,关注可能引发的健康问题,详见表6-3。

表6-3 地热井开采端放射性超出标准情况

位置	放射性指标				取样位置
	总α/(Bq·L^{-1})	总β/(Bq·L^{-1})	空气氡/(Bq·m^3)	水中氡/(Bq·L^{-1})	
标准限值	1	10	200	50	
眉县汤峪疗养院	1.2	0.76	22.15	12.4	井口

第三节 西安城市群周边典型区域伽马辐射监测

咸阳市位于关中平原中部,渭河以北、子午岭以南。地势从东南向西北呈阶梯状上升,可划分为3个地貌单元。一是渭河、泾河平原,占该区总面积的20%,主要包括咸阳市区、兴平市和武功县等,据2004年陕西省核工业地质局给出的资料,原野γ辐射剂量率均值为80.65nGy/h;二是占该区总面积20%的中部台塬区,包括乾县、礼泉、泾阳、三原等地,原野γ辐射剂量平均值为87.21nGy/h;三是北部五县的高原丘陵区,占该区总面积的60%,原野γ辐射剂量平均值为88.13nGy/h。

对于天然放射性辐射而言,3种天然放射性核素 ^{238}U、^{232}Th、^{40}K 是陆地表面 γ 辐射的主要辐射源,约占环境放射性辐射总剂量的 2/3。对人体的外部照射及内部照射都直接与土壤、岩石中的铀、钍、镭核素含量大小有关,^{238}U 对人体产生的内、外照射占所有核素的 54%。不仅可以根据地面 γ 能谱测量的铀、钍、镭含量确定距地表 1m 高处的空气吸收剂量率,而且还可确定铀、钍、镭核素对空气吸收剂量的贡献百分比。

本次调查选取咸阳兴平市北部城区和黄土台塬交接部位为重点研究区,工作比例尺 1:1万,东西向线距为 100m,南北向点距为 40m,伽马实测点位 412 个,实测伽马辐射剂量率为 33.7~135.18nGy/h。前人调查研究显示,2004 年咸阳、兴平、武功等地区原野伽马辐射剂量率平均值为 80.65nGy/h,本次监测所得兴平地区伽马辐射剂量率平均值为 83.69nGy/h。结果显示,兴平地区伽马辐射剂量略高于全区平均水平,但仍处于全省放射性本底正常值范围内,因此没有辐射风险。由不同地表介质环境伽马辐射剂量率作出统计得知,区内城区水泥路面伽马辐射剂量率整体高于塬上黄土覆盖区,但均处于正常值范围内,详见表 6-4 和图 6-2。

表 6-4 兴平地区不同介质环境伽马辐射剂量率统计表

测量介质	伽马辐射剂量率/(nGy·h^{-1})	
	变化范围	平均值
黄土	58.36~106.65	78.09
水泥路面	82.56~135.18	93.52

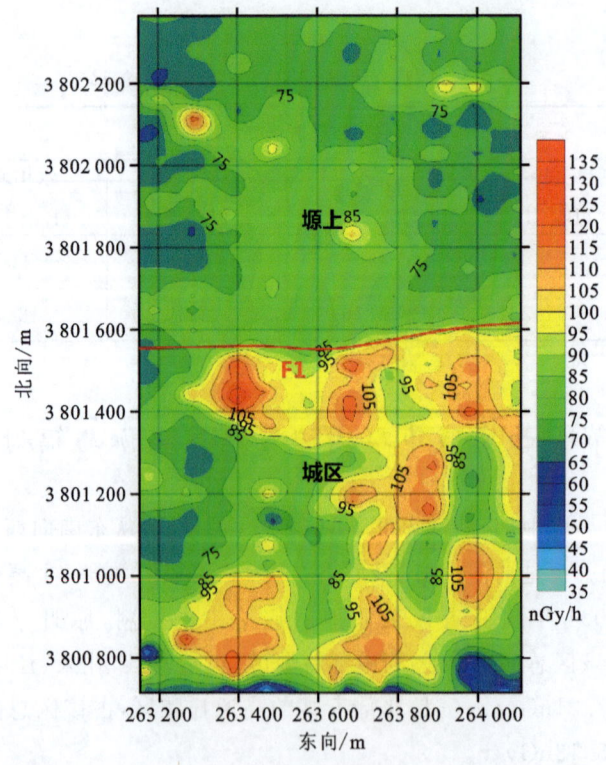

图 6-2 兴平北部伽马辐射剂量平面图

第七章　健康地质资源:优质农产品

第一节　优质农产品与健康地质融合

我国幅员辽阔,自然条件优越,遍布各地的名特优农产品,在一定区域范围内带有明显地区特点和特殊营养品质,在国内外市场享有盛誉,是我国传统的出口商品。当前,全国纳入名特优新农产品名录的达3000种以上,当前大众需求的转变促进了发展方式转型升级,加大农业生产追求优质、营养、健康的要求。名特优农产品成为了乡村振兴和促进区域经济发展的重要出路,结合当前国家加快实施"健康中国"战略的实际,推动名特优农产品"提质",提高经济效益和市场竞争力意义重大。从地质环境角度来看,"土特产"之所以"土",与当地独特的自然环境特点密切相关,如气温、海拔、水质、土壤等多种因素,独特的地质环境赋予了农产品独特的口感和营养品质。

我国名特优农产品种类繁多,主要有瓜果、茶、烟、药材、粮食、燕菜、花卉等。各地因适地适种,形成品牌产品而脱贫致富的地方很多,但多年来,资源过度开发,同时,适宜产区种植不规范,非适宜区盲目扩种,造成一些名特优农产品品质下降。满足消费者对于优质、营养、健康农产品的需求任重道远。例如:我国果树中的柑橘和苹果种植面积分别占世界的17%和11%,但产量仅为1.4%和10%;茶树种植面积居世界首位,但茶叶单产不占据优势;烤烟产量已居世界第一,但优质烤烟较少。

名特优农产品是农业发展的基石,加强名特优农产品的保护和生产管理,规划引导名特优农产品基地建设,推进标准化、规范化生产,稳步提升名特优农产品质量,对于实施健康中国战略和乡村振兴战略具有十分重要的意义。

地域性是农业的自然特征,做好名特优农产品文章就要用好一方水土,首先要考虑土壤、环境和气候的问题,尤其是在地质作用过程中形成的地貌、岩石、土壤等构成了名特优农产品的地质环境,这些地质环境及其变化决定了名特优农产品的数量和质量,并直接影响着人体健康。因此,依据区域地质环境特点,确定名特优农产品品种,建设生产基地,发挥品质特性,是实现名特优农产品与健康地质融合的切入点。

第二节 地质环境与优质农产品的关系

已有研究表明,优质农产品的高品高产除了与品种、气候、管理技术等因素有关外,往往还与产地特定的生态地质环境、成土母岩的岩性以及土壤地球化学特征等具有相关性(高琳等,2011)。研究者们开展了成土母岩、土壤类型、土壤地球化学特征对水稻、板栗、大枣和杨梅等众多名特优产品品质的影响研究。朱鑫(2014)对江门水稻种植区进行生态地球化学调查,通过开展生态地球化学评价,查明影响水稻品质的主要地质地球化学因素,建立了特色农产品地质地球化学模型,开展了农产品适宜性评价和区划。李随民等(2011)以河北迁西优质板栗产区样品为例,建立生态地质地球化学环境因素与板栗之间的比配模型,划分板栗种植的优质区、适宜区和非适宜区域,为当地板栗种植和规划提供了理论依据和参考。栾文楼等(2004)等分析了影响大枣品质的生态地质因素,认为黑云斜长片麻岩中黑云母含量高,为钾元素提供了高可供性,从而影响产枣品质提高。也有调查表明,土壤类型、土壤肥力、气候条件和地形地貌等因素对杨梅的生长和果实的品质起着至关重要的作用。

优质农产品优良品质的形成有着特定的地质环境背景,优质农产品多数是在特定地质环境基础上形成的,它对生长的地域环境具有很强的选择性和依赖性,所以在一些具有特定元素或元素组合的地区会形成公认的优质农产品,它们的形成都与地质环境有着密切的关系。

一、优质农产品的定义

优质农产品是指那些在品质、口感、营养价值或地域特色方面具有独特优势的农产品。这些农产品常常与特定的地理环境、气候条件、种植技术或传统工艺密切相关,从而形成其独特的品质特点和市场附加值。优质农产品的形成涉及多个因素的综合作用,地质环境在其中扮演着重要角色。地质环境影响着土壤的成分和质地,进而影响了农作物的生长条件和品质。

二、地质环境与优质农产品的关系

地质环境与优质农产品之间存在着密切的关系,地质环境直接影响了土壤的成分和质地,从而为农产品的生长提供了基础条件,不同地质环境下的土壤具有不同的特点,如矿物质含量、pH、水分含量等,这些特点直接影响着农产品的生长和品质。此外,地质环境还直接影响着农产品的地理特色和产地认知。一些地质环境独特的地区常常能够生产出独特的农产品,形成其地域特色和品牌优势。因此,地质环境不仅是优质农产品形成的重要因素,也是其市场竞争力和附加值的重要来源。

三、影响优质农产品的地质因素

1. 地形条件对优质农产品的影响

地形条件是影响农业生产与布局的因素之一。土壤在一定的生物、地形影响下,在空间上产生分异,导致土壤地球化学环境发生变化,造成元素在空间上的分异。地形条件对优质农产品的影响主要可从海拔高度、坡度和坡向进行分析。海拔通过影响小气候特征、林地分布、土壤熟化程度等,间接对土壤理化性质产生影响,如川党参适合种植在海拔700~3000m地区,素花党参适合种植于1000~3700m地区,不同作物对海拔要求不同。坡向也是地形主要因子之一,会引起光照、温度、降水量、风速、土壤成土母质和形成过程等因子的不同,不同坡向水热情况会显著影响土壤各因子,从而导致作物生长受到影响,如樱桃是喜光树种,在平地、阳坡地更适宜生长,在阴坡地生长受限。

2. 成土母质对优质农产品的影响

农业的基础是土壤,土壤的基础是地质。母质是土壤形成的基础,土壤很大程度上继承了母质的特征,且母质中元素的丰缺也很明显地反映在土壤元素含量上,如在玄武岩母质上发育的红壤往往富含铁元素,且含钾量较低。生长于石英砂岩和花岗岩母质土壤上的茶叶品质比生长在玄武岩母质发育的黏质土壤要好,因为前者继承了母质高硅、钾和低钙的特点,适合茶树生长。

3. 土壤条件对优质农产品的影响

优质农产品品质的形成与土壤条件存在较紧密的关系,离开这个特定的自然背景就会使其丧失固有的特点,如土壤的构成及其所含的微量元素是道地药材生长和有效成分形成的必不可少的条件,是形成道地药材与非道地药材之分的重要因素。土壤类型、耕层质地、有效土层厚度、土壤有机质含量和酸碱度等对优质农产品具有较大影响。同一种优质农产品栽培在不同土壤上,其产量和品质不同,以种植果品为例,质地轻的土壤使得果实含糖量高,糖酸比值大,品质好,但产量低;质地相对较黏重的土壤会导致果实含糖量较低,糖酸比值小,品质较差,但产量高。土壤类型对天然药用植物质量具有较明显影响,不同的土壤导致所生长的天然药物品质悬殊。

4. 气候条件对优质农产品的影响

气候条件也是优质农产品形成的重要因素之一。气候条件对农业生产的影响主要体现在农作物生长与生产、种植制度与农作物品种分布、农业气候资源利用等方面。光照、气候、水分是影响作物生长发育的主要气候因子。光照强度大和日照时间长有利于光合作用的有机物的合成和积累,从而促进植株生长和果实品质的提高;气候暖干对农作物的各生理过程产生较大影响,过高或过低的温度对作物的生长发育均不利;水分是限制作物生产潜力的主要因素,对作物的生长发育、形态特征、生理生化及产量品质均有重要影响。

综上所述,开展地质环境质量调查研究,探明优质农产品背景,并查明优质农产品的地质环境背景与特定的土壤地球化学特征,是实现优质农产品优质高效生产的前提和关键。

第三节 秦岭北麓优质农产品猕猴桃的地质密码

猕猴桃作为我国原始起源中心的植物,在国内拥有丰富的猕猴桃物种及种质资源。尤其是经过30多年的发展,秦岭北麓南已经形成北宽约50km,东西长约200km的集约化产业带,使猕猴桃成为陕西省果业的两大拳头果品之一,独具特色和竞争优势,成为我国乃至世界最大的猕猴桃集中产区和国内外公认的猕猴桃最佳优生区。截至2025年,陕西省猕猴桃产业发展态势良好,种植面积超百万亩(1亩≈666.67 ㎡),占全国显著的比例,产量数百万吨,占全国1/3以上,以周至县和眉县为核心产区。陕西自主培育了"翠香""瑞玉"等新优品种,首创猕猴桃即食技术,推广先进技术实现规模化、标准化和生态化种植。品牌建设方面,"周至猕猴桃""眉县猕猴桃"知名度高,眉县猕猴桃品牌价值达161.37亿元,入选中欧互认地理标志产品名单。市场销售形成线上线下多元化渠道,远销欧美、东南亚等地区。猕猴桃加工产业发展迅速,深加工产品种类丰富,2024年产业综合产值超200亿元。陕西省政府出台扶持政策,预计到2031年种植面积达120万亩以上,产量超200万吨,未来将加强品种选育、品牌建设、市场营销,探索产业融合发展模式。

作为一个拥有丰富营养成分的水果,猕猴桃在维护人体健康方面发挥了不可忽视的作用。猕猴桃富含维生素C、维生素E、叶酸、钾、纤维素等营养元素,能够提高人体免疫力、调节血压、降低胆固醇、促进肠道健康等,是维护身体健康的好选择。研究猕猴桃中的有益元素和对人体健康的影响非常必要。通过深入了解猕猴桃中的营养成分,可以更好地发掘其对人体健康的潜在作用,推广猕猴桃的消费和利用,促进人们健康生活方式的养成。

一、猕猴桃与健康

1. 猕猴桃的品种分类和分布区域

猕猴桃(kiwifruit),系猕猴桃科(Actinidiaceae)猕猴桃属(Actinidia)植物,是原产我国的野生木质藤本果树(朱鸿云,2009)。猕猴桃果实营养丰富,风味独特,适宜鲜食与加工,经济价值高,当今已被国际上誉为"水果之王"(刘科鹏等,2012)。猕猴桃主要生长于海拔200~600m低山区的山林中,一般多出现于高草灌丛、灌木林或次生疏林中,喜欢腐殖质丰富、排水良好的土壤,分布于较北的地区者喜生于温暖湿润、背风向阳的环境。

2. 猕猴桃的营养元素含量特征

广泛的研究表明,猕猴桃含有大量的营养元素(Nishiyama et al.,2004)。它是维生素A、B、C、E和K等的有效来源,尤其是膳食纤维、叶酸、钾和其他矿物质的含量可观(Richardson et al.,2018)。猕猴桃还有助于胶原蛋白的合成(Richardson et al.,2018),为人体提供健康益处(Satpal et al.,2021)。

二、材料与方法

1. 研究区位置概况

采样地点位于秦岭北麓周至县—眉县一带（34°5′00″N—34°15′00″N，107°40′00″E—108°28′00″E），海拔323～800 m，该地区阳光充足，属暖温带大陆性季风气候，夏季炎热潮湿，冬季寒冷干燥。年平均气温和降水量分别为11～13℃和500～800mm。大约60%的降水发生在6～9月之间（贺文丽等，2011；Wang et al.，2019）。图7-1为研究区位置与采样点位示意。为了确保样品采集具有代表性，在眉县—周至县境内选取了施肥措施一致、管理水平相当的猕猴桃果园进行采样。所选果园种植的猕猴桃品种均为"徐香"，树龄统一为15年，且棚架结构均为标准的大棚架，株行距严格控制在3m×4m，行向统一为南北方向。

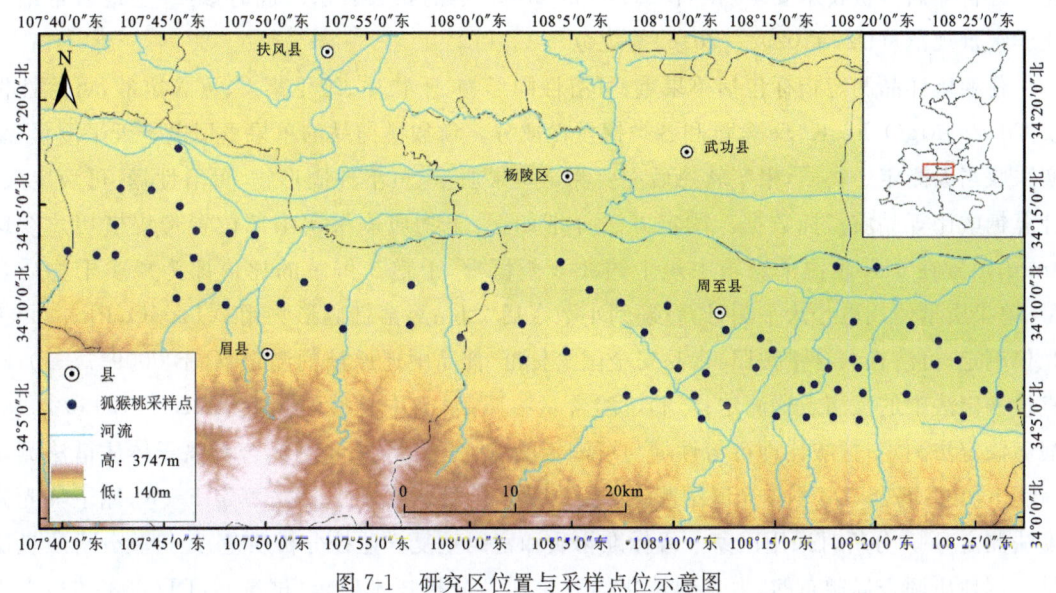

图7-1 研究区位置与采样点位示意图

2. 样品采集与预处理

猕猴桃成熟季节，在秦岭北麓周至县—眉县一带按照协同采样的理念，采集猕猴桃土壤及果实样品共计92组，其中眉县48组，周至44组，土壤样品采集采用西北农林科技大学设计的手动土壤样品采集器，在猕猴桃果园30m范围内，开挖4个浅坑，取0～40cm深的土壤，土壤样品质量均大于2kg，装于洁净布样袋内，土壤样品分析前先将土壤样品经风干、压碎、过2mm筛。混匀后，取30g样品装袋用作pH分析，另取90g左右样品用无污染的行星球磨机粉碎至200目粒度，剩余试样留作粗样，装至袋中保存。猕猴桃果实样品采集，在土壤样采集范围内，采摘不同朝向、不同高度及枝条不同部位的猕猴桃果实20个，组成一个猕猴桃果实样品，带回后，装入干净塑料袋，称其鲜重，送实验室测试从加工后的试样中分取10g试样装玻璃瓶于45℃烘干2h后送原子荧光做元素的取样分析,剩余试样装玻璃瓶经105℃烘2h用作其他流程元素的取样分析。

3. 样品分析测试

土壤样品,采用电感耦合等离子体质谱法测定Pb、Cd、Cr、Cu、Mo、Ni、Zn、F、I、N,电感耦合等离子体光谱法测定MgO,波长色散X荧光光谱法测定Mn、P、S、SiO_2、Al_2O_3、TFe_2O_3、Na_2O、K_2O、CaO,原子荧光光度法测定As、Se;另外采用电位法测定土壤pH;有效态测定方法参见LY/T1210—LY/T1275《森林土壤中元素有效态分析方法》。分析时插入国家一级标准物质控制分析准确度,按样品总数的5%抽取检查样品编成密码进行重复分析以及对异常点进行再次重复分析,以控制分析测试精密度,分析结果的检出限、准确度、精密度、报出率等指标都满足或优于《地质矿产实验室测试质量管理规范》和中国地质调查局颁布的《生态地球化学评价样品分析技术要求(试行)》(DD 2005-03)中的相关要求。同时参照《土地质量地球化学评价规范》(DZ/T 0295—2016)等规范。

猕猴桃样品测定指标包括单果重、可溶性固形物、干物质、维生素C、可滴定酸、可溶性糖及Cd、Zn、MgO、Fe、K、Se含量和各类挥发性成分。猕猴桃样品的单果重用电子天平测量,果实采收当天测定干物质,果实软熟后主要测定单果质量、可溶性固形物、可溶性糖、可滴定酸、计算糖酸比等品质指标数据。测定方法分别如下:干物质取果实中部位置带皮横切片约厚3mm,放置在60℃恒温干燥箱中烘干约24h至恒重,干重与鲜重的比值即为果实干物质含量;单果质量使用电子天平测量,精确到小数点后2位;可溶性固形物用ATAGO(PR-32α)折光仪测定;可溶性糖含量按照《食品安全国家标准 食品中还原糖的测定》(GB 5009.7—2016)直接滴定法中的反滴定法测定;可滴定酸含量参照《食品中总酸的测定》(GB/T 12456-2008)酸碱滴定法测定;糖酸比即可溶性糖与可滴定酸的比值。采用电感耦合等离子体质谱法测定Cd、Zn,电感耦合等离子体光谱法测定MgO,波长色散X荧光光谱法测定Fe、K,原子荧光光度法测定Se。分析时采用国家一级标准物质和密码重复样监控分析质量,经检验分析质量满足中国地质调查局颁布的《生态地球化学评价样品分析技术要求(试行)》(DD 2005-03)中生物样品的分析质量要求,同时参照《生态地球化学评价动植物样品分析方法》(DZ/T 0253.1—2014、DZ/T 0253.4—2014)完成。同时,采用顶空固相微萃取(HS-SPME)结合气相-质谱法(GC-MS)分析了猕猴桃果实的挥发性成分。

4. 分析评价方法

在样品分析测试基础上,利用SPSS软件对猕猴桃土壤、果实矿物元素、果实品质等各组分含量特征进行描述统计分析,参照《食品安全国家标准 食品中污染物限量》(GB 2762—2022),对猕猴桃中矿物元素食用安全性进行评价;采用生物富集系数研究土壤-猕猴桃果实元素迁移聚集特征;采用SPSS 27和Origin 2022软件统计分析猕猴桃土壤与果实品质营养组分的相关性。

三、元素含量分布特征

1. 猕猴桃土壤元素含量分布特征

通过统计研究区土壤样品元素含量及 pH(表 7-1),分析其地球化学特征及 pH 范围,研究区土壤 Se、Cd、Cu、F、Mn、Ni、P、MgO、Na_2O、K_2O 含量高,富集明显,As、Cr、N、Pb、Zn、SiO_2、Al_2O_3、TFe_2O_3 略高,S、CaO 偏低,其中 Cd 的变异系数明显高于其他元素,显示出较强的变异性,可见 Cd 元素含量的差异性最大,最高含量是最低含量的 14.38 倍,平均值为 0.31μg/g,为中国 A 层土壤背景值的 3.1 倍(魏复盛等,1991;李玉浸和高怀友,2006),变异系数为 1.065 7,表明研究区土壤可能受到含 Cd 元素外源物质的影响;Se 元素含量在所有平均含量中最低,含量的差异性在检测元素中位列中间,平均含量和变异系数分别为 0.24μg/g 和 0.275;N、P 的含量最高,变异系数分别为 0.154 和 0.331,含量均值为 1 276.96 和 1 692.35μg/g,研究区内周至县和眉县两个区土壤 pH 总体偏碱性,区域内 pH 平均值为 7.09,最小值为 4.44,最大值为 8.40。

表 7-1 秦岭北麓猕猴桃土壤各组分含量描述性统计

分析指标	单位	含量极小值	含量极大值	含量平均值	变异系数
As	μg/g	7.19	19.2	15.13	0.167
Cd	μg/g	0.13	1.87	0.31	1.066
Cr	μg/g	55.5	93.3	76.33	0.049
Cu	μg/g	25.1	52.7	32.55	0.116
F	μg/g	616	1126	750.58	0.066
I	μg/g	0.92	3.32	2.41	0.299
Mn	μg/g	443	1015	772.65	0.131
N	μg/g	598	2098	1 276.96	0.154
Ni	μg/g	21.9	45.9	36.99	0.088
P	μg/g	663	3347	1 692.35	0.331
Pb	μg/g	21.8	55.3	29.18	0.120
S	μg/g	114	441	235.15	0.176
Se	μg/g	0.16	0.51	0.24	0.275
Zn	μg/g	63.4	197	101.39	0.223
SiO_2	%	59.9	67.64	63.91	0.024
Al_2O_3	%	11.09	15.4	14.1	0.041

续表 7-1

分析指标	单位	含量极小值	含量极大值	含量平均值	变异系数
TFe_2O_3	％	3.44	6.64	5.32	0.061
MgO	％	1.67	2.87	1.98	0.071
CaO	％	0.9	5.40	2.13	0.518
Na_2O	％	1.47	2.21	1.7	0.098
K_2O	％	2.51	3.77	2.78	0.032
pH	无量纲	4.44	8.40	7.09	0.184

注：$\mu g/g$ 即 10^{-6}，下同。

2. 猕猴桃果实元素含量分布特征

秦岭北麓猕猴桃果实的元素含量统计结果列于表 7-2，可以看出研究区内的猕猴桃果实元素含量中 Se 元素的平均含量为 $0.002\mu g/g$，变异系数为 0.514 8；Cu 和 Zn 的含量相对较高，平均含量分别为 $0.503\mu g/g$ 和 $0.616\mu g/g$，这两种元素在猕猴桃果实中的含量相对稳定，变异系数分别为 0.362 7 和 0.258 5，Cu 和 Zn 作为人体必需的微量元素，对维持正常的生理功能具有重要作用。Fe 的含量平均值为 $1.815\mu g/g$，变异系数为 0.349 4；Cd 的含量变异系数最高，达到 0.930 0，显示出极强的变异性，Cd 的平均含量为 $1.239\mu g/g$，含量极小值为 $0.500\mu g/g$，含量极大值为 $6.735\mu g/g$，Cd 是一种有害重金属，其在食品中的高含量可能对人体健康造成危害，因此需要严格控制其含量；K 和 Mg 的含量变异系数较低，含量相对稳定，作为必需的微量元素，K 和 Mg 含量的稳定性对于保证猕猴桃的营养价值和健康性是有益的。以上数据表明，果实元素复杂多样，各元素含量差异性显著，开展土壤对猕猴桃果实元素含量的影响，具有重要的研究意义。

表 7-2 秦岭北麓猕猴桃果实元素各组分含量描述性统计

分析指标	单位	含量极小值	含量极大值	含量平均值	变异系数	标准差
Se	$\mu g/g$	0.001	0.004	0.002	0.514 8	0.001 7
Cu	$\mu g/g$	0.176	1.010	0.503	0.362 7	0.182 5
Zn	$\mu g/g$	0.277	1.131	0.616	0.258 5	0.159 2
Cd	ng/g	0.500	6.735	1.239	0.930 0	1.265 7
Fe	$\mu g/g$	0.649	3.474	1.815	0.349 4	0.634 2
K	$\mu g/g$	0.146	0.314	0.229	0.169 1	0.038 6
Mg	$\mu g/g$	0.010	0.028	0.015	0.187 8	0.002 8

3. 土壤有效态与全量关系

土壤元素中的全量与有效态含量具有直接关系(钟晓兰等,2010;Bathrellos et al.,2024),与土壤元素总量相比,有效量具有更直接的研究意义,能够更有效地反映植物营养元素的供给能力(周艳,2021;梁晶等,2023),有效度越高,元素活化能力越强,越易被植物吸收。秦岭北麓猕猴桃产地土壤元素有效量统计结果见表7-3。其中有效度为土壤元素有效态含量与全量的比值,用百分数表示,反映土壤元素活性及其可被植物吸收利用的程度。从表7-3可以看出:元素Zn、Co、Cd、Mn的有效态含量变化范围都比较大,有效量数据表明,总体上各元素都为微弱转化,Zn、Mn的有效态转化程度较其他元素高;除Cu外,研究区其他元素有效态都与其全量呈较为明显的正相关,其中有效Zn与全量呈显著正相关(P<0.05),相关系数为0.411,反映出了土壤中的Zn元素活性及其可被植物吸收利用的程度均处于较高的水平。

表7-3 猕猴桃元素土壤有效量及其与全量相关性

有效量	猕猴桃				与全量相关系数
	含量范围/(mg·kg^{-1})	均值/(mg·kg^{-1})	有效度/%	标准差	
Zn	1.13~24.7	5.52	10.8	4.888	0.411*
Pb	1.56~4.56	2.59	5.11	0.772	0.220
Co	0.07~0.46	0.18	0.42	0.105	0.021
Cd	0.025~0.785	0.11	0.21	0.142	0.200
Ni	0.53~2.84	1.30	2.51	0.588	0.259
Mn	13.3~77.6	36.50	71.23	14.401	0.149
Cu	1.42~5.24	3.21	6.37	0.977	−0.021

注:* 表示在0.05级别(双尾)中相关性显著。

4. 果实元素迁移性评价

通过对研究区猕猴桃果实元素含量分析可知,各元素含量均存在差异性,所以此时需要通过转运系数来判断元素迁移性结果(章杰等,2010;Lu et al.,2024),转运系数(TF)可以直接反映根部吸收的元素经过茎干移动并储存在果实中的能力(周启星和孙铁珩,2004;Raven,1983)。

$$TF = C_m / C_p \tag{1}$$

式(1)中:C_m为猕猴桃叶或果的元素含量,mg/kg;C_p为猕猴桃土壤的元素含量,mg/kg。

$TF>1$,说明叶、果元素含量大于根部含量,可以认为根部对该元素具有较强的转运能力;TF为0.5~1,说明叶、果元素含量大于根部含量的1/2,可以认为根部对该元素具有显著的转运能力;$TF<0.5$,说明叶、果金属含量显著少于根部含量,可以认为根部对该元素具有较弱的转运能力(Zimmermann et al.,2015)。结果通过图7-2可以看出Se的元素迁移性结果要明显高于其他元素,Se、Cd、Zn、Fe、K、Mg的果实TF(平均值)分别为0.643、0.014、

0.006、0.324、0.081、0.007,可以看出根部对 Se 和 Fe 元素具有显著的转运能力;而 Cd、Zn、K、Mg 这 4 种元素的转运能力较弱,更进一步显示出猕猴桃对营养有益元素的转运吸收能力强,而对有害元素则表现出限制其在果实中转运吸收积累的能力。

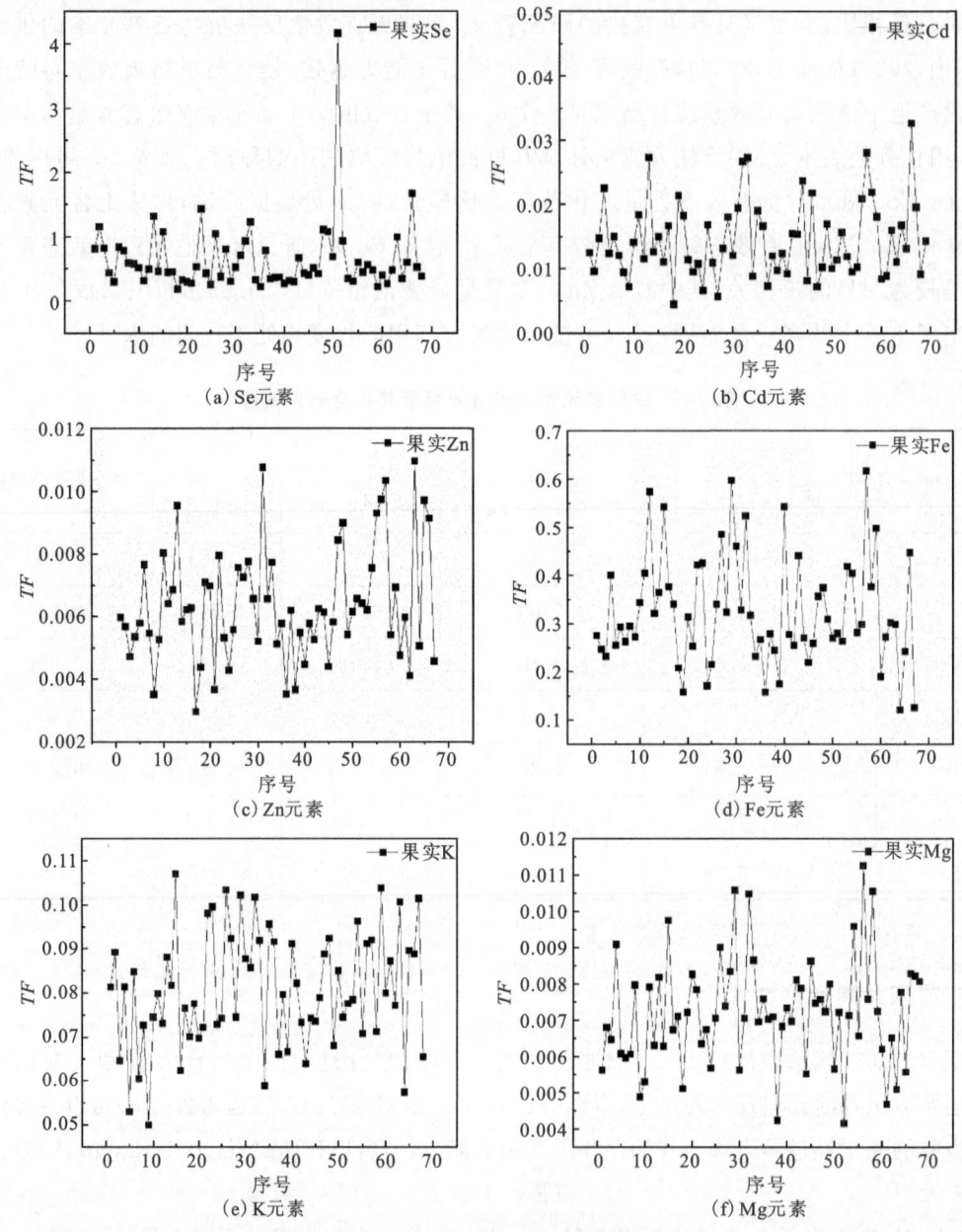

图 7-2　猕猴桃果实元素转运系数图

为了更直观看到元素富集能力,采用土壤-植物系统中的元素富集系数来进一步表征植物对土壤元素的吸收积聚能力(邱喜阳等,2008;Zhao et al.,2024),富集系数=[植物元素浓度(干重计)]/[土壤元素浓度(干重计)]×100,图 7-3 给出了土壤-猕猴桃系统中各元素的富集系数。结果表明,各元素的富集系数变化范围很大,猕猴桃对土壤元素的吸收积聚能力表现为 Fe>Mg>K>Se>Cd>Zn,根据《食品安全国家标准　食品中污染物限量》(GB 2762—2022)标准,食品中污染物有 Cd 元素,对应标准应小于 0.05 mg/kg,而猕猴桃中 Cd 元素并未超标,这说明猕猴桃对土壤元素的吸收凝聚能力表现为营养有益元素的富集系数明显大于重金属元素,显示猕猴桃对营养有益元素主动选择性吸收,而对有毒有害元素限制其在果实中积累。

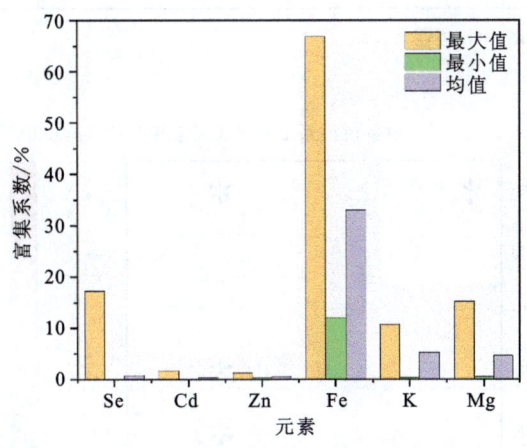

图 7-3 猕猴桃果实-土壤富集系数

5. 果实元素与土壤元素的相关性评价

为了进一步明确这些参数之间的关系,在此分析了猕猴桃果实元素与土壤元素之间的相关性(图 7-4),表 7-4 罗列了猕猴桃果实元素与土壤元素的相关性系数,显示出果实中的 Se 与土壤中的 Se 有显著正相关性,相关系数为 0.312($p\leqslant 0.05$),这表明土壤中的硒含量与果实中的硒含量有正相关关系;果实中的 Cd 与土壤中的 Cd 没有显著相关性,但与土壤中的 Zn 有微弱的负相关性,相关系数为 -0.078;果实中的 Zn 与土壤中的 Zn 有微弱的负相关性,相关系数为 -0.114,这可能表明土壤中的 Zn 含量较高时,果实中的 Zn 含量较低;果实中的铁与土壤中的 Fe 有较为显著的正相关性,相关系数为 0.188,并且与土壤中的 K 也有显著的正相关性,相关系数为 0.250,表明土壤中 Fe 和 K 的含量可能与果实中 Fe 的含量有正相关关系;果实中的 K 与土壤中的 K 有显著正相关性,相关系数为 0.280;果实中的 Mg 与土壤中的 Mg 有显著负相关性,相关系数为 -0.188,表明土壤中的 Mg 含量较高时,果实中的 Mg 含量可能较低。整体来看,Se 和 K 元素相关性程度显著,这表明猕猴桃对 Se 和 K 元素有较强的吸收能力,而 Cd 元素在相关性结果中表现出较差的相关性,而这一结果也对应了元素转移性评价结果。

表 7-4 猕猴桃果实元素与土壤元素相关性系数

果实元素	土壤 Se	土壤 Cd	土壤 Zn	土壤 Fe	土壤 K	土壤 Mg
果实 Se	0.312*	-0.059	-0.068	0.029	0.317*	0.099
果实 Cd	-0.009	0.003	-0.078	-0.015	-0.062	-0.071
果实 Zn	-0.098	-0.077	-0.114	0.019	0.099	-0.074
果实 Fe	-0.006	0.083	-0.147	0.188	0.250*	-0.023
果实 K	-0.021	0.011	0.039	0.110	0.280*	-0.066

续表 7-4

果实元素	土壤 Se	土壤 Cd	土壤 Zn	土壤 Fe	土壤 K	土壤 Mg
果实 Mg	−0.113	−0.059	−0.103	−0.023	−0.003	−0.188

注：* 表示在 0.05 级别（双尾）中相关性显著。

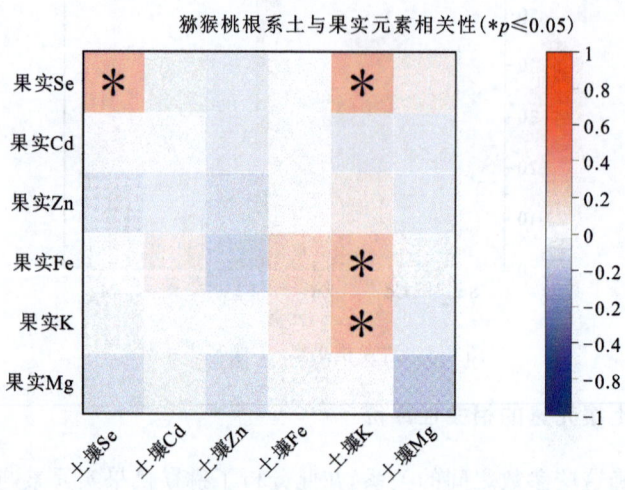

图 7-4 猕猴桃果实元素与土壤元素相关性

6. 果实元素与果实品质的关系

选取猕猴桃样本，共分离鉴定出 32 种挥发性成分，其中的关键挥发组分（表 7-5）为丁酸甲酯、2-己烯醛、己醛、辛醛、苯甲酸甲酯、癸酸甲酯 6 种，有研究指出酯类对猕猴桃香气的形成具有重要作用，此类物质主要呈现浓郁的果香和甜香，同时醛类和醇类也是猕猴桃中的一类关键香气物质，图 7-5 显示了猕猴桃 6 种关键组分以及猕猴桃果实元素之间的相关关系，可以看出挥发性香气成分能够一定程度上反映出猕猴桃糖酸的性质，其中丁酸甲酯与果实中的 Se、Zn、Fe、Mg 元素呈现出较为明显的正相关性；2-己烯醛与果实中的 Se 元素呈现出明显的正相关性，与果实中的 Cd、Zn 元素呈现出明显的负相关性；己醛与果实中的 Se、Mg 元素呈现出明显的正相关性，与果实中的 Cd、Zn 元素呈现出明显的负相关性；辛醛与 Se、Zn 元素呈现出较为明显的正相关性；苯甲酸乙酯与 Fe 元素呈现出明显的负相关关系；癸酸甲酯与果实中的 Se 元素和 Fe、K、Mg 元素呈明显的正相关性，与果实中的 Cd、Zn 元素呈现出明显的负相关性。

表 7-5 猕猴桃主要挥发性组分与果实元素关性系数

果实元素	丁酸甲酯	2-己烯醛	己醛	辛醛	苯甲酸乙酯	癸酸甲酯
果实 Se	0.22	0.34	0.29	0.096	0.055	0.44*
果实 Cd	−0.14	−0.3	−0.47*	−0.058	−0.032	−0.21
果实 Zn	0.15	−0.19	−0.34	0.13	0.052	−0.16

续表 7-5

果实元素	丁酸甲酯	2-己烯醛	己醛	辛醛	苯甲酸乙酯	癸酸甲酯
果实 Fe	0.33	−0.055	−0.034	−0.27	−0.34	0.13
果实 K	−0.053	0.0011	−0.028	−0.015	−0.052	0.094
果实 Mg	0.14	0.039	0.19	−0.1	−0.076	0.12

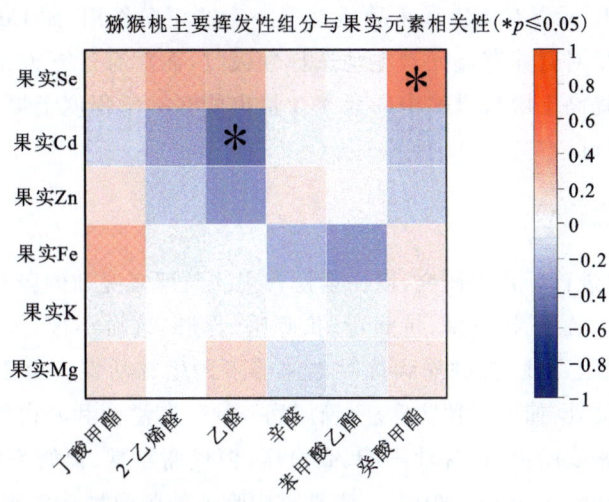

图 7-5　猕猴桃主要挥发性成分与果实元素的相关性

四、结果

(1) 秦岭北麓猕猴桃产区土壤中 Se、Fe 和 K 等有益元素与果实中相应元素的含量存在显著的正相关性，这表明土壤中这些营养元素的含量可以显著影响果实中这些元素的含量，显示土壤对果实微量元素含量具有一定的制约作用。而秦岭北麓猕猴桃营养元素 Se 和 Fe 元素相对富集，重金属元素含量较低，为秦岭北麓猕猴桃的优质高产提供了地质地球化学条件。

(2) 土壤中的 Zn、Pb、Co、Cd、Ni 和 Mn 元素的有效态含量与其全量之间存在正相关关系，这表示土壤中元素的总量在一定程度上可以指示其有效性。其中，土壤中 Zn 元素的有效态含量与其全量呈正相关，且正相关性达到显著水平，这反映出土壤中锌的生物有效性较高，可能更容易被植物吸收利用。

(3) 猕猴桃对营养有益元素如 Se、Fe、K 的富集系数普遍高于有害元素，尤其是对重金属元素如 Cd、Hg、As 等的富集系数极低，显示出猕猴桃对有益元素具有主动吸收能力，而对有害元素则限制其在果实中的积累，这为猕猴桃的安全性提供了地质地球化学条件。

(4) 果实中的 Se 元素与癸酸甲酯有较强的正相关；Cd 元素与己醛有显著的负相关性，与癸酸甲酯也有负相关性，这表明猕猴桃果实品质能够在一定程度上反应果实中的有益元素对果实的影响，也更加表明猕猴桃对有益元素具有主动吸收能力，而对有害元素则限制其在果实中的积累。

五、结论

通过研究分析,可见研究区的土壤与果实中的 Se、Fe、K 有益元素有着显著的正相关关系,反映出土壤中的营养元素可以较好地被果实吸收,进而提升了果实中的元素含量。同时,评价了猕猴桃对土壤元素的富集能力和有益、有害元素在猕猴桃中的分布及迁移性特征,通过相关性分析,可以更加客观地评判猕猴桃的品质,弥补了通过猕猴桃果实香气来界定猕猴桃果实优劣的主观性,通过分析可以看出猕猴桃主要挥发性组分与果实元素存在显著的相关性,其中 Se、Fe、K、Mg 元素对于猕猴桃品质都有一定的正向作用,而 Cd 元素则存在一定的负面作用,显示猕猴桃对营养有益元素主动选择性吸收,而对有毒有害元素限制其在果实中积累,这意味着科学提高土壤与果实中的元素含量也能在一定程度上提升果实的品质,为科学种植奠定了地学基础。

六、食用猕猴桃建议

不同的研究人员进行了几项研究,以探索猕猴桃的药理概况和健康益处。它具有抗氧化、抗糖尿病、抗炎、降压、抗癌、抗真菌、抗病毒、抗哮喘、保肝、抗血小板、抗伤害、抗 HIV 病毒、抗微生物、抗便秘、细胞毒性、抗肿瘤和抗凝血酶等多种生物活性。由于其丰富的药理学特征,它具有各种健康益处,如可以预防癌症、糖尿病、哮喘、艾滋病和心血管疾病。在改善代谢异常如血脂异常、低密度脂蛋白、甘油三酯、高血压、糖代谢异常、血管炎症、止血障碍等方面具有重要作用(Stonehouse et al.,2013)。猕猴桃中唯一的刺激物是草酸盐,这些草酸盐可引起某些人的口腔黏膜刺激。由于猕猴桃的草酸含量高,肾结石和尿石症患者应避免食用,高浓度草酸也会降低体内钙、镁和铁的生物利用度。坚硬状态的猕猴桃并不好吃,糖分很低,果实酸涩,这是因为其中含有大量蛋白酶,会分解舌头和口腔黏膜的蛋白质,引起不适感。所以,猕猴桃一定要放软了才适宜食用。

第四节 优质农产品玉米的地质密码

玉米是禾本科的一年生草本植物,是世界上最重要且分布最广泛的粮食作物之一,原产于中美洲和南美洲,现广泛分布于美国、中国、巴西和其他国家。玉米的品种主要有甜玉米、糯玉米、黑玉米、水果玉米、普通玉米等,其用途除食用外,还可以用来生产饲料,而且玉米淀粉还是清洁能源乙醇的重要原料,故而世界各国都非常重视玉米的储备。

中国既是玉米生产大国,也是玉米消费与贸易大国,在国际玉米产业中位居前列。其中,玉米收获面积常年居全球首位;玉米产量仅次于美国,常年位列全球第二位;玉米总消费量位列全球第二位,占全球比重超 1/4;玉米饲用消费量居全球首位,在全球比重近 1/3;玉米进口量占全球的 10% 以上,出口量则不到全球的 1%,在供需两旺的大背景下,国内缺口仍然较大,对国际市场依赖度相对较高。

据国家统计局数据(图 7-6),中国玉米种植面积常年稳定在 6 亿亩以上,生产规模相对较大的省份主要有黑龙江省、吉林省、内蒙古自治区、山东省、河南省、河北省、辽宁省,这 7 个省

(区)份玉米种植面积常年保持在4000万亩以上,产量常年保持在2000万t以上。其中,"黑龙江省、吉林省、内蒙古自治区、辽宁省"与同纬度上的美国玉米带、乌克兰玉米带齐名,并称为"全球三大黄金玉米带"。

陕西省玉米的种植面积只占全国玉米总生产面积的一小部分,但是其地理位置和区域气候特殊,同时种植着春播玉米和夏播玉米。陕西省位于我国的秦岭淮河线的南北分界线上,大陆性季风气候明显,南北狭长。南部的陕南山地、中部的关中平原、北部的渭北旱塬及陕北丘陵沟壑形组成了三秦地区。这3个区域,是陕西省玉米种植的3个生态区,陕南是高海拔的山区玉米种植区,该地区春夏播玉米均有种植,关中是夏播玉米的主栽区。

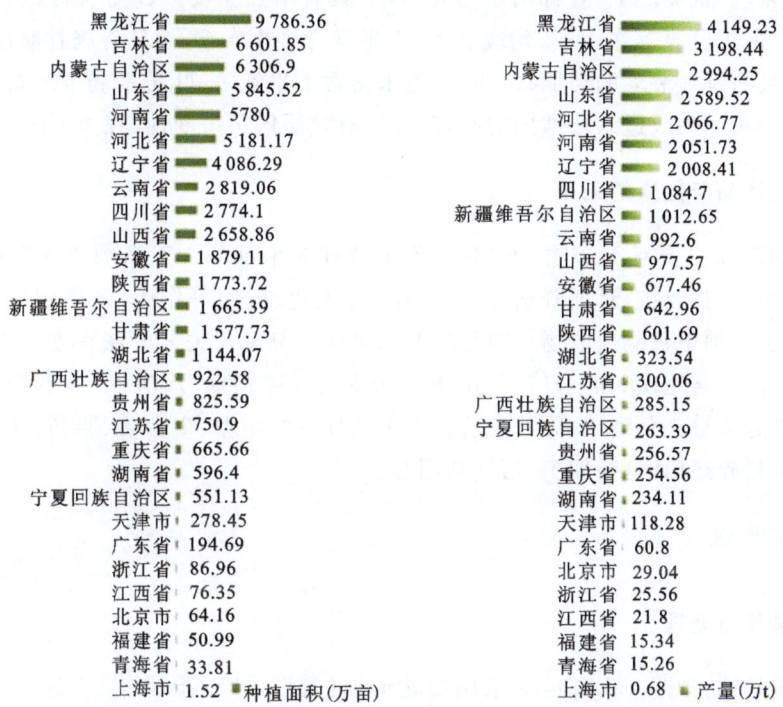

图7-6 2021年中国各省(区、市)玉米种植面积与产量(数据来源:国家统计局)

一、玉米与健康

1. 玉米主产品与健康的关系

玉米是世界公认的"黄金作物",含有丰富的维生素、谷氨酸、膳食纤维以及镁、硒、钠、铁、磷、钙、锌等有益元素。在当今被证实的最有效的50多种营养保健食品中,玉米主要含7种营养元素——钙、维生素E、谷胱甘肽、纤维素、镁、硒和脂肪酸,每100g玉米能提供19.02g的碳水化合物、脂肪1.18g、蛋白质3.22g、纤维素2.7g以及近300mg的钙,与乳制品中所含的钙差不多,故而玉米有主食中的"保健品"之称。由于玉米中含有大量维生素E和黄酮,经常食用玉米产品不仅增强人的体质,延缓人体衰老,还对心血管疾病的治疗也有辅助作用。其中黄酮类化合物作为玉米主要活性成分之一,具有抗糖尿病、抗肥胖和抗氧化作用等多种药理活性。它们还具有许多生物活性,如抗氧化、抗肿瘤、降血糖、提高免疫力和抑菌杀菌等。经常食用玉米有诸多好处,主要包括:①补充各种营养素,玉米含有丰富的维生素,是稻米、小麦的5~10倍,含有胡萝卜素、丰富的钙以及人体所需的18种氨基酸等营养元素,有利于身体健康;②促进新陈代谢,玉米富含膳食纤维,是大米含量的3~8倍,膳食纤维具有刺激肠道蠕动、加速排便的作用,对促进新陈代谢很有好处,一定程度上还有减肥效果;③促进大脑发育,玉米含有丰富的谷氨酸,能够促进大脑发育,是很好的"益智食物";④降血压、降血脂,玉米胚中的玉米油含有大量不饱和脂肪酸,其中亚油酸占60%,能够调脂、降压(作用和鱼油类似,成分稍有差异);⑤抗癌,玉米中含有一种长寿因子——谷胱甘肽,这是最有效的抗癌成分,且玉米富含以"抗癌之王"著称的生命元素硒,具有增强免疫力、防止糖尿病、心脑血管疾病、防治肝病、保护肝脏等作用;⑥延缓衰老,玉米富含维生素E,而且谷胱甘肽能够生成谷胱甘肽氧化酶,具有延缓衰老的功能;⑦明目,玉米富含维生素A、叶黄素和玉米黄质,具有强大的抗氧化能力,可以吸收进入眼球内的有害光线,有效缓解黄斑变性、视力下降。

2. 玉米副产品与健康的关系

玉米的副产品主要有玉米须、玉米皮、玉米秸秆3个部分。玉米须中含有粗纤维、粗蛋白、多糖和粗脂肪,具有抗痛风、降血糖、降血脂、抗氧化、抗癌等作用,还是利尿、利胆、降压、消肿的良药;玉米须中黄酮提取物可明显降低痛风性关节炎及关节肿胀程度。玉米皮具有降血脂、降血压、降低肠道疾病的可能,但由于玉米皮的口感粗糙、水溶性差,不受大众欢迎,并且膳食纤维成分未被充分利用,导致浪费。玉米秸秆主要由糖、蛋白质、脂肪、矿物质等组成,目前主要用于粉碎还田、饲料加工、沼气利用等。

二、样品测试

1. 样品采集与处理

在玉米成熟期,于西安市鄠邑区采用梅花形、棋盘形或"S"形采集35件玉米样品(图7-7),每件样品由8~10根玉米组成,经自然风干后脱粒处理并均匀混合,采用四分法弃除多余样品,保留0.5~1kg样品装入样品袋;采集玉米样品的同时采集相同点位的根系土样品(0~20cm),土壤样品自然风干后,用木棍敲碎,过10目尼龙筛后及时送实验室测试。样品测试分析由湖北省地质实验测试中心(原国土资源部武汉矿产资源监督监测中心)完成,玉米籽实样品采用电感耦合等离子体质谱法测定Se、Cr、Cu、Zn、Cd、I、Fe、Mn、Na、Ca、K、Mg、P等元素的含量;根系土样品测试根据样品分析要求和测试方法特点及《土地质量地区化学评价规范》(DZ/T 0295—2016)的要求进行,分析测定了As、Cd、Cr、Cu、F、I、Mn、N、Ni、P、Pb、S、Se、Zn、SiO_2、Al_2O_3、TFe_2O_3、MgO、CaO、Na_2O、K_2O、有机质、pH等,检测结果均符合相关要求。

2. 数据处理分析

数据利用Microsoft Excel、ArcGIS、SPSS等数据处理软件,进行数据分布检验和参数计算,统计分析玉米籽实与根系土元素含量相关性。

三、结果与分析

1. 玉米籽实中各元素含量分布特征

玉米籽实中各元素含量分布特征如表 7-6 所示,其中 Se 含量范围及均值为 0.005～0.145mg/kg,平均值为 0.034 mg/kg,基于《富硒稻谷》(GB/T 22499—2008)及《富硒农产品》(DB50/T 705—2016)中给出的相应标准,计算鄠邑区玉米籽实富硒率为 36.4％;Cu 含量为 1.051～5.086mg/kg,平均值为 1.595mg/kg;Fe 含量为 14.942～25.815mg/kg,平均值为 20.386mg/kg;Mn 含量为 3.958～7.535mg/kg,平均值为 5.151mg/kg;Zn 含量为 13.204～26.749mg/kg,平均值为 16.66mg/kg(表 7-6)。与河北、河南、山东、江苏、内蒙古等地区相比,西安市鄠邑区玉米籽实中 Cu 含量相对平均,Fe 含量相对较低,Mn 和 Zn 含量则表现相对突出。

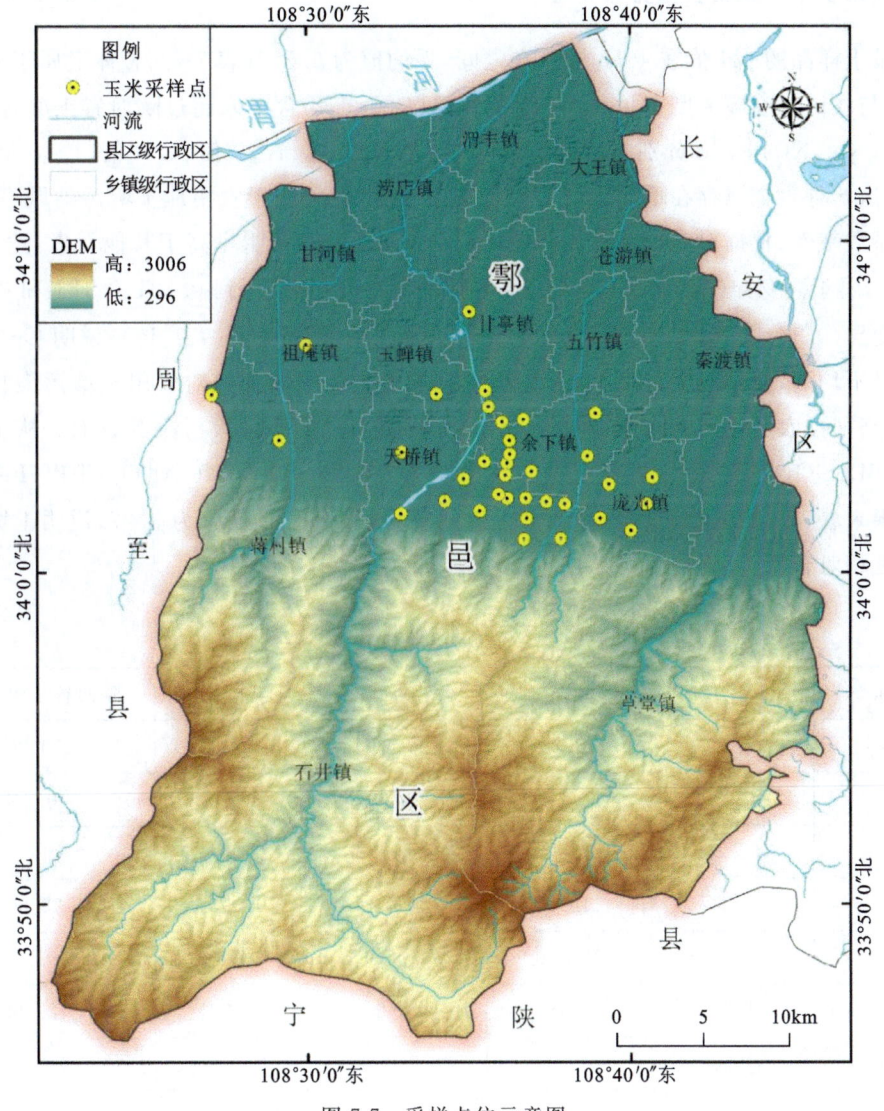

图 7-7 采样点位示意图

表 7-6 鄠邑区玉米籽实中各元素含量特征

特征参数	Se	Cr	Cu	Zn	Cd	I	Fe	Mn	Na	Ca	K	Mg	P
单位	mg/kg								%				
样品数量	38	38	38	38	38	38	38	38	38	38	38	38	38
最小值	0.005	0.095	1.051	13.204	0.005	0.009	14.942	3.958	2.115	/	0.342	0.093	0.266
最大值	0.145	0.62	5.086	26.749	0.035	0.053	25.815	7.535	22.217	/	0.485	0.124	0.369
平均值	0.034	0.213	1.595	16.66	0.009	0.032	20.386	5.151	7.028	/	0.404	0.109	0.303

2. 根系土中各元素含量分布特征

根系土样品的 pH 值在 4.95~8.13 之间,平均值为 6.502(表 7-7),整体上属于弱酸性土壤,可能与农田过度施氮肥有关。7 种重金属中仅 As 平均含量未超过陕西省土壤背景值,其中 Cd、Cr、Cu、Ni、Pb、Zn 分别是背景值的 1.24 倍、1.1 倍、1.27 倍、1.18倍、1.18 倍和 1.23 倍,表明这 6 种重金属存在不同程度的累积富集效应,但仍低于农用地土壤污染风险筛选值。从变异系数来看,根据对变异系数的相关研究分级:Cu 和 Cd 明显高于其他元素,达到 0.398 和 0.516,属于高变异($C_v>0.36$);As、Pb 和 Zn 也较高,分别达到 0.221、0.181 和 0.222,属于中等变异($0.16<C_v<0.36$);其余均小于 0.16,属于低变异($C_v<0.16$);说明 Cu 和 Cd 空间分布最不均匀,变异程度较高,受人类活动影响较大。需要加强对农田土壤污染物的输入管理,严格把控农药化肥的施用、灌溉用水水质监测以及生活垃圾污染等方面。从土壤硅铝率 $[R_{sa}=W(SiO_2)/W(Al_2O_3)]$ 和土壤硅铁铝率 $[R_{saf}=W(SiO_2)/W(Al_2O_3)+W(Fe_2O_3)]$ 的计算结果来看(表 7-7),鄠邑区玉米根系土硅铝率为 4.54,硅铝铁率为 3.27,说明土壤脱硅富铝化程度相对较低,风化程度相对较高。

表 7-7 鄠邑区玉米根系土中各元素含量特征

指标	最小值	最大值	平均值	变异系数	陕西省土壤背景值
As	7.14	18.20	11.691	0.221	13.200
Cd	0.15	0.93	0.258	0.516	0.208
Cr	62.20	92.80	81.461	0.067	74.000
Cu	22.80	116.00	35.542	0.398	28.000
F	543.00	759.00	663.316	0.060	601.000
I	1.25	2.48	1.848	0.178	2.000
Mn	599.00	956.00	782.395	0.097	690.000

续表 7-7

指标	最小值	最大值	平均值	变异系数	陕西省土壤背景值
N	771.00	1415.00	1 218.842	0.114	932.000
Ni	27.40	48.00	39.129	0.101	33.000
P	759.00	1472.00	997.447	0.183	931.000
Pb	24.50	53.00	33.024	0.181	28.000
S	160.00	517.00	236.079	0.278	258.000
Se	0.18	0.61	0.311	0.309	0.170
Zn	69.20	190.00	92.416	0.222	75.000
SiO_2	62.20	67.81	64.753	0.017	58.740
Al_2O_3	12.63	15.52	14.252	0.039	12.710
TFe_2O_3	4.54	6.75	5.522	0.070	4.870
MgO	1.49	2.96	2.027	0.122	2.300
CaO	0.87	2.79	1.592	0.294	5.810
Na_2O	1.43	2.30	1.767	0.126	1.430
K_2O	2.20	3.19	2.735	0.058	2.540
有机质	1.36	2.87	2.189	0.163	/
pH	4.95	8.13	6.502	0.149	/

注：SiO_2、Al_2O_3、TFe_2O_3、MgO、CaO、Na_2O、K_2O、有机质单位为％，pH 为无量纲，其余指标单位均为 mg/kg。

3. 玉米籽实元素与根系土的关系

玉米 Se 含量与土壤 Se 含量比值反映玉米对土壤硒的吸收效果，其比值越大则吸收越多。鄠邑区玉米籽实中 Se 含量/根系土 Se 含量在 0.018~0.318 之间，平均值为 0.099。相关性分析（图 7-8）显示：玉米籽实中 Se 含量与根系土中的 Se 含量呈正相关关系，其相关性系数为 0.427。从富集系数可以看出：富集系数最高的元素为 Na，达到了 397.8％；富集系数最小的元素为 P，仅为 0.03％。玉米籽实对根系土各元素吸收聚集能力表现为 Na＞Fe＞Zn＞K＞Se＞Mg＞Cu＞Cd＞I＞Mn＞Cr＞P；各元素富集系数变化范围较大，应与植物对土壤元素吸收的影响因素较多有关，除元素浓度外，土壤理化性质、有效含量等均对植物吸收有较大的影响作用。对玉米籽实各元素含量与根系土各元素含量的整体相关性分析（图 7-9）显示：Zn 含量与 Cu、Fe 及 Mg 含量呈正相关关系，Na 含量与 Mn 含量呈正相关关系，Mg 含量与 P 含量呈正相关关系；而 Mn、Mg 和 P 含量则与 I 含量呈负相关关系，Zn 含量与 K 含量呈负相关关系。元素含量呈正相关关系表明对吸收有促进作用，而负相关关系则表现出一定的拮抗作用。

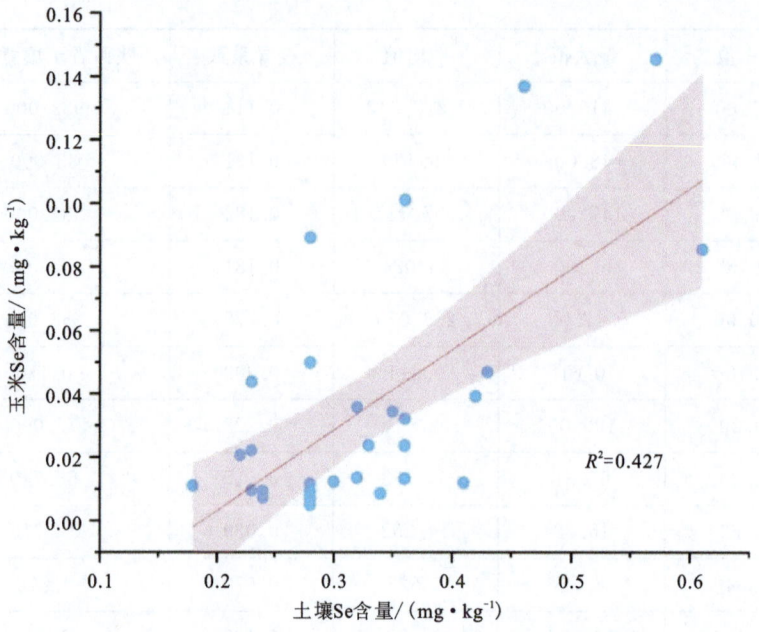

图 7-8　玉米籽实 Se 含量与根系土 Se 含量相关性图

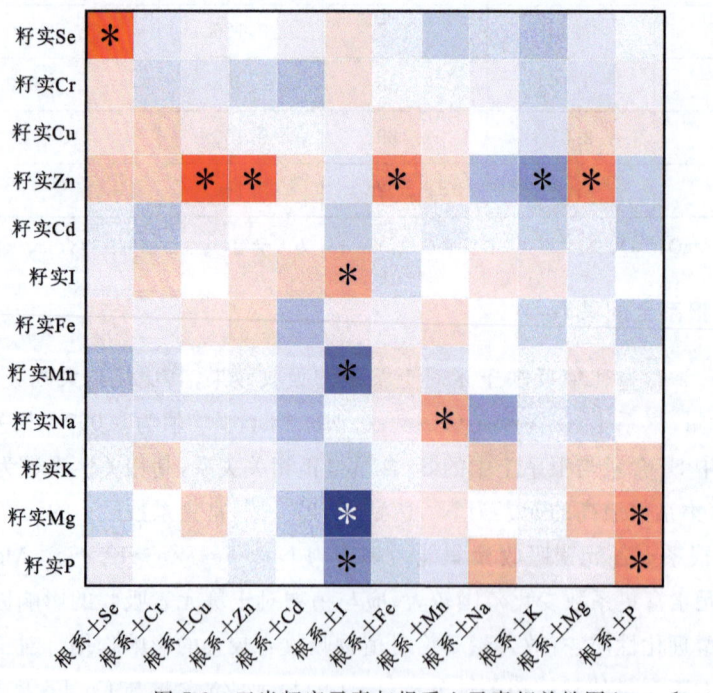

图 7-9　玉米籽实元素与根系土元素相关性图（ * $p \leqslant 0.05$ ）

第八章　土壤和农作物健康阈值

在现代社会的发展进程中，人体膳食结构作为影响人类健康及生态系统的关键因素，具有重要的研究价值。本章着重呈现人体膳食结构的详尽调查成果，结合构建的土壤——农作物模型，对农作物的开发阈值以及与之对应的土地开发阈值进行计算，为农业的可持续发展以及土地资源的合理规划提供坚实的科学支撑。

第一节　研究区居民的膳食结构调查

一、膳食结构调查方法

对研究区南部（眉县、周至县、鄠邑区）和北部（兴平市、武功县）的农村地区，以成人为主要调查对象，开展膳食结构调查，详细询问并记录米、面、蔬菜、肉类、水果、奶类、饮水等食用量，食物来源等信息。实际共完成有效问卷300份（研究区南部200份、北部100份），并在研究区北部采集面粉、熟食（馒头和面条）样品各11件。

二、膳食结构调查结果

研究区居民膳食结构调查结果见表8-1。居民摄入主食的主要类型是面食，占调查人群的90%以上，每人每日摄入量约233g。主吃大米的人群多集中在县城地区，玉米薯类较少，摄入人群主要为乡镇居民，除此之外，也有个别居民吃小米。大多数居民以面食为主，大米为辅，日均摄入量约100g的居民约占调查总数的85%。

表8-1　研究区成人每日各类食物平均摄入量

食物种类	含量/(g·天$^{-1}$)	占比/%	食物种类	含量/(g·天$^{-1}$)	占比/%
面食（馒头或面条等）	229.63	22.25	豆类及其制品	13.54	1.31
大米	80.28	7.78	坚果	1.90	0.18
玉米	5.31	0.51	奶类	105.84	10.26
蔬菜	204.57	19.82	油类	50.60	4.90
水果	133.26	12.91	调味品	27.50	2.66
薯类	2.05	0.20	其他	70.50	6.83
动物性食物	107.05	10.37	合计	1032.02	100

大部分居民摄入蔬菜和水果是以自家种植的为主,也会偶尔购买市面的应季蔬菜、水果。蔬菜摄入较为均衡,叶菜、根茎、瓜果、豆类均有涉及,每日人均摄入量由大到小依次为叶菜、瓜果、根茎、蔬菜。水果摄入多为香蕉、西瓜、桃子、苹果、梨,人均日摄入量约100g,浆果和小粒水果较少。

猪肉在当地最受欢迎,鸡肉、牛肉和羊肉摄入较少,鹅和内脏几乎没有。研究区居民每日人均一个鸡蛋,没有吃鸭蛋和鹅蛋的居民。吃海鲜的居民极少,家庭条件好一点的会偶尔在重要节日或聚会的时候吃河鱼和虾。

研究区居民对奶制品的摄入以牛奶为主,一般每天0.25kg或两天0.25kg,主要摄入群体是有小孩和老人的家庭。城区附近的居民多选择在超市购买市面上的蒙牛、伊利等品牌的牛奶,而乡镇农村的居民多选择附近奶厂送到村里的牛奶。有小孩的家庭也会摄入酸奶,也有极少数居民偏爱羊奶。

三、每日摄入元素贡献率计算

不同食物有益元素Cu、Zn、Mo、I、Ca、Fe、K、Mg与有害元素As、Cd、Hg、Pb含量平均值见表8-2和表8-3。由于没有采集除小麦、玉米和猕猴桃之外的食物样品,其他食物营养元素含量参照《中国食物成分表标准版》第6版/第二册中陕西或邻近省区的数据,部分微量元素值通过查阅已发表文章中的数据获得。对于As、Cd、Pb和Hg含量,则假设其他食物种类As、Cd、Pb和Hg的含量与面粉和玉米的值相同。由于没有查到不同食物中Mo的含量,为了计算方便,假定所有食品中Mo含量与面食中一样,均为0.36 mg/kg。玉米Mo含量为实测值,为0.49mg/kg。

表8-2 研究区不同食物元素含量　　　　　　　　　　　　　　　　　　单位:mg/kg

食物种类	Cu	Zn	Mo	I	Fe	K	Mg
面食(馒头或面条等)	1.94	10.5	0.36	0.007	41	4120	1440
大米	2.55	17.7	0.36	0.01	23	1030	340
玉米	2.07	19.5	0.49	0.03	20	4044	1093
蔬菜	3.95	36.91	0.36	0.05	12	2100	220
水果	6.2	1.9	0.36	0.06	6	1190	80
薯类	6.05	15	0.36	0.23	8	3420	230
动物性食物	1.1	22	0.36	0.29	18	1980	156
豆类及其制品	13.5	33.4	0.36	0.02	82	15 030	1990
坚果	9.5	25	0.36	0.12	21	2370	2670
奶类	0.3	3.2	0.36	0.14	5	1320	70
油类	1.5	4.8	0.36	0.01	29	16	20
调味品	1.4	2.4	0.36	0.02	10	140	20
合计	50.06	192.31	4.45	0.99	275	36 760	8329

表 8-3　研究区食物摄入 As、Cd、Pb 和 Hg 元素含量　　　　　　　　　　单位:mg/kg

食物种类	As	Cd	Pb	Hg
面食(馒头或面条等)	0.02	0.01	0.04	0.001
大米	0.02	0.01	0.04	0.001
玉米	0.02	0.01	0.04	0.001
蔬菜	0.02	0.01	0.04	0.001
水果	0.02	0.01	0.04	0.001
薯类	0.02	0.01	0.04	0.001
动物性食物	0.02	0.01	0.04	0.001
豆类及其制品	0.02	0.01	0.04	0.001
坚果	0.02	0.01	0.04	0.001
奶类	0.02	0.01	0.04	0.001
油类	0.02	0.01	0.04	0.001
调味品	0.02	0.01	0.04	0.001
合计	0.24	0.60	0.48	0.01

由于人体 Cu 等微量元素外部摄入途径主要是食物,参照《食品中化学物质膳食暴露评估》方法,对膳食摄入量进行计算。

根据研究区居民每日食物种类及摄入量,采用不同食物 Cu、Zn、Mo、I 等营养元素含量实测值与收集的公开发表的数据,计算出研究区居民每日的 Cu、Zn、Mo、I 摄入总量及不同食物的贡献率,结果见表 8-4。

表 8-4　研究区成人 Cu、Zn、Mo、I 日均摄入量及贡献率

食物	Cu		Zn		Mo		I		Fe		K		Mg	
	摄入量	贡献率	摄入量	贡献率	摄入量	贡献率	摄入量	贡献率	摄入量	贡献率	摄入量	贡献率	摄入量	贡献率
小麦	0.45	16.07	2.41	15.79	0.08	23.83	0.00	2.34	9.41	47.10	946.06	42.81	330.66	69.24
水稻	0.20	7.38	1.42	9.30	0.03	8.33	0.00	1.17	1.85	9.24	82.69	3.74	27.30	5.72
玉米	0.01	0.40	0.10	0.68	0.00	0.75	0.00	0.23	0.11	0.53	21.48	0.97	5.80	1.22
蔬菜	0.81	29.14	7.55	49.44	0.07	21.23	0.01	14.89	2.45	12.28	429.59	19.44	45.00	9.42
水果	0.83	29.80	0.25	1.66	0.05	13.83	0.01	11.64	0.80	4.00	158.58	7.18	10.66	2.23
薯类	0.01	0.45	0.03	0.20	0.00	0.21	0.00	0.69	0.02	0.08	7.01	0.32	0.47	0.10

续表 8-4

食物	Cu		Zn		Mo		I		Fe		K		Mg	
	摄入量	贡献率	摄入量	贡献率	摄入量	贡献率	摄入量	贡献率	摄入量	贡献率	摄入量	贡献率	摄入量	贡献率
动物性食物	0.12	4.25	2.36	15.42	0.04	11.11	0.03	45.20	1.93	9.64	211.96	9.59	16.70	3.50
豆类及制品	0.18	6.59	0.45	2.96	0.00	1.41	0.00	0.39	1.11	5.56	203.51	9.21	26.95	5.64
坚果	0.02	0.65	0.05	0.31	0.00	0.20	0.00	0.33	0.04	0.20	4.50	0.20	5.07	1.06
奶类	0.03	1.15	0.34	2.22	0.04	10.99	0.01	21.57	0.53	2.65	139.71	6.32	7.41	1.55
油类	0.08	2.74	0.24	1.59	0.02	5.25	0.00	0.74	1.47	7.34	0.81	0.04	1.01	0.21
调味品	0.04	1.39	0.07	0.43	0.01	2.85	0.00	0.80	0.28	1.38	3.85	0.17	0.55	0.12
总计	2.77	100	15.27	100	0.35	100	0.07	100	19.99	100	2 209.75	100	477.59	100

注：摄入量单位为 mg/天；贡献率单位为%。

第二节 小麦/玉米 Zn、Cu 等有益元素阈值确定

水土的健康阈值是充分利用元素指标的关键，目前通过正常人群血液中的元素含量与土壤水体中基准值的相互关系，推断水土的健康阈值，用于健康地质的评价。技术路线如图 8-1 所示。

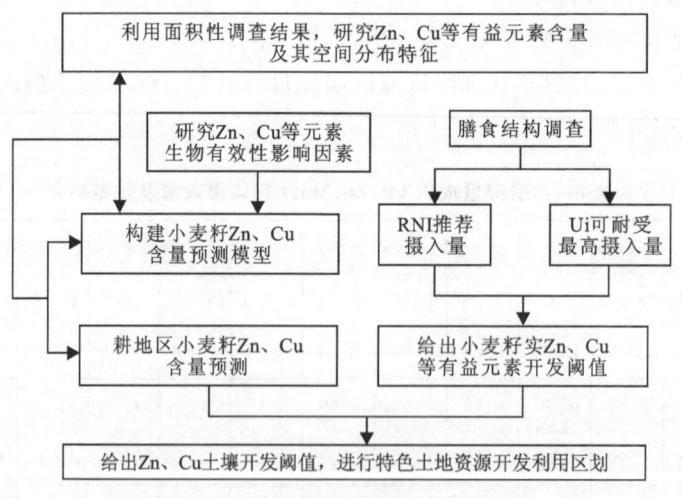

图 8-1 土壤元素开发阈值技术路线图

人体健康与微量元素的适当摄入密切相关，但目前除 Se 外，其他微量有益元素因缺少农作物可食部位最适人体健康的含量范围而无法开发利用。

农作物可食部位 K、Ca、Mg 等大量元素的富集程度评价，也因缺乏评价标准而无法实现，

使得特色农产品种植与土地资源开发不能精确划定。

农作物可食部位 Zn、Cu、Mo、I、Ca 等元素是人体摄入适量范围的确定,一方面与膳食结构有关,即每天摄入的食物总量与占比有关,另一方面也与中国居民膳食营养参考元素的参考摄入量有关。

一、阈值推算依据

在《中国居民膳食营养素参考摄入量》(WS/T 578.3—2017 和 WS/T 578.2—2017)中,给出了不同人群每日人体 Cu、Zn、Mo、I 最佳摄入量 RNI、可耐受最高摄入量 UL 及平均需要量 AI。RNI 为可以满足某一特定性别、年龄及生理状况群体中绝大多数个体需要的营养元素摄入水平;UL 为平均每日摄入营养元素的最高量,此量对一般人群中的几乎所有个体都不至于造成伤害;AI 为营养元素的一个安全摄入水平,是通过观察或实验获得的健康人群某种营养元素的摄入量。

表 8-5 给出了成年人不同营养元素的摄入量参数。依据表 8-5 给出的各种参数值,确定营养元素最佳摄入量的原则为:①具有 RNI 值和 UL 值的营养元素,分别将 RNI 值和 UL 值作为最佳摄入范围最低值和最高值的推算依据;②没有 RNI 值和 UL 值的营养元素,如 K,利用 AI 值作为富 K 农作物 K 含量最低值的推算依据;③仅有 RNI 值的营养元素,如 Mg,利用 RNI 值作为富 Mg 农作物 Mg 含量最低值的推算依据。

表 8-5 成年人不同营养元素摄入量参数　　　　　　　　　　　单位:mg/天

人群类型	Zn		Fe		Mo		I		Cu		K	Mg
	RNI	UL	RNI	UL	RNI	UL	RNI	UL	RNI	UL	AI	RNI
成年/男	12.5	40	12	42	0.1	0.9	0.12	0.6	0.8	8	2000	330
成年/女	7.5		20									

二、小麦、玉米营养元素阈值确定

假定研究区各种食物摄入量和食物中元素的含量不变,依据表 9-5 给出的营养元素各种参数值,就可以计算得到每种食物,如小麦或玉米 Zn、Fe、Mo、I、Ca 和 Cu 营养元素的最佳范围含量阈值,富 K 和富 Mg 小麦与玉米的阈值。

小麦、玉米籽实营养元素 i 富集的最低阈值计算公式为

$$\mathrm{RM}_{ji} = \frac{D_{ji} \times Q_i}{1000 \times \mathrm{IR}_j} \tag{8-1}$$

式中:RM_{ji} 为 j 种食物元素 i 的最低阈值,即为农作物籽实富含元素 i 的最低含量值,j 为小麦或玉米,mg/kg;当 i 为 Zn、Fe、Mo、I、Ca、Cu 和 Mg 时,$Q_i = \mathrm{RNI}_i$,为 Zn、Fe、Mo、I、Ca、Cu 元素的每天最佳摄入量,mg/天;当 i 为 K 时,$Q_i = \mathrm{AI}_i$,为营养素 k 的安全摄入水平,mg/天;其他符号同前文所用。

小麦、玉米籽实营养元素 i 富集的最高阈值计算公式为

$$UM_{ji} = \frac{D_{ji} \times UL_i}{1000 \times IR_j} \tag{8-2}$$

式中：UM_{ji} 为 j 种食物元素 i 的最高阈值，即为农作物籽实富含元素 i 的最高含量值，j 为小麦或玉米，mg/kg；i 为 Zn、Fe、Mo、I、Ca、Cu，UL_i 为平均每日摄入营养元素 i 的最高量，mg/d。

结合表 8-5 给出的营养元素摄入参数，利用式（8-1）和式（8-2），分别计算出用于小麦、玉米富含 Cu、Zn、Mo、I 等营养元素特色农产品开发的各种阈值，其中 RM_{ji} 表示农作物 j 开发营养素 i 的最低值，UL_{ji} 表示农作物 j 开发营养素 i 的最高值。计算结果见表 8-6。

表 8-6 研究区小麦、玉米微量元素阈值　　　　　　　单位：mg/kg

食物	Cu		Zn		Mg		K		Mo		I		Fe	
	RM	UM	RM	UM	RM	UM	RM	UM	RM	UM	RM	UM	RM	UM
小麦	0.56	5.60	8.59	27.50	995	3 728.94			0.10	0.93	0.01	0.06	41.03	86.16
玉米	0.60	5.97	15.96	51.07	755.23	3 660.15			0.14	1.27	0.05	0.26	20.01	42.03

第三节　土壤 Zn、Cu 等有益元素阈值确定

土地是养育地球陆域生物、维持生态平衡的不可再生资源，是人类赖以生存和发展的重要物质基础。如何在不改变现有耕作利用方式、不对土壤环境质量产生明显影响的情况下，识别出能够生产特色农产品的土地资源，发挥出土地资源最大潜能，是一项既有理论意义，又有重要应用价值的工作，也是健康地质调查评价的核心内容。

土壤有益元素富集标准是进行特色土地资源区划的依据，目前，仅有《天然富硒土地划定与标识》（DZ/T 0380—2021），极大地影响了富铜、富锌等特色土地资源的开发利用。因此，研究制定土壤中富铜、富锌阈值意义重大。

一、土壤-小麦/玉米间微量元素转运模型与含量预测

描述土壤-作物重金属转运的数学模型主要有机理及半机理模型法和经验模型法两种。前者是基于 Se、Cu、Zn、Fe 等元素在作物不同组织中的迁移及其吸收机理，Se、Cu、Zn、Fe 等元素从根际向地上部运输过程中参与各种转运蛋白的功能，以及研究作物 Se、Cu、Zn、Fe 等元素吸收转运的内外影响因素基础上给出；后者直接采用根系土 pH、质地、TOC、黏粒等理化性质及土壤中大量元素或微量元素含量作为自变量，农作物籽实 Se、Cu、Zn、Fe 等元素的生物富集系数 K 为因变量，通过多元回归进行预测。

用归一化平均误差（NME）和归一化均方根差（NRMSE）判断模型预测值的准确度与精密度，计算公式为

$$NME = \frac{\bar{e} - \bar{o}}{\bar{o}} \tag{8-3}$$

$$NRMSE = \frac{\sqrt{\frac{1}{N}\sum_{i=1}^{N}(e_i - o_i)^2}}{\bar{o}} \tag{8-4}$$

式中：e_i 为第 i 件样品的预测值；o_i 为第 i 件样品实测值；$\bar{e}$ 为预测值的平均值；$\bar{o}$ 为实测值的平均值；N 为实测的样品数量；归一化平均误差 NME 代表了模型预测值与实测值之间的平均偏差，能反映预测模型的准确度，NME>0 表明通过模型拟合高估了实际值，NME<0 则表明低估了实际值，偏差越大则模型误差越大；NRMES 表示预测值与实测值的偏离程度，它对一组数据中特大或特小的值非常敏感，能很好地反映出预测模型的精密度。

研究区小麦和玉米籽实 Se、Cu、Zn、Fe、I、Mo、Mg 和 K 富集系数预测模型见表 8-7 和表 8-8，小麦和玉米的 Se 等元素预测方程的 NME 与 NRMSE 均远小于 1，说明分区后模型的准确度和精密度均较好，所建的模型能够较好地预测小麦籽实中 Se 等元素的含量。小麦 Se、Cu、Zn 和 K 的富集系数预测方程与 15 件验证样品的拟合程度更高，玉米整体预测效果虽不及小麦，但 Se、Zn、I 和 K 的预测方程与验证样品的拟合程度较好（图 8-2 和图 8-3）。

由于本次建模和验证的样品数有限，且自变量选择没有进行优化，预测模型的稳定性还有待于增加样本量后，进一步确定。

表 8-7 小麦籽实 K_i 预测模型与 NME、NRMES 一览表

元素	多元回归方程/自变量种类	模型样本件数	验证样品件数	NME	NRMES
Se	$\lg K_{Se}=-6.641+1.588\times\lg S+4.564\times\lg Na+0.229\times\lg SOM$	62	15	0.080	0.320
Cu	$\lg K_{Cu}=0.154-1.615\times\lg Fe+0.107\times\lg Mn-0.014\times pH$	62	15	0.023	0.101
Zn	$\lg K_{Zn}=1.963-0.299\times\lg Fe-0.657\times\lg Mn+0.005\times pH$	62	15	−0.020	0.080
Fe	$\lg K_{Fe}=-0.8416\times\lg Cr+0.2816\times\lg Ga-0.6568\times\lg TFe_2O_3+0.0984\times\lg SOM-1.9088$	62	15	−0.017	0.019
I	$\lg K_I=-2.110+1.590\times\lg Si/Al-0.244\times\lg SOM+0.030\times pH$	62	15	−0.101	0.011
Mo	$\lg K_{Mo}=-0.556-1.089\times\lg B-1.964\times\lg Mo-1.047\times\lg Sn-0.343\times pH$	62	15	0.088	0.257
Mg	$\lg K_{Mg}=1.870-0.433\times\lg Cr-0.294\times\lg Cu+0.5\times\lg V+0.818\times\lg SOM$	62	15	0.021	0.126
K	$\lg K_K=0.485+0.11\times\lg F+0.546\times\lg Al_2O_3-0.949\times\lg K_2O$	62	15	−0.014	0.044

表 8-8 玉米籽实 K_i 预测模型/预测自变量与 NME、NRMES 表

元素	多元回归方程/自变量种类	模型样本件数	验证样品件数	NME	NRMES
Se	$\lg K_{Se}=3.278-1.311\times\lg Mn-3.473\times\lg TFe_2O_3+1.09\times\lg SOM+0.205\times pH$	30	8	0.116	0.238

续表 8-8

元素	多元回归方程/自变量种类	模型样本件数	验证样品件数	NME	NRMES
Cu	$\lg K_{Cu} = 1.953 \times \lg TFe_2O_3 + 0.662 \times \lg MgO - 0.242 \times \lg SOM - 0.945 \times \lg Cu - 1.478$	30	8	0.058	0.000
Zn	$\lg KZ_n = 1.773 + 0.595 \times \lg Cd + 1.143 \times \lg Cu - 1.023 \times \lg Zn$	30	8	0.038	0.025
Fe	$\lg K_{Fe} = -0.1593 \times \lg Cd - 0.7884 \times \lg F - 0.7472 \times \lg TFe_2O_3 - 0.0117 \times \lg SOM - 0.3752$	30	8	-0.127	0.169
I	$\lg K_I = -0.049 \times \lg As + 0.414 \times \lg I + 1.092 \times \lg Na + 0.783 \times \lg SOM - 1.564$	30	8	0.110	0.160
Mg	$\lg K_{mg} = 3.425 - 1.404 \times \lg Cr - 0.596 \times \lg Cu - 0.775 \times \lg Mn + 0.927 \times \lg SOM$	30	8	-0.225	0.233
K	$Lg K_K = 2.101 + 0.706 \times \lg F - 0.097 \times \lg Al_2O_3 - 0.668 \times \lg K_2O$	29	9	0.048	0.070

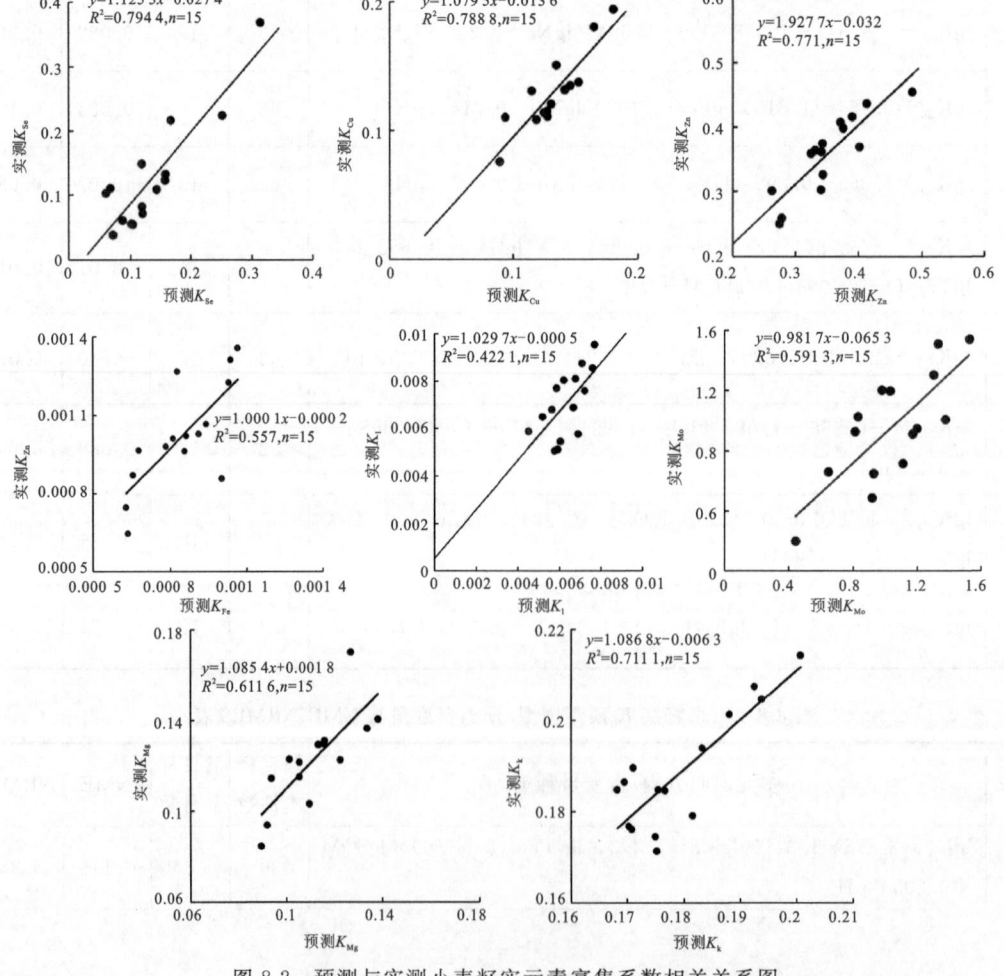

图 8-2 预测与实测小麦籽实元素富集系数相关关系图

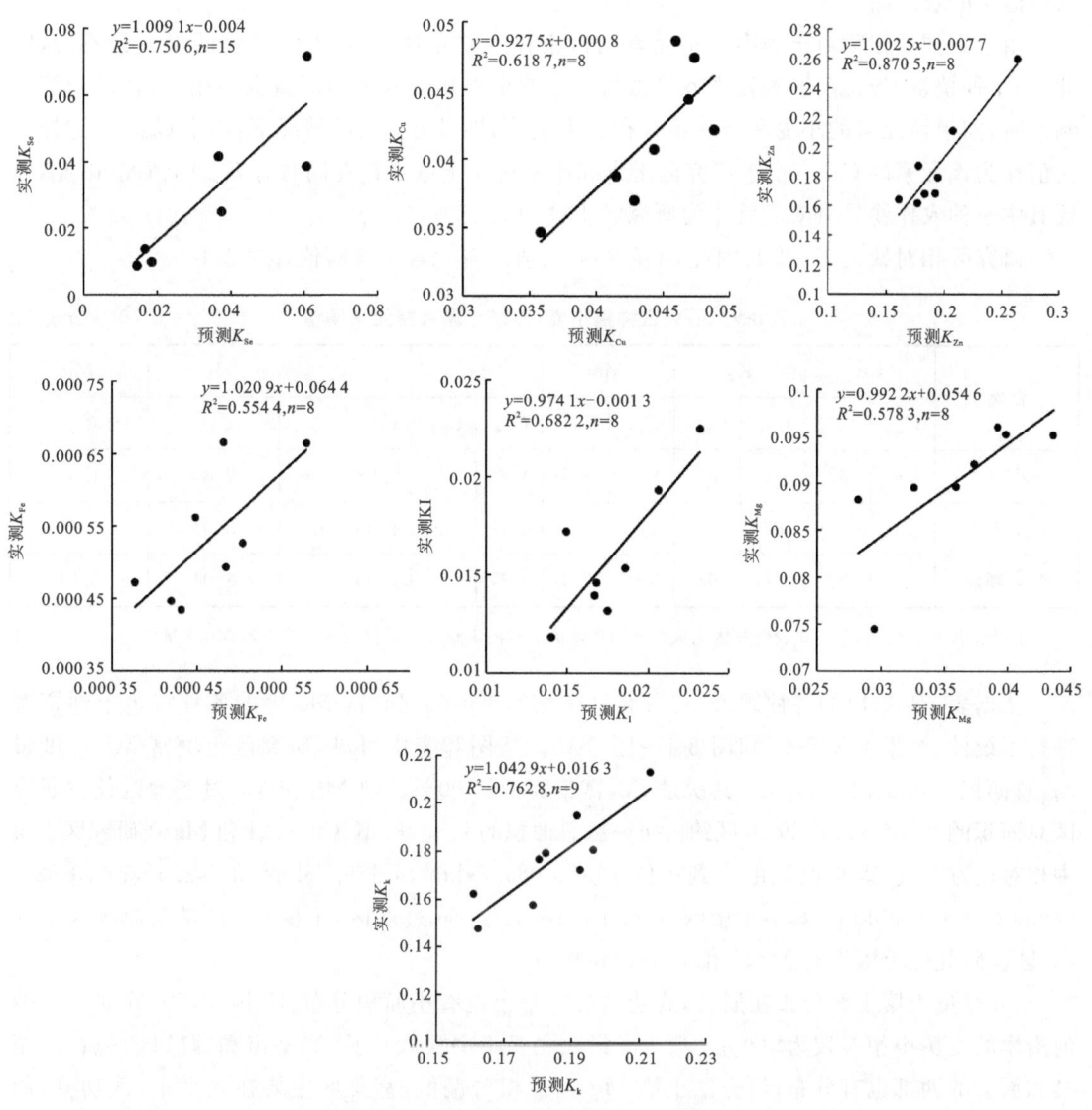

图 8-3 预测与实测玉米籽实元素富集系数相关关系图

二、土壤-小麦/玉米 Zn、Cu 等有益元素开发阈值

研究区玉米和小麦籽实中 Cu、Zn、Mo、I、Fe、K、Mg 含量预测模型如前所述(表 8-7 和表 8-8),该模型中包含了籽实中 Cu、Zn、Mo 等元素的含量,同时也包含了根系土中 Cu、Zn、Mo 等元素含量及其他指标。因此,只要将农作物籽实中元素含量限定了,就可以推算出根系土对应元素的含量。

依据表 8-6 给出的研究区小麦、玉米微量元素阈值就可以计算出研究区种植小麦与玉米耕地土壤中各元素的阈值。对于具有双阈值的微量元素,如 Cu、Zn、Mo、I、Ca,将给出用于特色农产品种植的土壤元素含量最低值(C_{min})与最高值(C_{max})。低于最低值,表明不是富 Cu、富 Zn 和富 Mo 土壤;高于最高值,表明土壤中 Cu、Zn 和 Mo 含量太高,不适合规划种植有益于人体健康的农产品。

由于不同农作物对土壤中微量元素的富集程度差异较大,且不同食物的摄入量不同,因此,用于种植富 Cu、富 Zn 和富 Mo 等微量元素的小麦和玉米土壤阈值也不相同,在进行综合判断时,如果该元素的小麦和玉米不存在最大阈值,即没有 C_{max} 的情况下,两个 C_{min} 中,选择较大值作为该元素的 C_{min}。由于研究区玉米和小麦对应土壤不存在同时有 C_{max} 的情况,因此,只要其中一种农作物具有 C_{max} 就作为研究区土壤的 C_{max}。

研究区相对缺乏 Fe 和 I,因此,不存在 C_{max} 值。各元素土壤阈值详见表 8-9。

表 8-9 研究区种植小麦、玉米土壤有益元素阈值   单位:mg/kg

食物	Cu		Zn		Mo		Fe		I		K	Mg
	C_{min}	C_{max}	C_{min}	C_{max}	C_{min}	C_{max}	C_{min}	C_{max}	C_{min}	C_{max}	C_{min}	C_{min}
小麦	—	32	—	98	0.57	2.7	3.85	—	0.63	—	2.83	1.91
玉米	21	—	87	—	/	/	6.17	—	1.99	—	3.01	3.21
综合判定	21	32	87	98	0.57	2.7	6.17	—	1.99	—	3.01	3.21

注:Mg、K 单位为%;"—"代表研究区土壤含量均在该值范围内未超标;"/"代表未检测玉米 Mo 含量。

依据表 8-9 给出的各种阈值,对研究区土壤富 Cu、富 Zn、富 Mo 等的各种特色土地资源进行了统计,结果见表 8-10 和图 8-4~图 8-10。从图和表中可见,研究区土壤富 Mo 程度最高,总面积可达 5 545.03km²,其次是 Fe,富集面积约 90%。缺 Mo 和 Mo 过剩地区仅占研究区总面积的 8%左右,缺 Fe 地区约占研究区总面积的 9.43%。K、Cu、Zn、I 和 Mg 在研究区土壤中相对较为富集,富集面积由大到小依次为 5 083.84km²、4 159.78km²、3 542.40km²、3 526.24km² 和 2 452.38km²,其中土壤缺少 Zn 的面积大于 Zn 过剩区,土壤 Cu 过量区面积大于缺 Cu 区。研究区土壤没有 Mg、I 和 K 的过量区。

Cu 过量土壤主要分布在眉县,武功县和兴平市也有小面积分布;K、Fe 和 Zn 在研究区渭河沿岸的土壤中相对较为缺少;土壤 I 富集区主要集中在武功县、兴平市和鄠邑区,但在周至县和眉县的西部也有分布;研究区土壤 Mg 含量相对偏低,富集区主要在兴平市,武功县、周至县和鄠邑区零星分布。

表 8-10 研究区富 Cu、富 Zn 等的土壤资源统计表

		Cu	I	Mo	Zn	K	Mg	Fe
缺素	面积/km²	305.66	2 499.50	274.69	1 862.26	941.90	3 573.37	567.90
	占比/%	5.07	41.48	4.56	30.91	15.63	59.30	9.42
富集	面积/km²	4 159.78	3 526.24	5 545.03	3 542.40	5 083.84	2 452.38	5 457.84
	占比/%	69.03	58.52	92.02	58.79	84.37	40.70	90.58
过量	面积/km²	1 560.30		206.02	621.09			
	占比/%	25.89		3.42	10.31			

第八章 土壤和农作物健康阈值

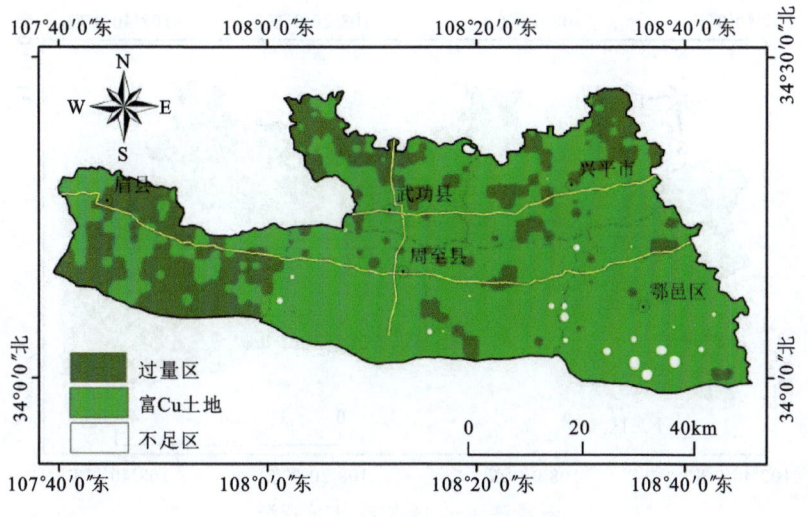

图 8-4 研究区富 Cu 土地资源

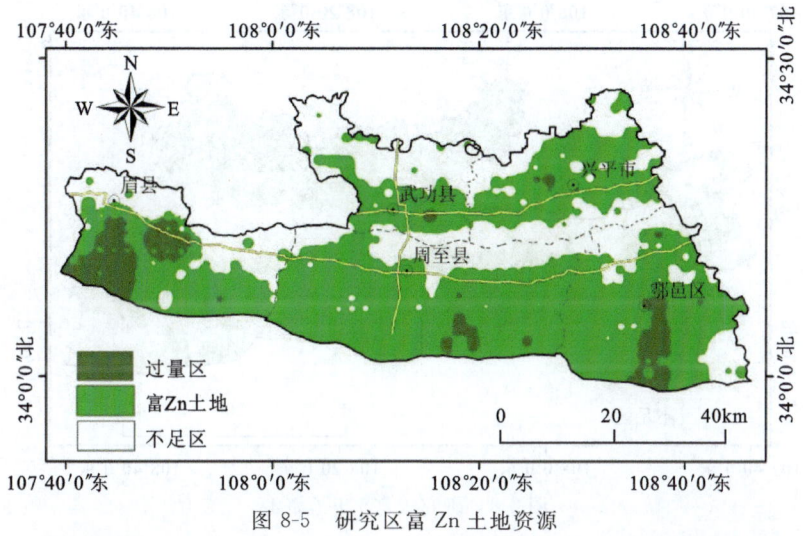

图 8-5 研究区富 Zn 土地资源

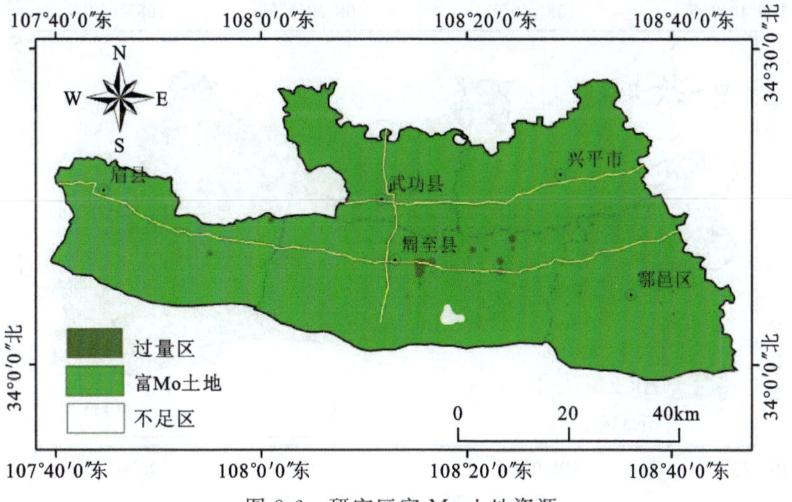

图 8-6 研究区富 Mo 土地资源

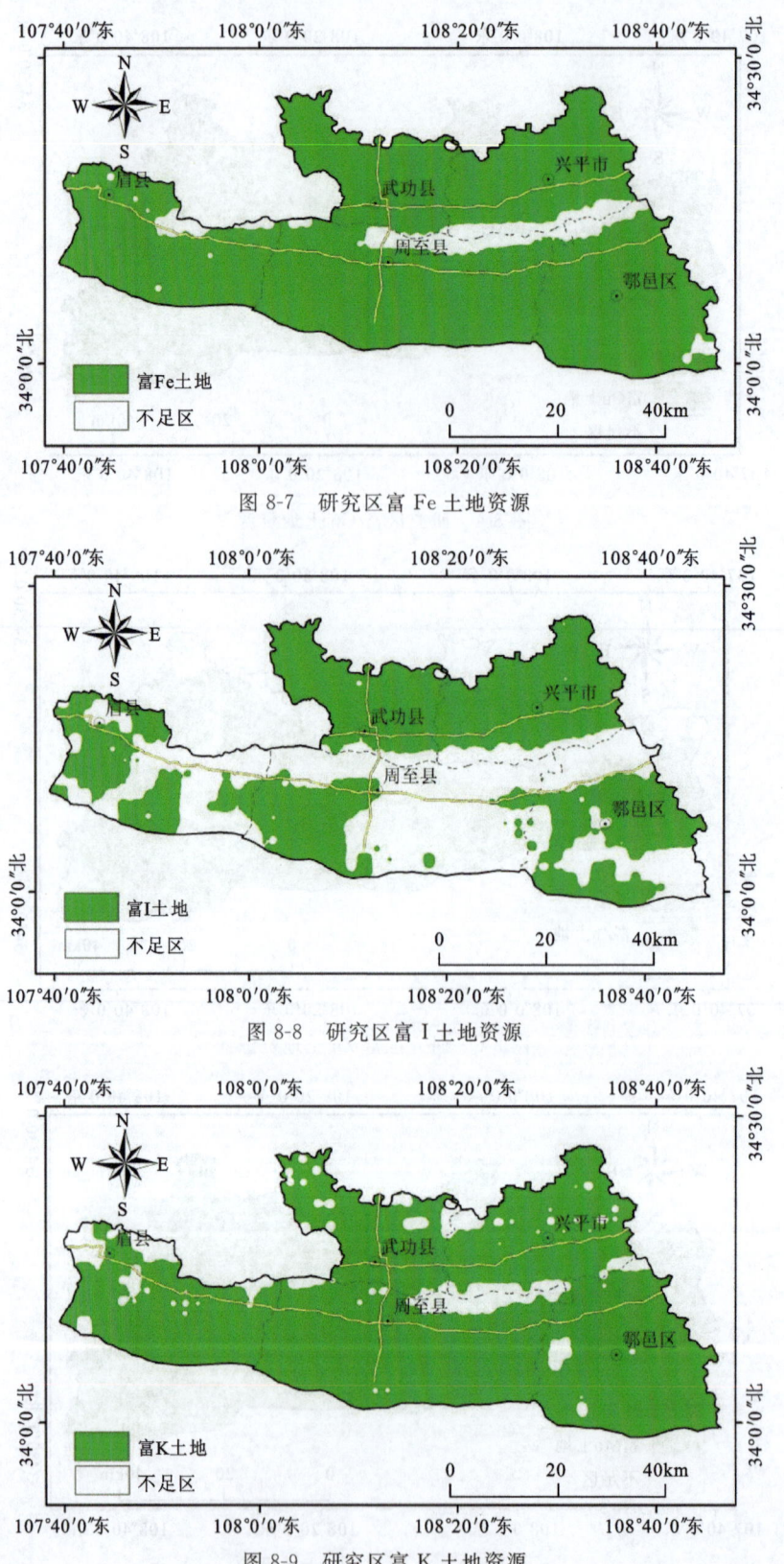

图 8-7 研究区富 Fe 土地资源

图 8-8 研究区富 I 土地资源

图 8-9 研究区富 K 土地资源

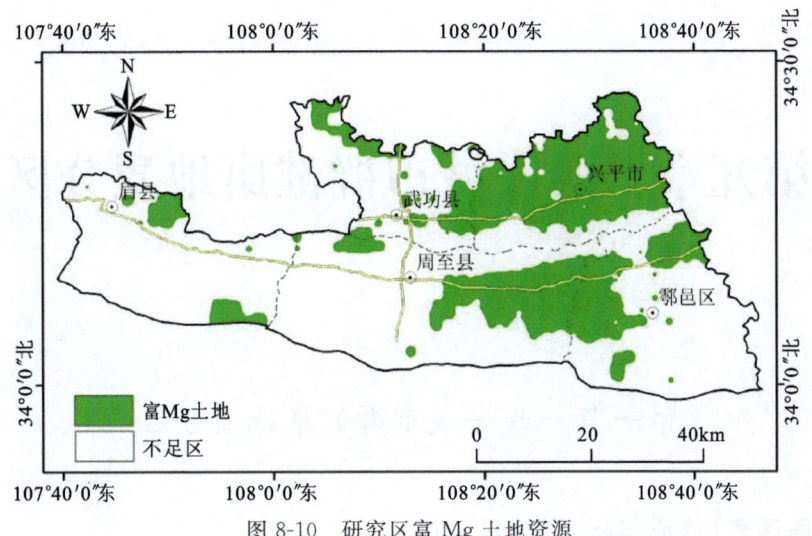

图 8-10 研究区富 Mg 土地资源

第九章　西安城市群健康地质分区

第一节　西安城市群健康地质分区

一、地质因素(核心指标)评价与分区

1. 地理条件

地理条件包含海拔、地貌两项二级评价指标。海拔二级评价指标分区结果见图 9-1a，西安城市群中东部地区以较适宜和非常适宜为主，基岩山区及北部中起伏山地、黄土台塬区为一般适宜—极不适宜区。地貌二级指标分区见图 9-1b，分区特征与海拔二级指标类似，非常适宜区横穿西安城市群，主要城市均在非常适宜区内。对各评价单元根据分级赋分后，按照 0.5 和 0.5 的权重值对评价单元的地理条件一级指标进行了计算评价分级，结果见图 9-1c。

2. 气象条件

气象条件包含温度、空气质量、湿度、降雨量 4 项二级评价指标，数据均通过 Worldclimate 遥感数据解译得出。西安城市群夏季炎热，冬季寒冷，春、秋两季昼夜温差较大等因素造成了没有非常适宜区，西安城市群总体以较适宜为主，温度指标分区见图 9-1c。湿度与降雨量出现较为明显的区域性分布特征，大部分地区为一般适宜区，不适宜区和零星出现的极不适宜区主要分布在东北部渭南市的大部分区域，分区见图 9-1d。空气质量是西安城市群气象条件中较为突出的问题。

对各评价单元进行温度、湿度、降雨量、空气质量 4 项二级指按分级重新赋分后，按照 0.25、0.25、0.2、0.3 的权重值对评价单元的气象条件一级指标进行了计算评价分级。

3. 水质条件

水质条件总体表现为从上游到下游水质逐渐变差、地表水水质好于地下水水质的规律。对各评价单元进行供水量、地表水、地下水 3 项二级指按分级重新赋分后，按照 0.1、0.6、0.3 的权重值对评价单元的水质条件一级指标进行了计算评价分级。

第九章 西安城市群健康地质分区

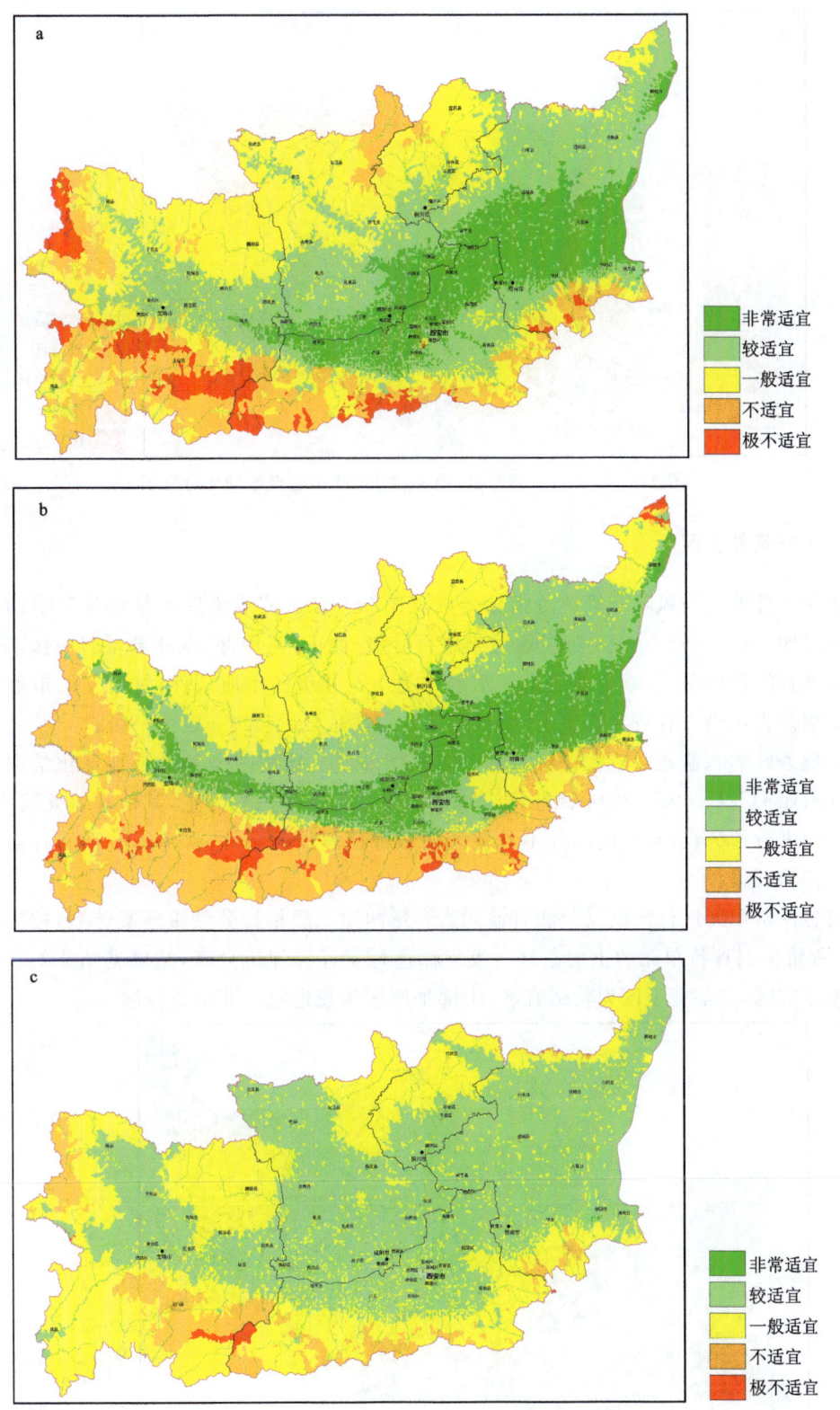

· 131 ·

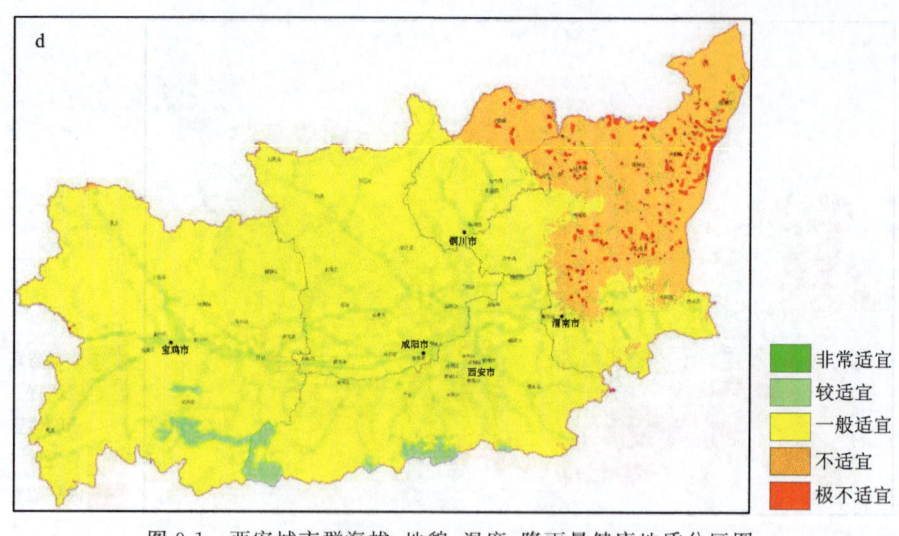

图 9-1　西安城市群海拔、地貌、温度、降雨量健康地质分区图

4. 土壤条件分区

土壤条件的污染风险二级评价指标分区见图 9-2a。已完成土地质量地球化学调查的评价单元参照 GB 15618—2018 对土壤污染进行分级；西南部、南部、东北部基岩山区未开展土地质量调查的评价单元，结合基岩山区水质均为Ⅰ～Ⅱ级的水质条件，对西安城市群中部农耕区土壤是否污染没有较为直接的影响，将基岩山区污染风险统一定为一级。

土壤条件的有益元素二级评价指标分区见图 9-2b。已完成土地质量地球化学调查的评价单元参照 DZ T 0295—2016 标准，以 Se、Zn、Cu、I、Mo 等元素为主，其他有益元素为辅，对评价单元进行了分级；基岩山区并不具备大面积种植开发的条件，将基岩山区的有益元素含量统一定为五级。

对各评价单元进行污染风险和有益元素含量两项二级指按分级重新赋分后，按照 0.3 和 0.7 的权重值对评价单元的土壤条件一级指标进行了计算评价分级，结果见图 9-2c。基岩山区为不适宜区，北部黄土区为较适宜区，中部平原区为较适宜—非常适宜区。

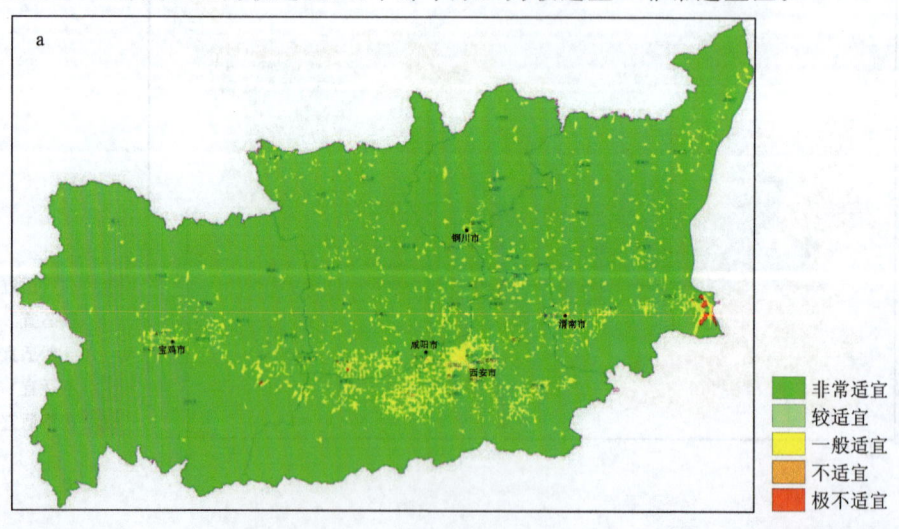

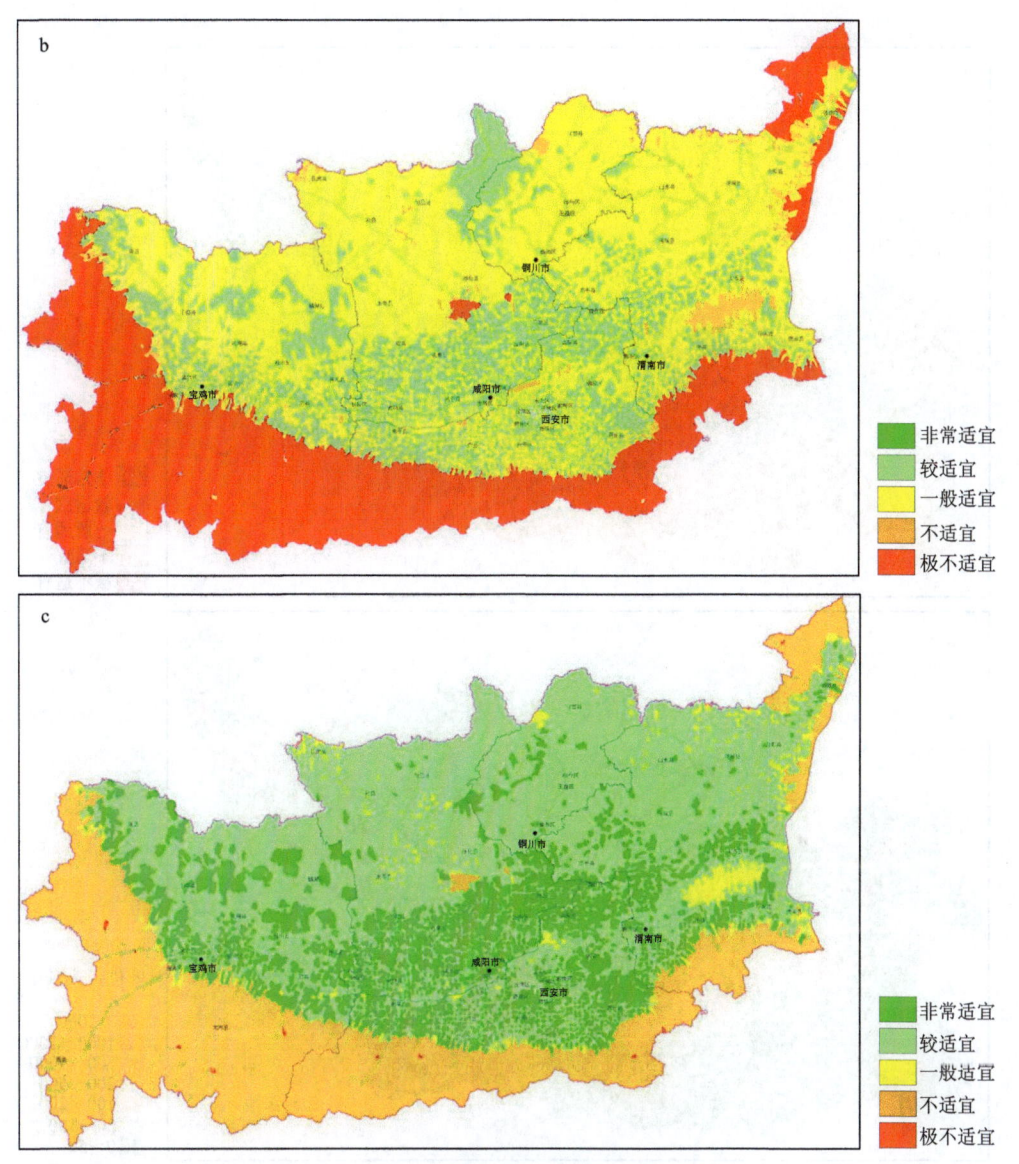

图 9-2　西安城市群土壤条件健康地质分区图
（a.污染风险分区；b.有益元素分区；c.土壤条件分区）

5. 综合指标计算与分区

按照西安城市群健康地质分区评价指标体系,通过4项核心评价指标权重的计算,结合辅助评价指标,划分了西安城市群健康地质分区图,见图9-3a。非常适宜区—较适宜区主要分布在中部,一般适宜区分布在北部,不适宜—极不适宜区主要分布在基岩山区。

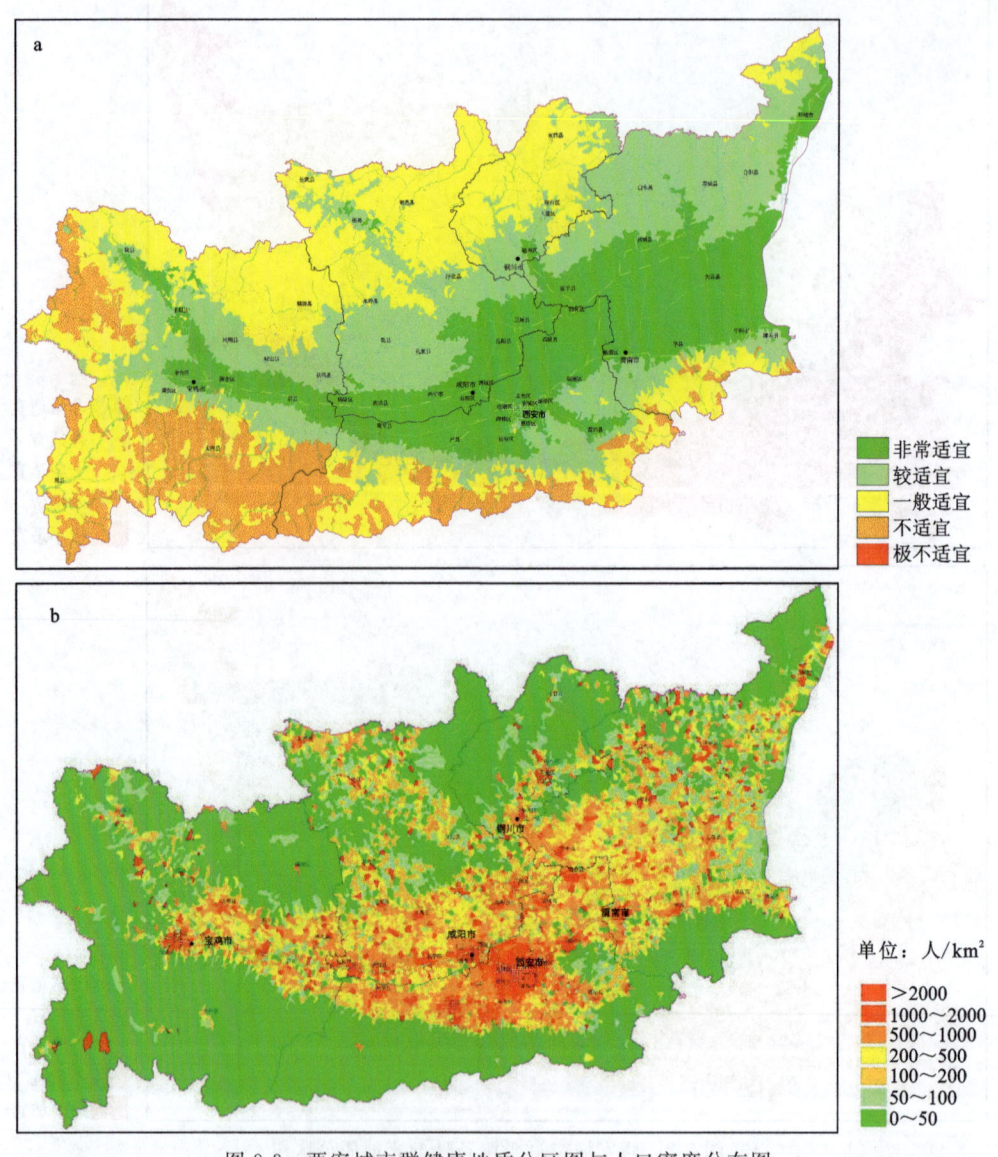

图 9-3　西安城市群健康地质分区图与人口密度分布图

二、社会因素指标分区

西安市作为国家中心城市,副省级城市,其医疗资源较全国也有优势,千人床位数为70张,因此将西安市主城区的8个区上调一级;西安市鄠邑区余下镇、石井镇、庞光镇,渭南市韩城市新城街道、西庄镇等乡镇调查发现富硒小麦健康地质资源,西安市蓝田县汤峪镇、宝鸡市眉县汤峪镇具有温泉特色健康地质资源,可由相应的评价结果上调一个等级。

第二节　健康地质分区结果验证与西安城市群发展规划建议

从图 9-1~图 9-3 可以看出,通过健康评价指标体系划分的各二级评价指标分区均有着较为明显的分带性,说明分级标准具有合理性;各一级指标分区能够有效地反映出各二级指标分区的综合结果,说明评价指标的得分和权重设置合理。

为了验证西安城市群健康地质分区评价指标体系的总体有效性,与西安城市群的人口密度(图 9-3b,单位为人/km^2,数据来源于 LandScan 全球人口动态统计分析数据库)进行了对比。最终的西安城市群健康地质分区(图 9-3a)与人口密度分布有着较好的对应性,非常适宜区的人口密度基本上大于 500 人,较适宜区的人口密度大于 200 人,进一步说明评价指标体系一级评价指标的选择、二级评价指标的细分均具有全面性,调查获取数据准确,分级评价标准及权重赋值合理。

西安城市群中东部健康非常适宜区的面积明显大于中西部,建议西安城市群发展的轴线略向渭南市、铜川市偏移,这也和"关中平原城市群发展规划"中提到的构建"一圈一轴三带"的空间格局及西安都市圈交通-产业的发展耦合一致。

第十章　健康地质调查评价成果应用

健康地质调查的成果可以分为两种:图件类,主要包括多尺度图件、多维度图件、综合类图件和专题类图件;简报类,主要分为支撑卫健委系统报告、地方政府的报告和自然资源系统的报告。同步开展人才团队建设,科技创新和社会服务,加强大数据信息汇聚。报告类,主要分为整体报告和专题报告。

第一节　支撑陕西槐芽稻渔综合性种养

槐芽镇是眉县的水产养殖基地,宜渔资源丰富,2022年水产养殖面积1100亩,渔业总产值达8190万元,在已有鲤鱼、草鱼、鲢鱼、鳙等养殖品种的基础上,又先后引进了小龙虾、泥鳅、黄鳝等多个养殖品种,也提高了全镇水产良种覆盖率,也提高了渔业生产者的经济效益。

目前全镇仍有近3000亩宜渔荒滩,还有部分宜渔稻田和丰富的冷、温流水资源待开发利用,渔业产业发展潜力巨大。

依托健康地质拟解决的问题:通过在槐芽镇稻渔种养区开展水、土资源养殖条件的调查评价,挖掘健康资源,支撑槐芽镇稻渔种养产业经济提质增效,服务"以渔促稻、稳粮增效、质量安全、生态环保"目标实现,助力乡村振兴、渔业供给侧结构性改革。

主要工作内容:开展无人机高光谱遥感测量,解译槐芽镇北部稻渔种植区的范围及田块现状;开展土地质量地球化学评价,查明土壤中有益有害元素含量,评价质量等级及稻米种植适宜性;开展水质评价,查明水体中鱼、虾等水产生长所需的指标,评价鱼虾生存的适应性;开展冒水泉水质监测,开展水质评价,挖掘优质要素。

一、参考的主要技术标准

参考的主要技术标准包括《区域地质调查技术要求(1∶50 000)》(DD 2020-01)、《水文地质调查技术要求(1∶50 000)》(DD 2020-05)、《环境地质调查技术要求(1∶50 000)》(DD 2020-07)、《稻渔综合种养通用技术要求》、《农田灌溉水质标准》(GB 5084—2021)、《渔业水质标准》(GB 11607—1989)、《饲料卫生标准》(GB 13078—2017)、《土壤环境质量　农用地土壤污染风险管控标准(试行)》(GB 15618—2018)。

二、野外工作方法

本次调查评价工作开展了高光谱遥感测量、水质测量、土地质量地球化学调查等工作,具体的野外工作方法如下。

1. 高光谱遥感测量

项目组利用飞马 D20 型多旋翼无人机、搭载 CAM3000 正射相机,在槐芽镇槐西村、西柿林村和保安堡村 3 个工作区开展大比例尺无人机航测工作,完成 3 个工作区共 3km² (4500亩)的工作任务。

2. 水质检测样品采集

在 5 个冒水泉(Q1~Q5)泉眼处采集新鲜涌出的泉水样品,分 2500L(不添加保护剂)、500mL(加入浓硝酸保护剂)、500mL(加入氢氧化钠保护剂)不同容量、添加不同保护剂的 3 份样品进行封装后送实验室分析检验水质。

对镇内主要池塘以道路及隔水墙为界,划分了不同检测地块并进行编号(①~⑯)(图 10-1~图 10-3),采集池塘不同深度的水样进行混合后,分 2500L(不添加保护剂)、500mL(加入浓硝酸保护剂)、500mL(加入氢氧化钠保护剂)不同容量、添加不同保护剂的 3 份样品进行封装后送实验室分析检验水质。

3. 土地质量地球化学调查

在每一个池塘(①~⑯)中采集 4 处池塘底部的泥土样品组成 1 件池塘底泥样品,在池塘周围的田块中采集 4 处土壤表层样品(0~20cm)组成 1 件表层土壤样品,共采集底泥样品 16 件,表层土壤样品 14 件,统一编号(T1~T30)(图 10-1~图 10-3),过 10 目的样筛后送实验室分析测试。

图 10-1　西柿林村池塘遥感影像、池塘编号及样品编号图

三、样品分析测试

水质、土壤及底泥样品均由西安矿产资源调查中心实验室测试完成测试分析。

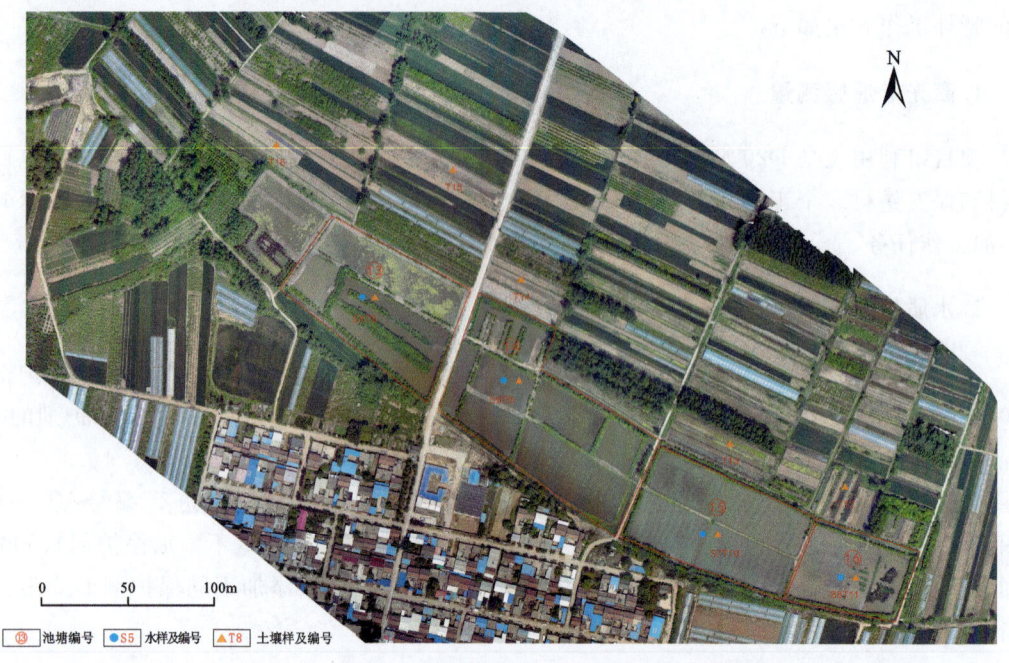

图 10-2 赵家庄池塘遥感影像、池塘编号及样品编号图

图 10-3 权四滩池塘遥感影像、池塘编号及样品编号图

1. 水质样品检测

共分析 21 件水质样品,其中溶解氧、氧化还原电位、电导率 3 项指标采用便携式仪器在野外实地测量,钾离子、钠离子、钙离子、镁离子、氯离子、硫酸根离子、碳酸根离子、硝酸根离子、总硬度、总碱度、总酸度、溶解性总固体、pH、铝离子、氟离子、亚硝酸根离子、溴离子、锂、锶、锌、硒、铜、汞、镉、钡、铅、钴、钒、钼、锰、镍、砷、银、磷酸根、碳酸氢根、TP、六价铬等指标由西安矿产资源调查中心实验室完成测试分析。

2. 土壤、底泥样品检测

共分析 30 件土壤、底泥样品,测试分析砷、硼、氧化钙、镉、钴、铬、铜、氟、氧化钾、氧化镁、锰、钼、氧化钠、镍、磷、铅、pH、锡、锶、全铁、矾、锌等指标,由西安矿产资源调查中心实验室完成测试分析。

第二节 取得成果

通过此次调查评价工作,查明了镇内冒水泉、集中连片池塘的水质情况,获取了池塘底泥及周围表层土壤有益有害元素指标的含量值,初步评价了冒水泉开发矿泉水水源地的潜力,提出了池塘稻渔种养的建议。

一、获取了高分辨率的遥感影像

完成了 1∶200、1∶500、1∶1000 正射遥感影像图 3 张,分辨率达到 3cm,有效反映了种植区地块使用现状,为槐芽镇稻渔种植提供精准的地形地理信息数据支持,为地方经济建设提供基础服务。

二、查明冒水泉均具有开发饮用天然矿泉水的潜力

5 处冒水泉泉水中溶解性总固体含量在 352~1164 mg/L 之间,平均值为 619.8mg/L,低于眉县地下水的平均含量;泉水中主要阳离子含量 $Ca^{2+}>Mg^{2+}>Na^+>K^+$,其中 Ca^{2+} 含量在 56.9~287mg/L 之间,平均值为 145.78mg/L;Mg^{2+} 含量在 13.1~60.4mg/L 之间,平均值为 33.1mg/L;Na^+ 含量在 12.3~39.2mg/L 之间,平均值为 24.6mg/L;K^+ 含量在 1.69~8.77mg/L 之间,平均值为 3.7mg/L;Li 平均含量是眉县地下水平均含量的 4.46 倍,Cr^{6+} 是 2.67 倍、Sr 是 1.76 倍(图 10-4)。

5 处冒水泉泉水均具有无色、无味、无臭、清澈透明的特点;根据《食品安全国家标准 饮用天然矿泉水》(GB 8537—2018),泉水中锶含量在 0.55~1.94mg/L 之间,平均值为 1.006mg/L,是限定值的 5 倍,符合应有一项(或一项以上)指标达到界限指标的要求;硒、锑、铜、钡、总铬、锰、镍、银等元素的含量远低于限定指标,符合要求。

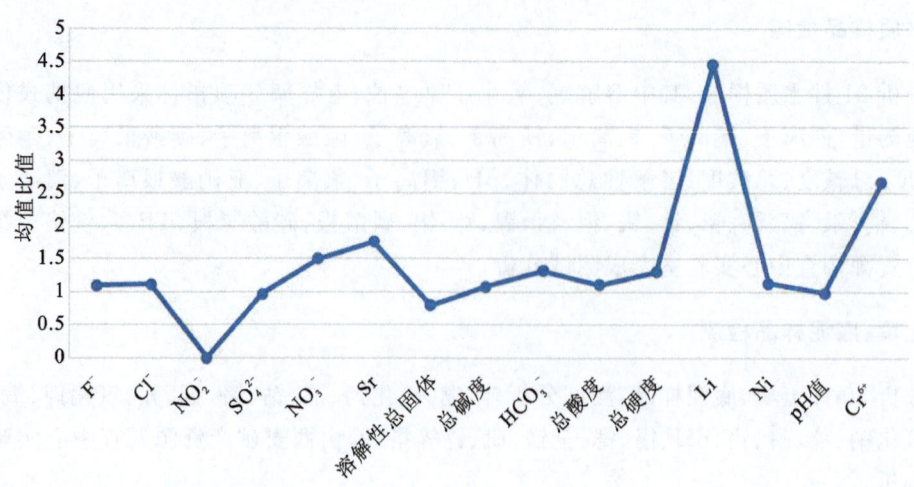

图 10-4 冒水泉与眉县地下水部分指标均值比值图

三、初步查明池塘水产养殖的水质及底泥情况

调查的 16 处池塘水质的主要指标较汤峪河、西沙河除 F^-、NO_2^-、Cr^{6+} 外,Cl^-、SO_4^{2-}、NO_3^-、Sr、溶解性总固体、总碱度、HCO_3^-、总硬度、总酸度等都明显高于汤峪河与西沙河,表明稻渔种养使池塘水的水质已经发生了较大的改变(图 10-5)。

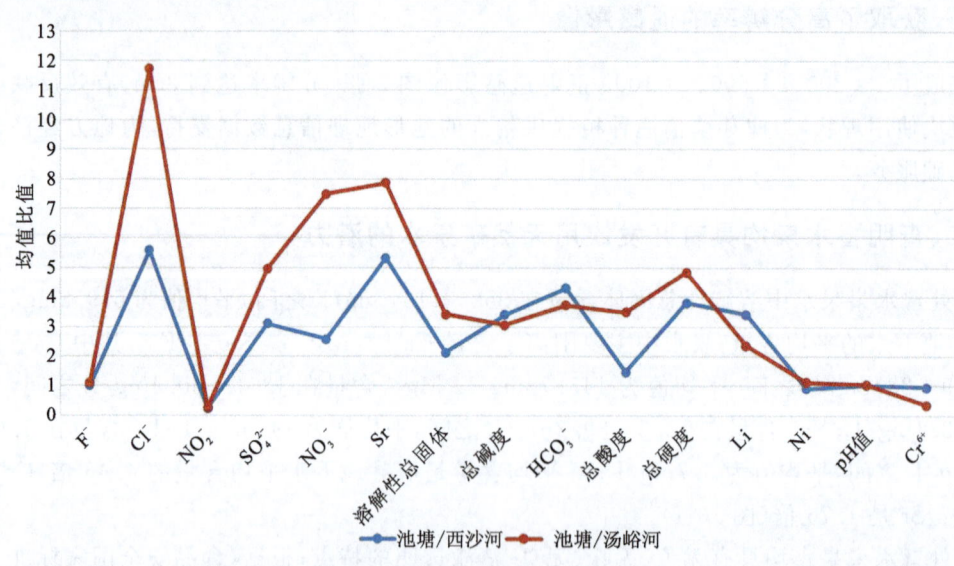

图 10-5 池塘水与汤峪河和西沙河部分指标均值比值图

根据《渔业水质标准》(GB 11607—1989)及《无公害食品淡水养殖水质标准》(NY 5051—2001)分析,实验结果显示 16 件池塘水样品的 pH 在 7.33~7.68 之间,平均值为 7.5,处于适宜区间之内;溶解氧含量在 5~17.2mg/L 之间,均大于限定值 5mg/L,适宜鱼虾生长,但西柿林村 1 号、3 号、5 号、6 号池塘,权四滩 12 号池塘,赵家庄 13 号、15 号、16 号池塘水中溶解氧

超过12mg/L,可能会造成鱼虾得气泡病;水中氟、镍、铜、锌、镉、铅、砷、铬、汞等离子含量均符合渔业养殖要求。

根据《农产品安全质量无公害水产品产地环境要求》(GB/T 18407.4—2001)分析,此次采集的16件池塘底泥样品的pH在8.17～8.44之间,平均值为8.27;其As、Pb、Zn等元素含量远低于限值,Cu含量在19.5～33.3mg/kg之间,平均值为24.6mg/kg,接近标准限定值。其中12号池塘底泥样品中Cu超过标准限值;Cr含量在45～78.3mg/kg之间,平均值为60.9mg/kg,超过国家标准最高限值,存在潜在的生态风险。

四、评价了池塘底泥种植水稻和莲藕的条件

根据《土壤环境质量　农用地土壤污染风险管控标准(试行)》(GB 15618—2018),池塘周边地块土壤中污染物含量低于土壤污染风险筛选值,农产品质量安全、农作物生长或生态环境的风险低。根据《土地质量地球化学评价》(DZ/T 0295—2016),土壤养分整体属于中等—丰富水平,CaO属于丰富水平,全氮、有机质属于较缺乏—丰富水平,MgO、Mn、Cu属于中等—丰富水平,Mo属于中等到较丰富水平,Zn属于较缺乏—较丰富水平。

16件池塘底泥样品的pH在8.17～8.44之间,平均值为8.27;略高于水稻种植要求,基本符合莲藕种植要求;有机质含量在6.28～40.1g/kg之间,平均值为24.8g/kg;除权四滩10号、12号池塘底泥有机质含量低于莲藕种植要求外,其余均符合种植要求;全磷含量在0.659～1.159mg/g之间,平均值为0.806mg/g,略低于高产稻田土壤全磷要求,但西柿林村1号和2号地块池塘底泥的全磷含量符合高产种植要求;全钾含量在2.53%～3.09%之间,平均值为2.76%,符合高产稻田土壤全钾要求;全氮含量在0.396～2.508mg/g之间,平均值为1.526mg/g,除权四滩村9号、10号、12号地块低于要求外,其中余地块均符合高产稻田土壤全氮要求;其中As、Pb、Zn、Cu、Cd、Cr、Ni等元素含量远低于标准限值,Cu含量在19.5～33.3 mg/kg之间,平均值为24.6mg/kg;Cr含量在45～78.3mg/kg之间,平均值为60.9mg/kg;As含量在3.79～15.2mg/kg之间,平均值为7.5mg/kg;Cd含量在0.13～0.22mg/kg之间,平均值为0.18mg/kg;Ni元素含量在19.7～38.7mg/kg之间,值为26.4mg/kg;Pb元素含量在16.4～23mg/kg之间,平均值为19.9mg/kg;土壤污染风险较低。

五、评价了池塘周边地块的土壤条件

根据《土壤环境质量　农用地土壤污染风险管控标准(试行)》(GB 15618—2018),池塘周边地块土壤中污染物含量低于土壤污染风险筛选值,农产品质量安全、农作物生长或生态环境的风险低。根据《土地质量地球化学评价》(DZ/T 0295—2016),土壤养分整体属于中等—较丰富水平,CaO、MgO、Mn、Mo、Zn、Cu属于中等—丰富水平。采集地块及样品编号见图10-6～图10-8。

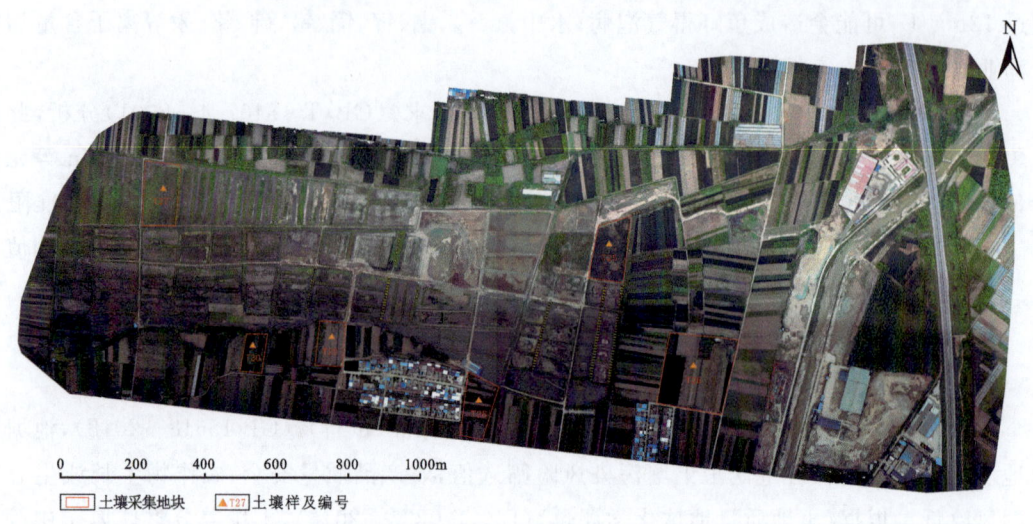

图 10-6 西柿林村池塘遥感影像、池塘周边土壤采集地块及样品编号图

图 10-7 权四滩池塘遥感影像、池塘周边土壤采集地块及样品编号图

第十章 健康地质调查评价成果应用

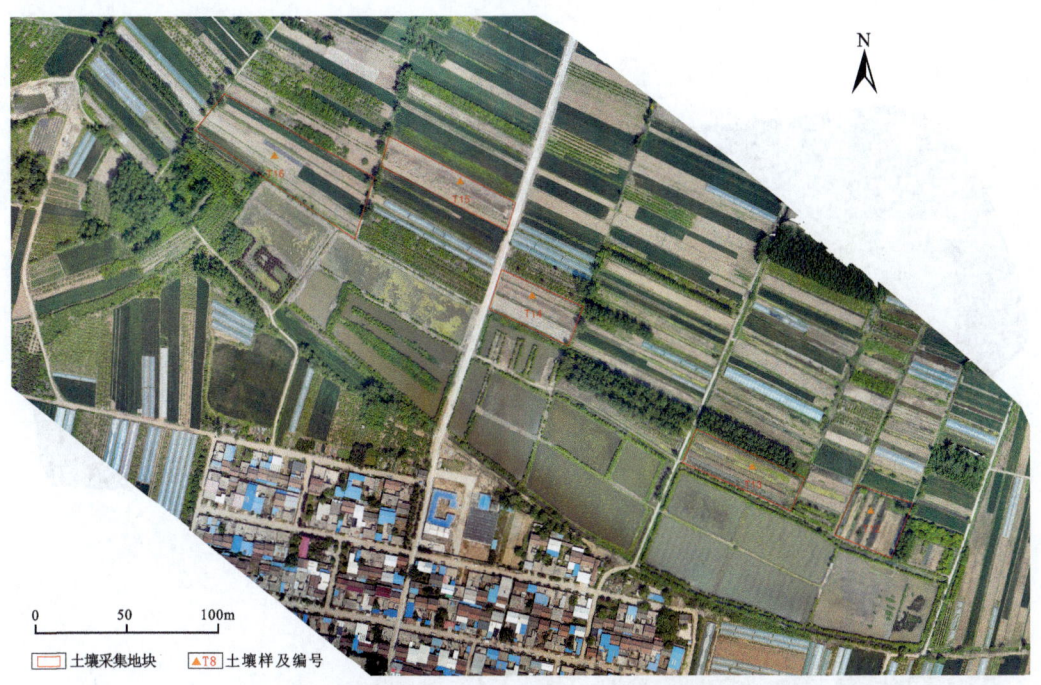

图 10-8　赵家庄池塘遥感影像、池塘周边土壤采集地块及样品编号图

六、泉水开采及池塘种养建议

1. 矿泉水开采建议

镇内 5 处冒水泉均具有开发富锶矿泉水的潜力，但通过对微生物的含量（如大肠菌群、粪链球菌等菌群的含量）的分析测试，结果表明微生物含量均超过饮用标准，若对其进行矿泉水开发利用，需对水质进一步处理。其次对泉眼的最大允许开采量及环境影响等进行分析评价，进一步评价开发的可能性。

2. 鱼虾养殖建议

镇内池塘划分地块中除西柿林村 1 号、3 号、5 号、6 号池塘，权四滩 12 号池塘，赵家庄 13 号、15 号、16 号池塘水中溶解氧超过 12mg/L，可能会造成鱼虾得气泡病，存在养殖风险，其余地块均达到了养殖要求。图 10-9～图 10-11 中用绿色地块表示优先养殖区，橙色地块表示存在养殖风险。但考虑到池塘底泥中存在 Cu、Cr 重金属元素含量超标的情况，仍存在潜在的生态风险。

水质测试指标是动态变化的，尤其是 pH 及溶解氧浓度等重要指标，需做常态化监测，以便及时处理调整，确保鱼虾正常生长。其中 pH 适宜保持在 7.7 左右波动，日常波动在 0.5～1 之间，通常 pH 低于 4.4，鱼类死亡率可达 7%～20%，低于 4% 以下，全部死亡；pH 高于 10.4，死亡率可达 20%～89%，pH 高于 10.6 时，可引起全部死亡。可适当通过生石灰稀释

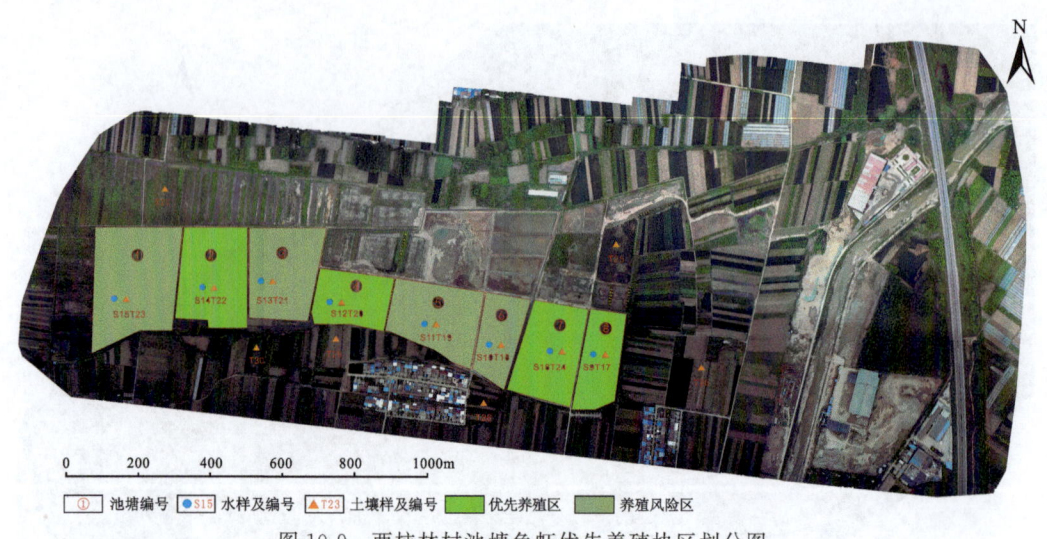

图 10-9 西柿林村池塘鱼虾优先养殖块区划分图

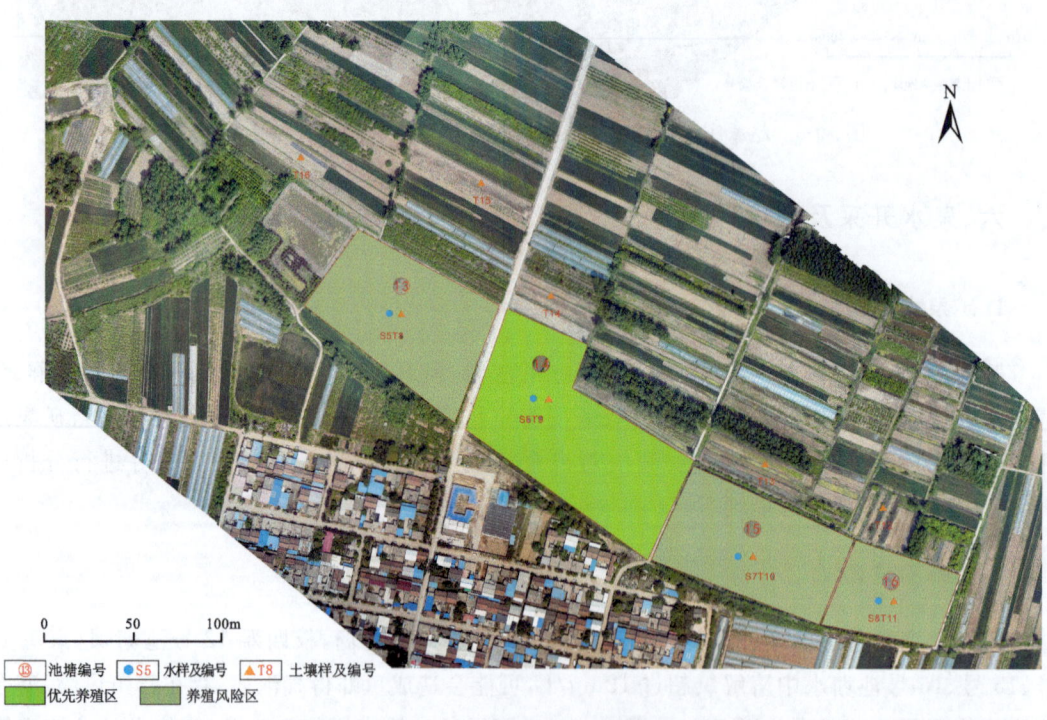

图 10-10 赵家庄池塘鱼虾优先养殖块区划分图

液调节水中 pH,通过向池塘中定期注入生石灰水,不仅能够使池水的 pH 得到有效调节和控制,同时还能够提高水的硬度及水中浮游植物的光合作用速率,这对改善虾沟水质具有重要的作用,但仍需考虑水草生长是否过剩,水体有无富营养化的现象。池水中溶解氧含量适宜保持在 5mg/L 以上,小龙虾耐低氧能力较强,但仍适宜保持在 3mg/L 以上,以确保小龙虾正常生长。溶解氧含量过低可通过检查水体富营养化是否存在,水草生长是否过剩,保持水

图 10-11　权四滩池塘鱼虾优先养殖块区划分图

草覆盖率在 50%～60% 为宜,可选择池塘长势好的品种如伊乐藻、轮叶黑藻等。其次可通过增施化学氧化剂,制造虾沟攀爬物等方式保证小龙虾正常生长。针对池塘底泥中的 Cu、Cr 重金属元素含量超标的情况,可通过在底泥中添加小麦秸秆生物炭等原位修复技术,钝化处理重金属元素。

七、水稻和莲藕种植建议

池塘底泥 pH 在 8.17～8.44 之间,而水稻生长适宜 pH 在 6～7 之间的中性偏酸性土壤,若需种植水稻,可通过土壤调理剂降低其 pH。全磷含量除西柿林村 1 号和 2 号池塘地块外,其余地块略低于高产稻田土壤全磷要求,全钾含量均符合高产稻田土壤全钾要求;全氮含量除权四滩村 9 号、10 号、12 号地块低于要求外,其余地块均符合高产稻田土壤全氮要求;As、Pb、Zn、Cu、Cd、Cr、Ni 等重金属元素含量远低于标准限值,土壤污染风险较低。图 10-12、图 10-13 中用绿色地块表示优先种植区,浅绿色地块表示待整改区。池塘底泥缺乏氮磷钾元素,可通过增施肥料等手段进行改善提高。

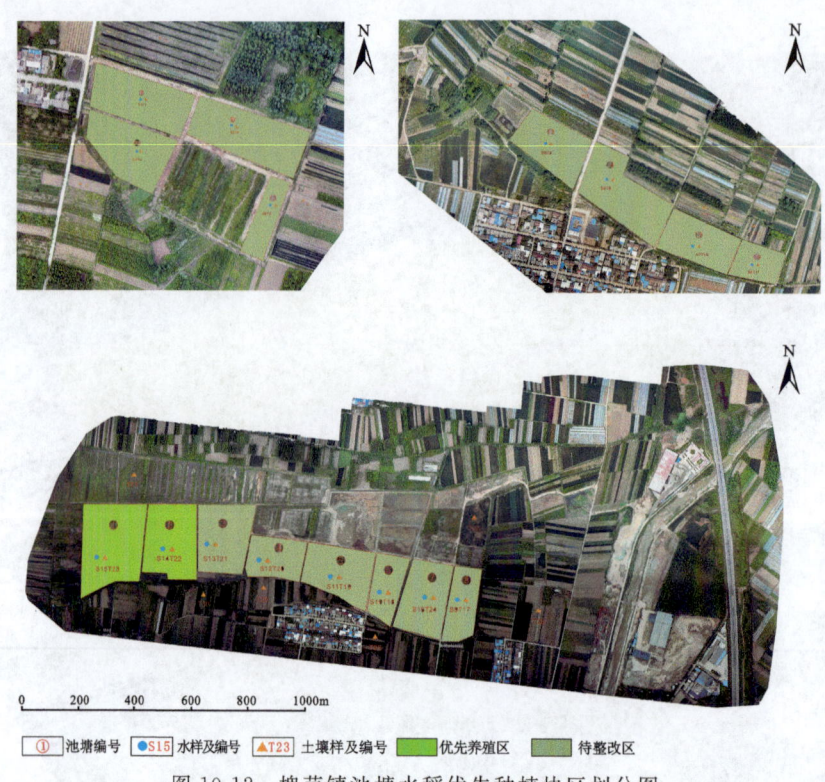

图 10-12　槐芽镇池塘水稻优先种植块区划分图

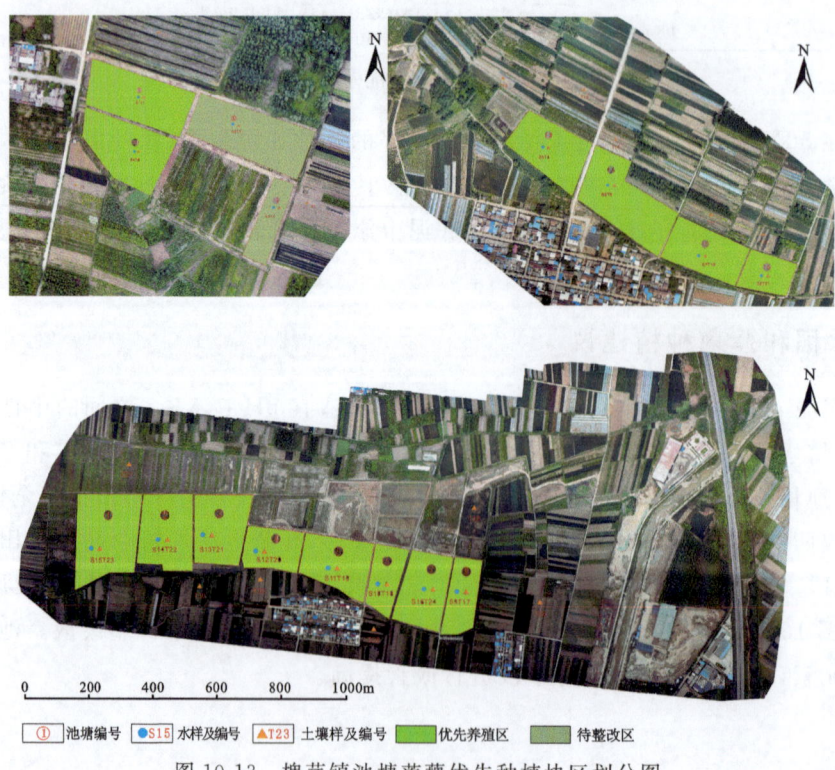

图 10-13　槐芽镇池塘莲藕优先种植块区划分图

莲藕对土壤 pH 的要求范围在 6～8.5 之间，但仍以 6.5 为最适宜值。若在池塘种植莲藕可降低底泥 pH，保证莲藕生长的最适环境。除权四滩 10 号、12 号池塘底泥有机质含量低于莲藕种植要求外，其余均符合种植要求，10 号、12 号池塘可适度增施有机肥达到提高底泥有机质含量的目的。但需注意，池塘底泥中有机质含量过高，会严重耗氧，造成水中溶解氧含量降低。莲藕、龙虾共养生产技术可参照山东省地方规范《莲藕-克氏原螯虾（小龙虾）生态共养生产技术规程》(DB 37/T 3764—2019)。

研究成果拉动槐芽镇商业投资 300 万元，支撑建设 100 亩水稻渔业种养区、50 亩莲藕虾鱼养殖区、15 亩渔业养殖区，年亩产增至 3000 斤（1 斤＝500g），年度收益 500 万元。

第三节　支撑陕西汤峪地质文化镇建设

陕西省眉县汤峪镇天然温泉星罗棋布，森林植被茂盛，自然环境优美，土地沃野千里，环境舒适宜居，是太白山国际旅游度假区 AAAAA 级景区所在地，也是世界猕猴桃的最佳适生区。尤其是境内保存完整的第四纪冰川遗迹，更是被著名地质学家李四光评价为"国之仅有，世所罕见"。

党的二十大要求全面推进乡村振兴，坚持农业农村优先发展，巩固拓展脱贫攻坚成果。眉县汤峪镇拥有得天独厚的地质资源，将区内太白山地质故事与镇历史融合、农业地质与历史文化融合、环境地质与村民生活融合，打造"村新、景美、业盛、人和"的宜居宜业新乡镇，可以进一步全面助推乡村振兴。

依托健康地质拟解决的问题：联合眉县人民政府深入挖掘汤峪镇地质文化资源，对汤峪镇及周边地区特色地质资源、自然条件及社会人文资源等情况进行综合调查评价，同步开展了地质文化镇申报和建设等工作，打造眉县特色地质名片，助推经济社会高质量发展。

主要工作内容：依据《地质文化村（镇）建设工作指南》，开展宝鸡市眉县汤峪镇地质文化镇申报方案编制工作，结合已有资料，进一步查明汤峪镇各类自然资源和人文资源，编制汤峪镇地质文化镇建设方案，指导协助开展地质文化镇申报工作，推进宝鸡市眉县地质文化镇建设，带动地方经济发展。

此项工作依托西安城市群周边健康地质调查试点项目，统收集工作区内地质、地理、生态、自然、历史、人文相关资料和科研成果，开展综合研究；梳理工作区内地质遗迹资源特征、分布范围及形成演化过程，摸清地质遗迹资源状况；开展工作区内自然资源和人文资源调查，科学评价资源价值，提出综合开发利用建议；结合相关规划，进行地质文化镇建设策划与产品开发，编制建设方案。

一、参考的主要技术标准

参考的主要技术标准包括《地质遗迹调查规范》(DZ/T 0303—2017)、《区域地质调查技术要求（1∶50 000）》(DD 2020-01)、《水文地质调查技术要求（1∶50 000）》(DD 2020-05)、《环境地质调查技术要求（1∶50 000）》(DD 2020-07)、《地质遗迹保护管理规定》中华人民共和国地质矿产部令第 21 号、《古生物化石保护条例》中华人民共和国国务院令第 580 号、《地质文化镇（镇）建设工作指南（试行）》、《地质文化镇（镇）星级评定标准（试行）》。

二、主要工作方法和内容

本次地质文化镇申报工作主要包含编制眉县汤峪地质文化镇建设报告、制作宣传视频和宣传画册。

1. 编制眉县汤峪地质文化镇建设报告

报告编写主要依据《关于开展地质文化村(镇)评定(第三批)申报推荐工作的通知》(地会函字〔2023〕11号)要求。报告共分6个部分,即"前言""汤峪镇基本概况""汤峪镇建设资源环境条件""地质文化镇建设情况""后期建设与建议"和"附图"。前言主要介绍汤峪镇开展地质文化镇建设的基本条件、政策背景、技术支撑及预期成果;汤峪镇基本概况主要介绍区内地理交通、气象水文、地貌和地质概况、人口与经济概况、发展条件分析等;汤峪镇建设资源环境条件为报告重点编制内容,梳理总结区内特有的花岗岩、第四纪冰川遗迹、特色土地、富锶矿泉水等地质资源,简要介绍植被资源、动物资源和特色农产品,描述其深厚的人文和社会资源;地质文化镇建设情况主要依据梳理总结和调查的成果,结合汤峪地质文化镇的定位,确定以"地质+生态康养"为建设模式的总体思路,从基础设施建设、科普设施建设、地学产品和人文产品、宣传推广建议上,详细制定地质文化镇的建设方案;后期建设与建议主要介绍其后期开发利用的游览方式、第四纪冰川地质遗迹科普教育基地的开发、特色农业区开发、大型温泉活动开发及后期管理问题;附图主要有眉县汤峪地质文化镇资源分布图和规划建设图。

2. 制作宣传视频

科普视频分为3个板块:第一板块从秦岭-太白山-汤峪3个维度宏观介绍地质过程、地质和自然资源特征以及建设文化镇的基础,第二板块介绍秦岭-太白山的地质构造演化,第三板块介绍形成的地质资源和自然资源以及人文历史文化,最后在汤峪镇依托地质资源宝库的基础上,根据其乡村振兴发展规划,展望未来地质文化镇的建设及产业发展(图10-14)。

图10-14 眉县汤峪地质文化镇申报视频剪影

第十章　健康地质调查评价成果应用

3. 制作宣传画册

科普画册共分 8 个板块,分别为"前言""前世今生""地质奇观""自然风光""历史文化""地学之旅""生态之旅""结语"。

前言:主要介绍眉县汤峪镇地质文化的基础及未来发展规划,说明其独特的第四纪冰川地貌及温泉康养生态特色,具有天然的地质文化资源优势。

前世今生:从地理交通、自然地貌、气象水文、地质演化介绍汤峪镇的基本情况,描述独特的垂直分布谱带及其第四纪冰川遗迹地质形成演化。

地质奇观:选取 10 个典型地质景观说明地质形成过程及其赋予的历史文化意义。

自然风光:介绍具有丰富的动植物资源,以及开展土壤、温泉水、矿泉水、猕猴桃等调查,研究说明其特色的富铜、富锌、富钼土地资源,有益安全的康疗温泉水,富锶的矿泉水开发利用,富含高营养的水果之王猕猴桃,世国珍宝的中草药。

历史文化:依据乡村生态之路展示其深厚的历史文化名胜古迹。

地学之旅和生态之旅:绘制详细的线路导览图可供开展地质研学及生态康疗休闲游玩参考使用,并配图展示丰富的人文活动(图 10-15)。

结语:引用诗仙李白及《水经注》关于太白山经典诗句作为标签结语。

图 10-15　眉县汤峪地质文化镇宣传画册

第四节　取得成果

依托健康地质调查,为眉县汤峪镇科学定制了以"地质+生态康养"的开发模式,对汤峪镇及周边地区特色地质资源、自然条件及社会人文资源等情况进行综合调查评价,同步开展了地质文化镇申报和建设等工作,工作成果推动形成了集"旅游+康养+研学+特色"农产品销售于一体的多元化综合服务产业,助力眉县走出了一条独具特色的农旅融合发展之路,为区域经济社会高质量发展贡献了地质力量。

一、打造眉县汤峪"地质+生态康养"的建设模式

眉县汤峪地质文化镇建设基于资源禀赋、社会经济发展水平以及产业发展状况,因地制宜,突出特色,以"地质+生态康养"为建设模式,有两层意思:一是资源"变现",二是文化展示。产业开发从锶型矿泉水基地、特色农业区、温泉康养、历史古迹4个方面着手建设。研学旅游设计"三区两线","三区"即温泉康养、历史古迹与奇峰农庄等特色农业区,"两线"即"地学之旅"与"生态之路"。

二、挖掘特色土地、泉水和农产品资源

1. 特色土地资源

在眉县地区齐镇—汤峪镇一带约200km^{2}范围内开展了1:5万土地质量地球化学调查,其中汤峪镇约75km^2。调查发现,汤峪镇耕地区土壤是一大片富铜、富锌、富钼土地,按照《土地质量地球化学评价规范》(DZ/T 0295—2016)附录D.2给出的土壤富铜标准(29~50μg/g)、富锌标准(84~200μg/g)、富钼标准(0.85~4μg/g),圈定富铜土地面积约58km^2,占比为77.33%;富锌土地面积约72.5km^2,占比为96.67%;富钼土地面积约34km^2,占比为45.33%。这些特色土地资源的开发可带来的总体经济收益相当可观(图10-16~图10-18)。

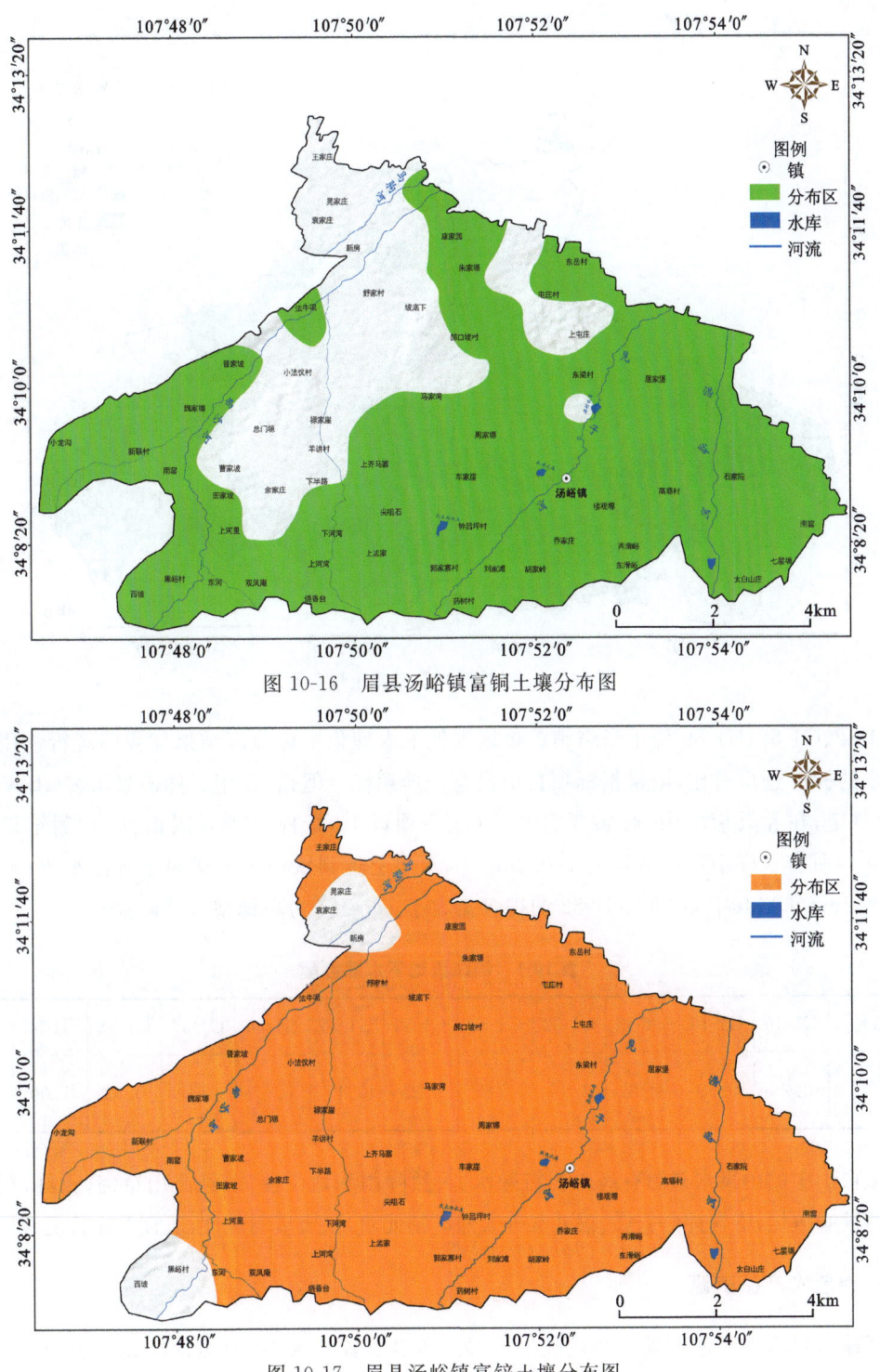

图 10-16 眉县汤峪镇富铜土壤分布图

图 10-17 眉县汤峪镇富锌土壤分布图

2. 富锶泉水

对眉县地下水质量开展了调查与评价,该次野外调查,共取地下水样品 12 件,其中 G1-

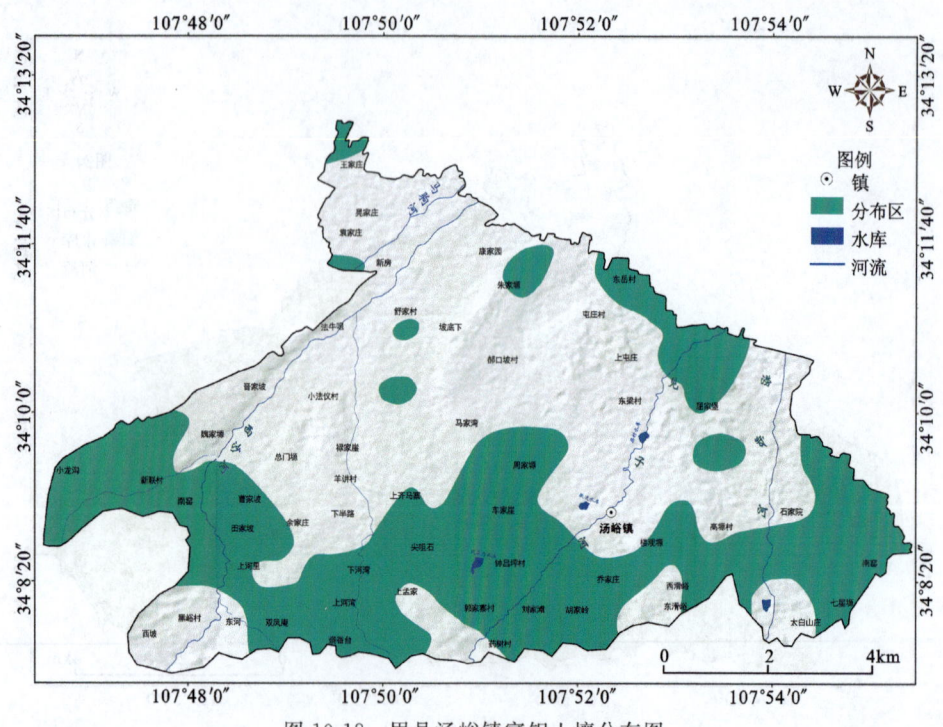

图 10-18 眉县汤峪镇富钼土壤分布图

49、G1-52、G1-53、G1-55 位于汤峪镇。将区内地下水理化指标检测结果与我国现行饮用天然矿泉水的标准进行对比,限量指标项目中没有一项超标。但据《饮用天然矿泉水》(GB 8537—2018)规定,在界限指标中,必须要有一项(或一项以上)指标大于界限指标,检测结果显示(表10-1)所有水样中锶含量均大于 0.2mg/L,水质上达到饮用天然矿泉水界限标准(锶含量大于 0.2mg/L),其中 G1-63、G1-52 的锶含量大于 1mg/L,为高锶型天然矿泉水。

表 10-1 汤峪镇地下水锶含量

样品号	G1-46	G1-49	G1-50	G1-52	G1-53	G1-54	G1-55	G1-56	G1-57	G1-58	G1-63	G1-64
锶/(mg·L^{-1})	0.29	0.59	0.52	1.16	0.25	0.28	0.41	0.67	0.49	0.42	1.00	0.78

太白山中的山泉水来源有高山积雪融水、天然降雨和地下溪流,经高山草甸、土壤、花岗岩体自然过滤净化,富含钾、钙、镁、偏硅酸等天然矿物元素,水质呈弱碱性,适宜人体长期饮用。

3. 特色农产品资源

汤峪镇猕猴桃矿质元素含量较蛇果、蜜桃、冬枣等其他水果[中国食品成分表(2020 版)]呈现出富钾、富镁,高铜、高铁、高硒特征。每100g 猕猴桃(1颗)含有人体所需的矿质元素 Cu 0.056mg、Zn 0.066mg、Fe 0.197mg、K 228.5mg、Mg 16mg、Se 0.19μg(图10-19),可以有效地补充人体所需微量元素。

第十章　健康地质调查评价成果应用

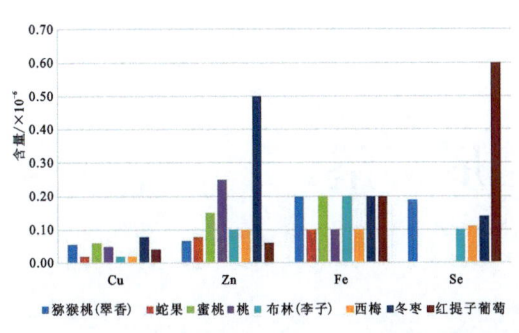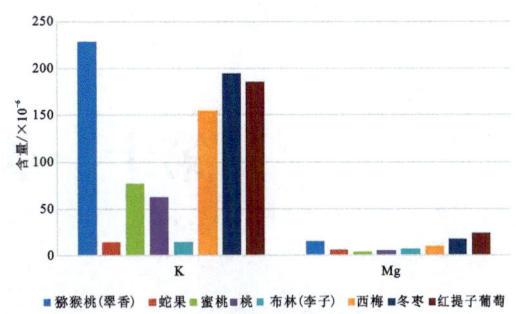

图 10-19　眉县汤峪猕猴桃与其他水果营养元素对比直方图

三、成功获评国家级地质文化镇

眉县汤峪地质文化镇于 2023 年 6 月 10 日通过陕西省地质学会申报，于 2023 年 9 月 19 日通过中国地质学会评定，确定由中国地质调查局西安矿产资源调查中心作为技术支撑单位申报的"眉县汤峪温泉地质文化镇"被授予地质文化镇荣誉称号（图 10-20）。

图 10-20　地质文化镇荣誉

四、推动产业收益

研究成果推动眉县汤峪镇建设千亩生态水系，因地制宜植绿造景，全镇林木绿化率达到 70% 以上。实施钟吕坪生态文化产业园、香引山生态观光示范园、见子河畔生态园等 11 个生态旅游综合开发项目。依托优质土地资源，助推新建猕猴桃园 578 亩，新栽大樱桃 282 亩，甜柿子 902 亩，签订销售订单 720 亩，猕猴桃种植面积突破 3 万亩，大樱桃种植面积达到 3800 亩，甜柿子种植面积稳定在 4000 亩，先后建成 7 个集旅游餐饮、采摘体验为一体的千亩有机猕猴桃、大樱桃现代农业示范园，有效推动汤峪镇产业升级。

第十一章 展 望

健康地质涉及地质环境要素，涉及学科多，影响因素多，虽然业内学者立足不同视角已开展了大量研究，但各类理论技术的发展相对独立，各类地质要素及其研究成果的关联性有待提升，如何在海量的地质数据与健康数据中找到关系，是下一步研究迫切需要关注的问题。

作为一个新兴的研究领域，专注于人类健康与地质环境之间的相关研究，未来有望在多个方面对人类社会产生深远的影响。以多圈层相互作用的角度去系统思考，突出地质环境客观实体与人类健康的时空状况与演变关系研究，可以更好地理解不同地区地质环境中微量元素的分布情况，以及这些元素如何影响人类健康。

要推动健康地质预警普适性落地。随着全球气候变化，地质环境也在发生变化，这可能对人类健康产生影响。健康地质研究可以预测这些变化，并为应对策略提供依据，针对有害地质要素的治理与修复，如地方病、重金属污染等治理与修复等方面的机理研究、方法技术研发和实际实践应用等，提出预防措施，最终服务于"健康中国"战略、国土空间规划、乡村振兴和"美丽中国"建设；基于人类健康视角下的生态预警和地质事件预警，支撑政府和相关部门评估和预测地质环境因素对公众健康的潜在风险；要推动卫生部门和地学机构联合开展地质与健康的关系的监测体系建设，形成常态调查-定期评价-预测预警-防范防控的体系，提升健康地质调查的应用出口。研判环境问题可能对人类健康造成威胁，通过评估研判，推动政府可以及时发现并采取措施防范，指导公共健康政策制定。

要持续挖掘健康地质资源，服务可持续发展。健康地质研究有助于我们更好地理解如何在不损害健康的前提下，开发和利用地质资源。要突出对人体健康有益和有害的地球物质循环规律和健康风险研究，尤其是公共卫生评估实践中要充分考虑地学因素，进一步明确"地球化学元素"作为联结地质和健康的纽带是最主要的调查要素，尤其是在元素浓度的变化趋势和时空规律研究基础上，要加强元素形态的研究，提升健康地质研究的聚焦性，真正服务"美丽中国"建设和人群健康。侧重研究针对有益健康地质要素的开发和利用，如富硒农产品、长寿地质要素等的设计与开发。

要推动跨学科合作。健康地质学是一个跨学科领域，涉及地质学、环境科学、公共卫生学等多个学科。通过跨学科合作，可以汇集各领域的专家智慧，共同解决复杂的健康问题。健康地质研究需要综合运用地球系统科学的思维和多学科融合的方法，这涉及地质学、环境科学、医学、生物学等多个领域的知识与技术。随着大数据和信息技术的发展，健康地质研究将更多地依赖于数据分析和模型模拟，以预测和评估不同地质条件下的人类健康风险。健康地质研究应致力于促进可持续发展，确保资源的合理利用和环境保护，从而维护人类社会的长期健康。

  要推动新技术新方法的应用。解决地质环境与健康矛盾的新理论、新方法、新手段引起了重视,也对健康地质学科建设提出了新需求。要加强人工智能技术在学科中的应用,利用大数据驱动的研究范式,创新融通生命健康和地球健康研究,阐明环境变化与人体健康之间的灰箱效应。尤其是深度学习算法,从海量地学和健康学数据中识别和提取影响健康的各种要素。未来要积极利用现代新型调查评价和分析检测技术,建立配套支撑健康地质调查评价的技术体系,形成具有自主知识产权的健康地质技术产品。

主要参考文献

戴慧敏,宫传东,董北,等,2015.东北平原土壤硒分布特征及影响因素[J].土壤学报,52(6):1356-1364.

方杰,1991.辐射防护导论[M].北京:原子能出版社.

高琳,龙怀玉,刘鸣达,等,2011.农业地质背景与特色农作物品质相关性研究进展[J].土壤通报,42(5):1263-1267.

贺文丽,李星敏,朱琳,等,2011.基于GIS的关中猕猴桃气候生态适宜性区划[J].中国农学通报,27(22):202-207.

侯青叶,杨忠芳,余涛,等,2020.中国土壤地球化学参数[M].北京:地质出版社.

李随民,栾文楼,宋泽峰,等,2011.京东板栗生态地球化学环境比配模型与适应性区划[J].中国地质,38(6):1614-1619.

李英,张连晶,1995.农业地质学及其基本任务[J].西安工程学院学报,17(1):90-92.

李玉浸,高怀友,2006.中国主要农业土壤污染元素背景值图集[M].天津:天津教育出版社.

李正积,1991.试论农业地质背景系统的作用[J].山西地质,6(4):369-380.

梁晶,伍海兵,张浪,等,2023.雄安新区土壤肥力特征分析与评价[J].福建林业科技,50(1):58-65.

林蕾,陈世宝,2012.土壤中锌的形态转化、影响因素及有效性研究进展[J].农业环境科学学报,31(2):221-229.

刘斌,黄玉溢,陈桂芬,2006.广西耕地土壤铜的含量及其影响因素[J].广西农业科学(6):707-709.

刘方,朱健,杨鉴,等,2023.区域土壤锌空间分布的异质性及制约因素分析[J].贵州大学学报(自然科学版),40(2):17-23.

刘科鹏,黄春辉,冷建华,等,2012.'金魁'猕猴桃果实品质的主成分分析与综合评价[J].果树学报,29(5):867-871.

刘新伟,段碧辉,赵小虎,等,2015.外源四价硒条件下硫对小麦硒吸收的影响机制[J].中国农业科学,48(2):241-250.

栾文楼,杨剑平,高永丰,等,2004.影响大枣品质的岩土元素地球化学特征:以石家庄市变质岩山区为例[J].山地学报(5):613-618.

麻志周,2005.农业地质学的应用与展望[J].河南国土资源(6):40-41.

麻志周,2007.地质学在农业上的拓展应用与展望[J].地域研究与开发,26(3):91-94.

马宏宏,彭敏,刘飞,等,2020.广西典型碳酸盐岩区农田土壤-作物系统重金属生物有效性及迁移富集特征[J].环境科学,41(1):449-459.

马旭东,余涛,杨忠芳,等,2022.四川省邻水县土壤锌地球化学特征及玉米水稻籽实锌含量预测[J]. 中国地质，49(1)：324-335.

邱喜阳,许中坚,史红文,等,2008. 重金属在土壤-空心菜系统中的迁移分配[J]. 环境科学研究. 21(6):187-192.

童潜明,杨慧敏,1989. 农业地质的研究现状及发展动向[J]. 湖南地质(3)：59,77-82.

万亚男,2021. 我国土壤中锌的生态阈值研究[D]. 北京:中国农业科学院.

王恒旭,2006. 农业地质概述及应用前景[J]. 安徽农业科学,34(5):958-959.

王锐,邓海,贾中民,等,2020. 硒在土壤-农作物系统中的分布特征及富硒土壤阈值[J]. 环境科学，41(12)：5571-5578.

王懿铮,杨忠芳,刘旭,等,2020.广西贵港市覃塘区土壤Cu地球化学特征与生态健康研究[J]. 中国地质,50(1):237-248.

魏复盛,陈静生,吴燕玉,等,1991. 中国土壤环境背景值研究[J]. 环境科学,12(4):12-20.

吴思源,2015. 陕西紫阳典型高硒土壤吸附/解吸硒的LCD模型拟合[D]. 北京:中国地质大学(北京).

余涛,杨忠芳,王锐,等,2018. 恩施典型富硒区土壤硒与其他元素组合特征及来源分析[J]. 土壤，50(6)；1119-1125.

张连昌,李英,1993. 国外"农业地质"研究进展[J].国外地质与勘测(2)：47-49.

张水根,叶海燕,高和生,2003. 农业地质工作的研究方向及工作方法探讨[J]. 城乡致富(5)：36-38.

张哲,1982.氡的析出与排氡通风[M].北京:原子能出版社.

张志勇,孙淑敏,任学琴,等,1992.陕西省水体中天然放射性核素浓度调查[J]. 辐射防护,12(4):317-321.

章杰,文勇立,王永,等,2010. 种养结合循环利用模式下土壤重金属全量与有效态含量的相关分析[J]. 西南民族大学学报:自然科学版,36(6):970-974.

赵筱嫒,杨忠芳,程惠怡,等,2022. 四川邻水县华蓥山-西槽土壤Cu地球化学特征与生态健康[J].物探与化探,46(1):238-249.

钟晓兰,周生路,李江涛,等,2010. 土壤有效态Cd、Cu、Pb的分布特征及影响因素研究[J]. 地理科学,30(2):254-260.

周俊,邹德炜,朱江,等,2000. 关于农业地质背景及其开发利用[J]. 安徽地质(2):155-160.

周启星,孙铁珩,2004. 土壤-植物系统污染生态学研究与展望[J]. 应用生态学报,15(10):1698-1702.

周艳,2021.武夷山茶园种植与土壤属性关系的研究进展[J].福建林业科技,48(4):127-132.

朱鸿云,2009. 猕猴桃[M]. 北京:中国林业出版社.

朱青,郭熙,韩逸,等,2020.南方丘陵区土壤硒空间分异特征及其影响因素：以丰城市为例[J]. 土壤学报,57(4):834-843

朱侠,2019.铅锌矿区及农田土壤中重金属的化学形态与生物有效性研究[D]. 烟台:中国科学院烟台海岸带研究所.

朱鑫,2014.广东江门水稻品质与地质地球化学关系研究[J].地质学刊,38(2):302-308.

BATHRELLOS G D, SKILODIMOU H D, GAMVROULA D E,et al.,2024. Evaluate the spatial distribution of trace elements in soil of a karst terrain[J]. Carbonates and Evaporites, 39(2):1-17.

CHOPRA A K,2015. Accumulation of heavy metaals in the vegetables grown in waste water irrigated areas of Dehradun, India with reference to human health risk[J]. Environmental Monitoring & Assessment,187(7):1-8.

LU Y, LUO Z, SUN Q, et al., 2024. The stoichiometry of soil macro and microelements plays a critical role in regulating Camellia oleifera nutrient accumulation and production[J]. Journal of Soil & Sediments(4):1680-1693.

NISHIYAMA I, YAMASHITA Y, YAMANAKA M, et al., 2004. Varietal difference in vitamin C content in the fruit of kiwifruit and other actinidia species[J]. Journal of agriCultural and Food Chemistry,52(17): 5472-5475.

PERERA C O, HALLETT I C,1992. Characteristics of the irritant (catch)factor in processed kiwieruit[J]. Acta Horticulturae(297):675-680.

RAVEN J A, 1983. The transport and functionof silicon in plants[J]. Biological Reviews,58(2):179-207.

RICHARDSON D P, ANSELL J,DRUMMOND L N,et al.,2018. The nutritional and health attributes of kiwifruit: a review[J]. European Journal of Nutrition, 57(8): 2659-2676.

SATPAL D, KAUR J, BHADARIYA V, et al.,2021. Actinidia deliciosa (kiwifruit): a comprehensive review on the nutritional composition, health benefits, traditional utilization, and commercialization[J].Journal of Food Processing and Preservation,45(6):1-10.

STONEHOUSE W, GAMMON C S, BECK K L, et al., 2013. Kiwifruit: our daily prescription for health[J]. Canadian Journal of Physiology and Pharmacology, 91 (6): 442-447.

SUSAN M C, GLENN W S,2008. A framework for fully integrating environmental assessment[J]. Environmental Management(4):543-556.

WANG N N, HE H H, CHRISTELLE L,et al.,2019. Soil fertility, leaf nutrients and their relationship in kiwifruit orchards of China's central Shaanxi province[J]. Soil Science and Plant Nutrition,65(4):369-376.

ZHAO X, ZANG F, LI N, et al., 2024. Dynamics of trace elements during litter decomposition in a temperate forest as a function of elevation and canopy coverage[J]. Biogeochemistry, 167(1):39-57.

ZIMMERMANN U, ZHU J J, MEINZER F C,et al.,2015. High molecular weight organic compounds in the xylem sap of mangroves: implications for long-distance water transport[J]. Plant Biology,107(4):218-229.